新一代 信息技术
"十三五"系列规划教材

jQuery
网页特效设计
基础教程 慕课版

◆刘刚 主编 ◆肖敏敏 蔡金华 张素芳 副主编

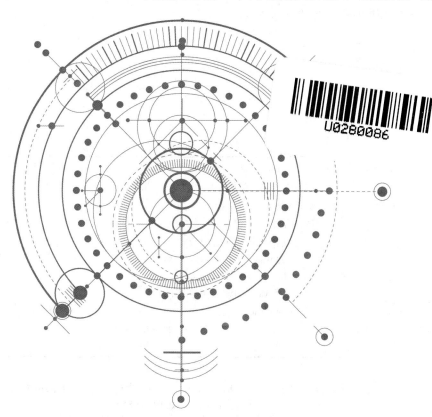

人民邮电出版社
北　京

图书在版编目（CIP）数据

jQuery网页特效设计基础教程：慕课版／刘刚主编
. -- 北京：人民邮电出版社，2019.6（2021.11重印）
新一代信息技术"十三五"系列规划教材
ISBN 978-7-115-49930-1

Ⅰ.①j… Ⅱ.①刘… Ⅲ.①JAVA语言－网页制作工
具－高等学校－教材 Ⅳ.①TP312.8②TP393.092.2

中国版本图书馆CIP数据核字(2018)第251769号

内 容 提 要

本书作为 jQuery 课程的教材，系统全面地介绍了有关 jQuery 开发所涉及的各类知识。全书共分 12 章，内容包括 JavaScript 基础、初识 jQuery、使用 jQuery 选择器、使用 jQuery 操作 DOM、jQuery 中的事件处理和动画效果、使用 jQuery 操作表单和表格、Ajax 在 jQuery 中的应用、使用 jQuery UI 插件、常用的第三方 jQuery 插件、jQuery 性能优化与技巧、jQuery 在 HTML5 中的应用、综合实战——使用 jQuery 实现携程网站特效。

本书配套资源包括案例的源代码、制作精良的电子课件 PPT、慕课视频等。

本书可作为本科计算机类及相关专业、高职软件及相关专业的教材，同时也适合 Web 爱好者、初级和中级的 Web 程序开发人员参考使用。

◆ 主　编　刘　刚
　　副主编　肖敏敏　蔡金华　张素芳
　　责任编辑　桑　珊
　　责任印制　马振武

◆ 人民邮电出版社出版发行　　北京市丰台区成寿寺路 11 号
　　邮编　100164　电子邮件　315@ptpress.com.cn
　　网址　http://www.ptpress.com.cn
　　河北京平诚乾印刷有限公司印刷

◆ 开本：787×1092　1/16
　　印张：18.25　　　　　　　2019 年 6 月第 1 版
　　字数：604 千字　　　　　 2021 年 11 月河北第 7 次印刷

定价：59.80 元

读者服务热线：**(010)81055256**　印装质量热线：**(010)81055316**
反盗版热线：**(010)81055315**
广告经营许可证：**京东工商广登字 20170147 号**

前言
Foreword

　　jQuery 是一套轻量级的 JavaScript 脚本库，是目前最热门的 Web 前端开发技术之一。jQuery 的语法非常简单，它的核心理念是"Write Less, Do More!"（写更少的代码，做更多的事情！事半功倍）。目前，很多开设计算机专业的高校和 IT 培训学校都将 jQuery 作为教学内容之一，这对于培养学生的计算机应用能力具有非常重要的意义。

　　在当前的教育体系下，实例教学是计算机语言教学最有效的方法之一。本书将 jQuery 理论知识和实例有机结合起来。一方面，跟踪 jQuery 的发展，适应市场需求、精心选择内容，突出重点、强调实用，使知识讲解全面、系统；另一方面，设计典型的实例，将实例融入到知识讲解中，使知识与实例相辅相成，既有利于学生学习知识，又有利于指导学生实践。另外，本书在每一章的后面还提供了习题，方便读者及时检验自己的学习效果。

　　本书作为教材使用时，课堂教学建议 30 学时，实践教学建议 12 学时。各章主要内容和学时建议分配如下，教师可以根据实际教学情况进行调整。

章	主要内容	课堂学时	实践学时
第 1 章	JavaScript 基础，包括 JavaScript 概述、JavaScript 的开发工具、编写第一个 JavaScript 程序、JavaScript 库	1	1
第 2 章	初识 jQuery，包括 jQuery 概述、jQuery 下载与配置、jQuery 对象和 DOM 对象、解决 jQuery 和其他库的冲突、jQuery 插件简介	1	
第 3 章	使用 jQuery 选择器，包括 jQuery 的工厂函数、什么是 jQuery 选择器、jQuery 选择器的优势、基本选择器、层次选择器、过滤选择器、属性选择器、表单选择器、混淆选择器、选择器中的一些注意事项、综合实例：表格隔行换色及鼠标指针指向行变色	4	1
第 4 章	使用 jQuery 操作 DOM，包括 DOM 操作的分类、对元素内容和值进行操作、对 DOM 文档节点进行操作、对元素属性进行操作、对元素的 CSS 样式进行操作、综合实例：实现我的开心小农场	4	1
第 5 章	jQuery 中的事件处理和动画效果，包括 jQuery 中的事件处理、jQuery 中的动画效果、综合实例：实现图片传送带	3	1
第 6 章	使用 jQuery 操作表单和表格，包括 HTML 表单概述、使用 jQuery 操作表单元素、使用 jQuery 操作表格、综合实例：删除记录时的提示效果	4	1
第 7 章	Ajax 在 jQuery 中的应用，包括 Ajax 技术简介、安装 Web 运行环境——AppServ、通过 JavaScript 应用 Ajax、jQuery 中的 Ajax 应用、Ajax 的全局事件、综合实例：使用 Ajax 实现留言板即时更新	3	1
第 8 章	使用 jQuery UI 插件，包括初识 jQuery UI 插件、jQuery UI 的常用插件、jQuery UI 的特效、综合实例：使用 jQuery 实现许愿墙	3	1

续表

章	主要内容	课堂学时	实践学时
第 9 章	常用的第三方 jQuery 插件，包括 jQuery 插件概述、常用 jQuery 插件的使用、综合实例：使用 ColorPicker 插件制作颜色选择器	2	1
第 10 章	jQuery 性能优化与技巧，包括 jQuery 性能优化、jQuery 常用技巧	1	1
第 11 章	jQuery 在 HTML5 中的应用，包括 HTML5 基础、jQuery 与 HTML5 编程、综合实例：旅游信息网前台页面设计	4	1
第 12 章	综合实战——使用 jQuery 实现携程网站特效，包括网站特效、特效需求、关键知识点、模块设计实现、本章总结	2	

由于编者水平有限，书中难免存在疏漏和不足之处，敬请广大读者批评指正，使本书得以改进和完善。

编者

2019 年 2 月

目录
Contents

PART01

第1章

JavaScript基础

■ JavaScript是Internet上非常流行的脚本语言之一，在前端开发和 Web 开发的实际工作中应用非常广泛。目前流行使用的很多框架，如 jQuery、AngularJS 等，都是以 JavaScript 为基础进行封装的，因此，学习 JavaScript 是学习脚本语言的基础和根基。通过本章的学习，我们要了解 JavaScript、JavaScript 库，学习编写 JavaScript 的程序，熟练掌握开发工具的使用，为学习 jQuery 打下良好的基础。

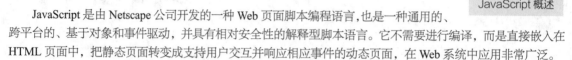

JavaScript 概述

1.1 JavaScript 概述

1.1.1 什么是 JavaScript

JavaScript 是由 Netscape 公司开发的一种 Web 页面脚本编程语言，也是一种通用的、跨平台的、基于对象和事件驱动，并具有相对安全性的解释型脚本语言。它不需要进行编译，而是直接嵌入在 HTML 页面中，把静态页面转变成支持用户交互并响应相应事件的动态页面，在 Web 系统中应用非常广泛。

1.1.2 JavaScript 的应用领域

如今，用户已经习惯了 App、微信小程序等移动应用的操作模式，良好的互动体验和及时的用户反馈才能让我们设计的网页具备竞争力。而我们常见的鼠标指针悬浮变色、显示或隐藏部分内容、注册表单验证提示、手风琴菜单、幻灯片轮播等特效，都可以使用 JavaScript 制作。JavaScript 给网页带来了丰富的交互效果和动态的用户体验，使网页界面充满生气。下面我们就介绍几种 JavaScript 常见的应用。

1. 校验用户输入的内容

在程序开发过程中，用户输入内容的校验常分为两种：校验功能和校验格式。

校验功能常常与服务器端的数据库相关联，因此，这种校验必须将表单提交到服务器端后才能进行。例如，在开发登录页面时，用户要输入正确的用户名和密码。如果用户输入了错误的信息，将弹出相应的提示，如图 1-1 所示。这项校验必须通过表单提交后，由服务器端的程序进行验证。

校验格式可以只发生在客户端，即在表单提交到服务器端之前完成。JavaScript 能及时响应用户的操作，对提交表单做即时的检查。JavaScript 常用于校验用户输入的格式。

图 1-2 所示为典型的用户注册信息填写页面，它要求对用户的输入进行校验，确认用户名不能为空；密码至少需要 6 个字符，且两次输入密码值必须相同；手机号码格式正确等。当用户输入不符合指定格式的手机号码时，就会在页面输出提示信息"手机号不正确"，如图 1-2 所示。

图 1-1 验证用户名和密码是否正确

图 1-2 校验用户输入的格式是否正确

2. 实现实时预览效果

在 Web 编程中，多数情况下需要程序与用户进行交互，告诉用户已经发生的情况，或者从用户的输入中获得下一步的数据，程序的运行过程大多数是一步步交互的过程。这种完全不用通过服务器端处理，仅在客户端动态显示网页的功能，不仅可以节省网页与服务器端之间的通信时间，又可以制作出便于用户使用的友好界面，使程序功能更加人性化。

例如，在写许愿条时，为了让用户可以实时看到添加后字条的样式，用户每输入一个文字，在右侧的字条预览区会实时显示许愿字条的效果，如图 1-3 所示。

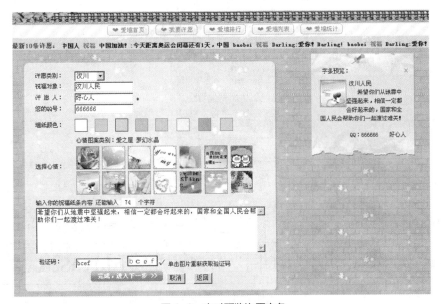

图 1-3　实时预览许愿字条

3. 制作动画效果

网页中经常会有一些动画效果，其能使页面显得更加生动。使用 JavaScript 脚本语言也可以实现动画效果，例如，在页面中实现一种星星闪烁的效果，如图 1-4 所示。

图 1-4　动画效果

4. 制作浮动广告窗口

在打开网页时经常会看到一些浮动的广告窗口。这些广告窗口是网站最大的盈利手段，也可以通过 JavaScript 脚本语言来实现，如图 1-5 所示。

图 1-5　窗口的应用

5. 文字特效

使用 JavaScript 脚本语言可以使文字实现多种特效。例如文字滚动的效果，如图 1-6 所示。

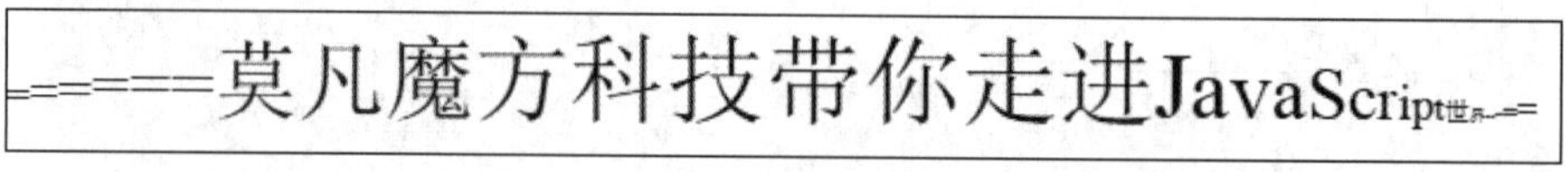

====莫凡魔方科技带你走进JavaScript世界===

图 1-6　文字特效

1.1.3　JavaScript 的特点

JavaScript 是为适应动态网页制作的需要而产生的一种编程语言，它具有以下几个特点。

1. 无需编译，在浏览器中运行时被解释

JavaScript 不同于一些编译性的程序语言，例如 C、C++等。它是一种解释性的程序语言，它的源代码不需要经过编译，而是直接在浏览器中运行时被解释。

2. 基于对象

JavaScript 是一种基于对象的语言。这意味着它能运用自己已经创建的对象。因此，许多功能可以来自于脚本环境中对象的方法与脚本的相互作用。

3. 事件驱动

JavaScript 可以直接对用户或客户输入做出响应，无需经过 Web 服务程序。它对用户的响应是以事件驱动的方式进行的。所谓事件驱动，就是指在主页中执行了某种操作所产生的动作，此动作称为"事件"。例如按下鼠标、移动窗口、选择菜单等都可以视为事件。当事件发生后，可能会引起相应的事件响应。

4. 相对简单

JavaScript 是一种基于 Java 基本语句和控制流之上的简单而紧凑的设计，从而对于学习 Java 是一种非常好的过渡。其次，它的变量类型是采用弱类型的，并未使用严格的数据类型。

5. 跨平台，多种浏览器支持

JavaScript 依赖于浏览器本身，与操作环境无关，只要能运行浏览器的计算机，并支持 JavaScript 的浏览器就可正确执行。

6. 安全性高

JavaScript 是一种安全性高的语言，它不允许访问本地的硬盘，并不能将数据存入到服务器上，不允许对网络文档进行修改和删除，只能通过浏览器实现信息浏览或动态交互。这样可有效地防止数据的丢失。

1.2 JavaScript 的开发工具

JavaScript 的开发
工具

随着 JavaScript 的发展，大量优秀的开发工具接踵而出。找到一个适合自己的开发工具，不仅可以加快学习进度，而且在以后的开发过程中能及时发现问题，少走弯路。下面我们就来介绍几款简单易用的开发工具。

1.2.1 使用记事本开发

记事本是最原始的 JavaScript 开发工具，它最大的优点就是不需要独立安装，只要安装 Windows 操作系统，利用系统自带的记事本，就可以开发 JavaScript 应用程序。对于计算机硬件条件有限的读者，记事本是最好的 JavaScript 应用程序开发工具。

> 【例 1-1】 下面我们将介绍如何通过使用记事本工具来作为 JavaScript 的编辑器编写第一个 JavaScript 脚本（实例位置：源码\第 1 章\1-1）。

（1）打开记事本工具。

（2）在记事本的工作区域输入 HTML 标识符和 JavaScript 代码。

```html
<html>
<head>
<title>一段简单的JavaScript代码</title>
<script language="javascript">
    window.alert("欢迎光临本网站");
</script>
</head>
<body>
<h3>这是一段简单的JavaScript代码。</h3>
</body>
</html>
```

（3）编辑完毕后，选择"文件"/"保存"命令，在打开的"另存为"对话框中，输入文件名，将其保存为.html 格式或.htm 格式。保存完后文件图标将会变成一个 IE 浏览器的图标 。双击此图标，以上代码的运行结果会在浏览器中显示，如图 1-7 所示。

图 1-7 用记事本编写 JavaScript 程序

> **说明** 利用记事本开发 JavaScript 程序也存在着缺点，就是整个编程过程要求开发者完全手工输入程序代码，这样就影响了程序的开发速度。所以，在条件允许的情况下，最好不要只选择记事本开发 JavaScript 程序。

1.2.2 使用 Dreamweaver 开发

Dreamweaver 是当今流行的网页编辑工具之一。它采用了多种先进技术，提供了图形化程序设计窗口，能够快速高效地创建网页，并生成与之相关的程序代码，使网页创作过程变得简单化，生成的网页也极具表现力。Dreamweaver 支持可视化开发，对于初学者确实是一个比较好的选择，因为都是所见即所得的。特征包括语法加亮、函数补全、参数提示等。值得一提的是，Dreamweaver 在提供了强大的网页编辑功能的同时，还提供了完善的站点管理机制，极大地方便了程序员对网站的管理工作。

【例 1-2】 下面我们介绍应用 Dreamweaver 编程 JavaScript 脚本的步骤（本书以 Dreamweaver CS6 版本为例，其他版本使用过程类似）（实例位置：源码\第 1 章\1-2）。

（1）安装 Dreamweaver 后，首次运行 Dreamweaver 时，展现给用户的是一个"工作区设置"的对话框，在此对话框中，用户可以选择自己喜欢的工作区布局，如"设计者"或"代码编写者"，如图 1-8 所示。这两者的区别是在 Dreamweaver 的右边或是左边显示窗口面板区。

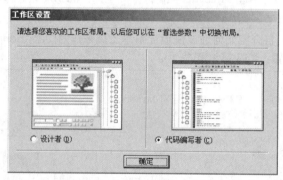

图 1-8 "工作区设置"对话框

（2）选择工作区布局，并单击"确定"按钮后。选择"文件" / "新建"命令，将打开"新建文档"对话框。在对话框中选择"空白页"，再根据实际情况来选择所应用的脚本语言，这里选择的是"HTML"，然后单击"创建"按钮，则创建以 JavaScript 为主脚本语言的文件，如图 1-9 所示。

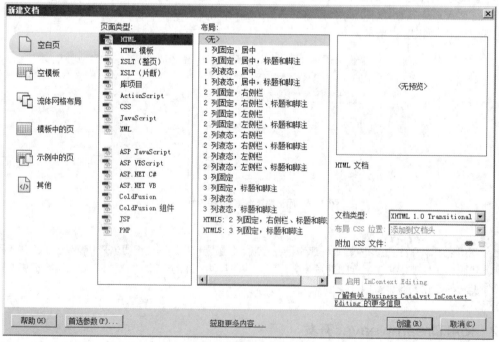

图 1-9 "新建文档"对话框

说明 如果用户选择了"JavaScript"选项，则创建一个 JavaScript 文档。在创建 JavaScript 脚本的外部文件时不需要使用<script>标记，但是文件的扩展名必须使用.js 类型。调用外部文件可以使用<script>标记的 src 属性。如果 JavaScript 脚本外部文件保存在本机中，src 属性可以是全部路径或是部分路径。如果 JavaScript 脚本外部文件保存在其他服务器中，src 属性需要指定完整的路径。

（3）在打开的页面中，有 4 种视图形式，分别为"代码""拆分""设计"和"实时视图"，常用的是前 3 种。在"代码"视图中，可以编辑程序代码，如图 1-10 所示；在"拆分"视图中，可以同时编辑"代码"视图和"设计"视图中的内容，如图 1-11 所示；在"设计"视图中，可以在页面中插入 HTML 元素，进行页面布局和设计，如图 1-12 所示。

图 1-10 "代码"视图

图 1-11 "拆分"视图

图 1-12 "设计"视图

在代码模式中编写的 JavaScript 脚本，在设计模式中不会输出显示，也没有任何标记。

在 Dreamweaver 中插入 HTML 元素后，通过"属性"面板可以方便地定义元素的属性，使其满足页面布局的要求。页面允许多个表格的嵌套；可以插入图像、Flash 等；可以插入表单元素，例如，文本框、列表/菜单、复选框、按钮等。

（4）设计页面及编写代码完成后，保存该文件到指定目录下，文件的扩展名为".html"或".htm"。

1.3 编写第一个 JavaScript 程序

下面我们通过一个简单的 JavaScript 程序，使读者对编写和运行 JavaScript 程序的整个过程有一个初步的认识。

编写第一个
JavaScript 程序

1.3.1 编写 JavaScript 程序

【例 1-3】 下面我们应用 Dreamweaver 编辑器编写第一个 JavaScript 程序（实例位置：源码\第 1 章\1-3）。

（1）启动 Dreamweaver 编辑器，单击"文件"/"新建"命令，打开"新建文档"对话框，选择"空白页"/"JavaScript"选项，然后，单击"创建"按钮，即可成功创建一个 JavaScript 文件。

（2）JavaScript 的程序代码必须置身于<script language="javascript"></script>之间。在<body>标记中输入如下代码：

```
<script language="javascript">
    alert("我要学JavaScript！");
</script>
```

在 Dreamweaver 中输入 JavaScript 脚本程序的运行结果如图 1-13 所示。

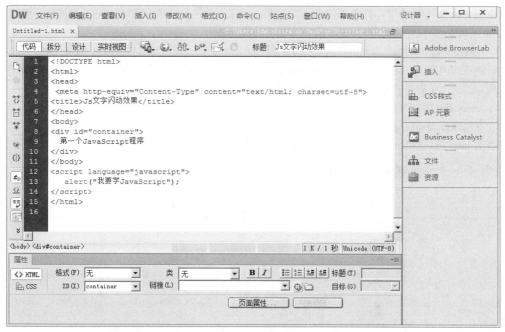

图 1-13　在 Dreamweaver 中输入 JavaScript 脚本程序

JavaScript 脚本在 HTML 文件中的位置有 3 种。

① 在 HTML 的<body>标记中的任何位置：如果所编写的 JavaScript 程序用于输出网页的内容，应该将
JavaScript 程序置于 HTML 文件中需要显示该内容的位置。

② 在 HTML 的<head>标记中：如果所编写的 JavaScript 程序需要在某一个 HTML 文件中多次使用，那么，
就应该编写 JavaScript 函数（function），并将函数置身于该 HTML 的<head>标记中。

```
<script language="javascript">
function check(){
    alert("我被调用了");
}
</script>
```

使用时直接调用该函数名就可以了。

```
<input type="submit" value="提交" onClick="check()">
```

单击"提交"按钮，调用 check()函数。

③ 在一个 js 的单独的文件中，如果所编写的 JavaScript 程序需要在多个 HTML 文件中使用，或者，所编
写的 JavaScript 程序内容很长,这时,就应该将这段 JavaScript 程序置于单独的 js 文件中,然后在所需要的 HTML
文件"a.html"中，通过<script>标记包含该 js 文件。例如：

```
<script src="ch1-1.js"></script>
```

被包含的 ch1-1.js 文件代码如下：

```
document.write('这是外部文件中JavaScript代码!');
```

 在外部的 JavaScript 程序文件"ch1-1.js"中不必使用<script>标记。

（3）虽然大多数浏览器都支持 JavaScript，但少部分浏览器不支持 JavaScript，还有些支持 JavaScript 的浏
览器为了安全问题关闭了对 JavaScript 的支持。如果遇到不支持 JavaScript 脚本的浏览器，网页会达不到预期效
果或出现错误。解决这个问题可以使用以下两种方法。

① HTML 注释符号。HTML 注释符号是以<!--开始，以-->结束的。但是 JavaScript 不能识别 HTML 注释

的结果部分"-->"，例如在"-->"前面使用"//"一样。如果在此注释符号内编写 JavaScript 脚本，那么不支持 JavaScript 的浏览器将会把编写的 JavaScript 脚本作为注释处理。

② <noscript>标记。如果当前浏览器支持 JavaScript 脚本，那么该浏览器将会忽略<noscript>…</noscript> 标记之间的任何内容。如果浏览器不支持 JavaScript 脚本，那么浏览器将会把这两个标记之间的内容显示出来。此标记可以提醒浏览者当前使用的浏览器是否支持 JavaScript 脚本。

（4）JavaScript 脚本语言区分字母大小写。

（5）在创建好 JavaScript 程序后，选择"文件"/"保存"命令，在弹出的"另存为"对话框中输入文件名，将其保存为.html 格式或.htm 格式，如图 1-14 所示。

图 1-14　"另存为"对话框

（6）保存完.html 格式后文件图标将会变成一个 IE 浏览器的图标 。

1.3.2　运行 JavaScript 程序

运行用 Javascript 编写的程序需要能支持 Javascript 语言的浏览器。Netscape 公司 Navigator 3.0 以上版本的浏览器都能支持 Javascript 程序，微软公司 Internet Explorer 3.0 以上版本的浏览器基本上都支持 Javascript。

双击刚刚保存的"index.html"文件，在浏览器中输出运行结果，如图 1-15 所示。

图 1-15　编写第一个 JavaScript 程序

说明　在 IE 浏览器中，选择"查看"/"源文件"命令，可以查看到程序生成的 HTML 源代码。在客户端查看到的源代码是经过浏览器解释的 HTML 代码，如果将 JavaScript 脚本存储在单独的文件中，那么在查看源文件时不会显示 JavaScript 程序源代码。

1.3.3 JavaScript 程序的出错类型

程序出错类型分为语法错误和逻辑错误两种。

1. 语法错误

语法错误是在程序开发中使用不符合某种语言规则的语句从而产生的错误。例如，错误地使用了 JavaScript 的关键字，错误地定义了变量名称等，这时，当浏览器运行 JavaScript 程序时就会报错。

例如，将例 1-3 程序中的 alert 语句改写成下述语句，即将第 1 个字符由小写字母改成大写字母。

```
Alert("我要学JavaScript！");
```

保存该文件后再次在浏览器中运行，程序就会出错。

运行本程序，将会弹出图 1-16 所示的错误信息。

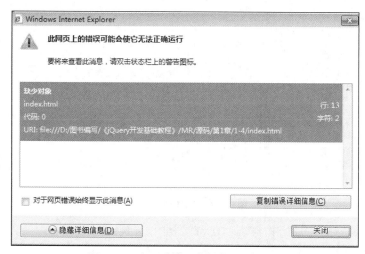

图 1-16　在 IE 浏览器中调试 JavaScript

2. 逻辑错误

有些时候，程序中不存在语法错误，也没有执行非法操作的语句，可是程序运行的结果却是不正确的，这种错误叫作逻辑错误。逻辑错误对于编译器来说并不算错误，但是由于代码中存在逻辑问题，导致运行结果没有得到期望的结果。逻辑错误在语法上是不存在错误的，但是从程序的功能上看是 bug（错误、漏洞）。这是最难调试和发现的 bug，因为它们不会抛出任何错误信息，唯一能看到的就是程序的功能（或部分功能）没有实现。

例如，某商城实现商品优惠活动，如果用户是商城的会员，那么商品打八五折，代码如下：

```
<script language="javascript">
user="会员";
if(user=="会员"){
    price=485*8.5;                        //485是商品价格，8.5是打的八五折
    alert("商品的会员价格是："+price);        //输出商品的会员价
}
</script>
```

运行程序时，程序没有弹出错误信息。但是当用户为商城的会员时，商品价格乘以一个 8.5，相当于，商品不但没有打折扣，反而比原价贵了 8.5 倍，这一点就没有符合要求，属于逻辑错误，应该乘以 0.85 才正确。

在实现动态的 Web 编程时，通常情况下，数据表中均是以 8.5 进行存储，这时在程序中就应该再除以一个 10，这样，就相当于原来的商品价格乘以一个 0.85。正确的代码为：

```
price=485*8.5/10;                        //485是商品价格，"8.5/10"是打的八五折
```

对于逻辑错误而言，发现错误是容易的，但要查找出逻辑错误的原因却很困难。因此，在编写程序的过程中，一定要注意语句或者函数的书写完整性，否则将导致程序出错。

1.3.4 JavaScript 的 3 种调试方式

通常情况下，如果 JavaScript 代码出现错误，是不会有相关提示信息的。那么到底是语法错误还是逻辑错误以及错误的具体位置无法得知，这样我们就迫切地需要掌握几种 JavaScript 代码的调试方式。本节我们一起学习 3 种最常见的调试方式。

（1）使用 alert()弹出警告框，示例代码如下所示。

```html
<!DOCTYPE html>
<html>
  <head>
    <title>在JavaScript中使用警告框</title>
  </head>
  <body>
    <script>
      alert(5+6);
    </script>
  </body>
</html>
```

运行上面 HTML 代码，浏览器显示结果如图 1-17 所示。

图 1-17　alert 弹出警告框

（2）使用 document.write()方法将内容写到 HTML 文档中，示例代码如下所示。

```html
<!DOCTYPE html>
<html>
  <head>
    <title>在JavaScript中使用document.write()方法</title>
  </head>
  <body>
    <script>
      document.write(Date());
    </script>
  </body>
</html>
```

运行上面 HTML 代码，浏览器显示结果如图 1-18 所示。

Wed Mar 29 2017 22:23:54 GMT+0800 (中国标准时间)

图 1-18　document.write()显示结果

（3）使用 console.log()写入到浏览器控制台，示例代码如下所示。

```html
<!DOCTYPE html>
<html>
  <head>
    <title>在JavaScript中使用console.log()方法</title>
  </head>
  <body>
    <script>
      a = 5;
      b = 6;
      c = a + b;
```

```
        console.log(c);
      </script>
   </body>
</html>
```

运行上面 HTML 代码，浏览器显示结果如图 1-19 所示。

图 1-19　console.log()显示结果

比较这 3 种调试技巧，console.log()是一种更好的方式，在实际应用中，更受开发人员的青睐。对比分析如下。

（1）如果在文档已完成加载后执行 document.write，整个 HTML 页面将被覆盖，对程序的执行造成不便。

（2）alert()函数会阻断 JavaScript 程序的执行，从而造成副作用，而且使用 alert()方法需要点击弹窗的确认按钮，操作麻烦，最重要的是 alert()只能输出字符串。

（3）console.log()仅在控制台打印相关信息，不会对 JavaScript 程序执行造成阻隔，此外，console.log()可以接受任何字符串、数字和 JavaScript 对象，可以看到清楚的对象属性结构，在 ajax 返回 json 数组对象时调试很方便。

程序中调试是测试、查找及减少 bug（错误）的过程。console.log() 对于 IE 8 及以下版本会报错，测试后注意注释掉。

1.4　JavaScript 库

JavaScript 库

1.4.1　什么是 JavaScript 库

JavaScrip 库，是指可以方便地应用到现有 Web 开发体系中的、现成的 JavaScript 代码资源，包含工具、函数库、约定以及从常用任务中抽象出的可以复用的通用模块，能帮助使用者轻松地建立具有高难度交互特性的富客户端页面，并且兼容各大浏览器。它们通常由开源社区开发和维护，并被各大公司支持和使用。

大多数的 JavaScript 库都提供了以下功能：命名空间支持、JavaScript 可用性增强工具、用户界面组件、拖放组件、视觉效果和动画、布局管理工具、元素样式操作、Ajax 支持、DOM 支持、事件处理增强工具、操作日志和调试功能、单元测试架构等。这些功能都是 Web 开发中经常用到的，并且基于 JavaScript 库的应用程序可以获得更好的浏览器兼容性和开发效率，同时可以提供更多的功能和效果。使用 JavaScript 库可以大幅度地提高开发效率，增强应用程序的功能和性能，改善用户体验。

1.4.2　常用的 JavaScript 库

目前流行的 JavaScript 库有 jQuery、Vue、AngularJS、ReactJS、Prototype、Ext JS、Dojo、YUI、MooTools 等，下面我们进行简单介绍。

1. jQuery

本书的重点 jQuery 是继 Prototype 之后又一个优秀的轻量级 JavaScript 框架。它是一个快速和简洁的 JavaScript 库，拥有强大的选择器，可以简化 HTML 文档元素的遍历、事件处理、动画和 Ajax 交互，实现快速 Web 开发。jQuery 还拥有完善的兼容性和链式操作等功能，它的这些优点吸引了众多开发者。

2. Vue

Vue 是国人开发的一套 JS 库，并且在国内外都受到开发者的青睐，它是一套构建用户界面的渐进式框架，与其他重量级框架不同的是，Vue 采用自底向上增量开发的设计，Vue 的核心库只关注视图层，提供数据驱动的组件，还有简单灵活的 API，使得 MVVM 更简单，并且非常容易学习，非常容易与其他库或已有项目整合。

3. AngularJS

AngularJS 是一个用 JavaScript 编写的库，它可通过<script>标签添加到 HTML 页面，AngularJS 通过指令扩展了 HTML，且通过表达式绑定数据到 HTML，是一款优秀的前端 JS 框架，已经被用于 Google 的多款产品当中。AngularJS 有着诸多特性，最为核心的是：MVW（Model-View-Whatever）、模块化、自动化双向数据绑定、语义化标签、依赖注入等。

4. ReactJS

ReactJS 起源于 Facebook 的内部项目。该公司因为对市场上所有的 JavaScript MVC 框架都不满意，就决定自己写一套，用来架设 Instagram 的网站。做出来以后，他们发现这套东西很好用，就在 2013 年 5 月实施开源了。由于 React 的设计思想极其独特，属于革命性创新，性能出众，代码逻辑却非常简单，所以，越来越多的人开始关注和使用，认为它可能是将来 Web 开发的主流工具。

5. Prototype

Prototype 是最早成型的 JavaScript 库之一，它的特点是功能实用而且容量较小，定义了 JavaScript 面向对象扩展、DOM 操作 API、事件等，非常适合在中小型 Web 应用中使用。Prototype 框架大大地简化了 JavaScript 代码的编写工作，同时兼容各个浏览器。

6. Ext JS

Ext JS 通常称为 Ext，是一个非常优秀的 Ajax 框架，可以用来开发具有绚丽外观的富客户端应用。Ext 开发的多彩界面吸引了许多程序员的眼球，同时也吸引了众多客户，对于企业应用系统，Ext 非常实用。但 Ext JS 体积较大，导致页面加载速度比较慢，另外 Ext 并不是完全免费的，如果用于商业用途，是需要付费获得授权许可的。

7. Dojo

Dojo 是一个强大的面向对象的 JavaScript 框架。主要由三大模块组成：Core、Dijit、DojoX。Core 提供了构建 Web 应用必需的几乎所有基础功能。Dijit 是一个可更换皮肤，基于模板的 Web UI 控件库。DojoX 包括一些创新的代码和控件：DateGrid、charts、离线应用、跨浏览器矢量绘图等。Dojo 功能强大，组件丰富，采用面向对象的设计，有统一命名空间和管理机制，适用于企业级或是复杂的大型 Web 应用开发。它的缺点是比较复杂，学习曲线陡，文档不齐全，API 不稳定。但 Dojo 还是一个很有发展潜力的 JS 库。

8. YUI

YUI（Yahoo!User Interface Library）是一个使用 JavaScript 编写的工具和控件库。它是利用 DOM 脚本、DHTML 和 Ajax 构造的具有丰富交互功能的 Web 程序。YUI 许多组件实现了对数据源的支持，例如，动态布局且可编辑的表格控件、动态加载的 Tree 控件、动态拖曳效果。YUI 的结构类似于 Java 结构，清晰明了。YUI 库文档完备，代码编写也非常规范。

9. MooTools

MooTools 是一套轻量、简洁、模块化、面向对象的开源 JavaScript Web 应用框架。MooTools 的语法几乎和 Prototype 一样，但却提供了更为强大的功能、更好的扩展性和兼容性。它的模块化思想优秀，各模块代码非常独立，最小的核心只有 8KB。其最大的优点是可选择使用哪些模块，用的时候只导入使用的模块即可。MooTools 完全彻底地贯彻了面向对象的编程思想，语法简洁，文档完善，是一个非常优秀的 JavaScript 库。

知识点提炼

（1）JavaScript 是由 Netscape 公司开发的一种脚本语言。JavaScript 原名是 LiveScript，是目前客户端浏览程序使用最普遍的 Script 语言。

（2）JavaScript 不需要进行编译，而是直接嵌入在 HTML 页面中的，把静态页面转变成支持用户交互并响应相应事件的动态页面。

（3）JavaScript 库是指可以方便地应用到现有 Web 开发体系中的、现成的 JavaScript 代码资源，是一套包含工具、函数库、约定以及尝试从常用任务中抽象出可以复用的通用模块。

（4）JavaScript 库的目标是帮助使用者轻松地建立具有高难度交互的 Web 2.0 特性的富客户端页面，并且兼容各大浏览器。

（5）目前流行的 JavaScript 库有 jQuery、Vue、AngularJS、ReactJS、Prototype、Ext JS、Dojo、YUI、MooTools 等。

习题

1-1　说明 JavaScript 的作用。

1-2　简述 JavaScript 的基本特点。

1-3　列举编写 JavaScript 的工具。

1-4　简述编写 JavaScript 程序的步骤。

1-5　描述常见的 JavaScript 库。

第2章

初识jQuery

本章要点:

jQuery的应用 ■
jQuery的特点 ■
jQuery的主要版本 ■
jQuery的下载与配置 ■
jQuery对象和DOM对象 ■
解决jQuery和其他库的冲突 ■
jQuery插件简介 ■

■ 随着互联网的快速发展,互联网上陆续涌现了一批优秀的 JavaScript 脚本库。这些脚本库让开发人员从复杂烦琐的 JavaScript 中解脱出来,将开发的重点从实现细节转向功能需求上,提高了项目开发的效率。其中,jQuery 是一个非常优秀的 JavaScript 脚本库。本章我们将对 jQuery 的特点以及如何下载与配置 jQuery 进行介绍。

2.1 jQuery 概述

jQuery 概述

jQuery 是一套简洁、快速、灵活的 JavaScript 脚本库。它是由 John Resig 于 2006 年创建的，它帮助人们简化了 JavaScript 代码。由于 jQuery 简便易用，文档非常丰富，已被大量的开发人员所推崇，jQuery 设计的宗旨是 "write Less，Do More"，即倡导写更少的代码，做更多的事情。

使用 jQuery 可以极大地提高编写 JavaScript 代码的效率，让书写出来的代码更加简洁、健壮。同时网络上丰富的 jQuery 插件也让开发人员的工作变得更为轻松，让项目的开发效率有了质的提升。

2.1.1 jQuery 的应用

jQuery 可以非常方便快捷地获取 DOM 元素、可以动态地修改页面样式、可以动态改变 DOM 内容、及时响应用户的交互操作、为页面添加动态效果、统一 Ajax 操作、简化常见的 JavaScript 任务。在 Web 2.0 时代，jQuery 还受到许多网站的青睐，例如海尔官网、京东网上商城、去哪儿网等，许多网站都应用了 jQuery。下面我们就来看看使用 jQuery 实现的绚丽效果。

1. 海尔官网应用的 jQuery 效果

海尔官网的一级导航分为 5 大类：智慧生活、个人与家用产品、商业解决方案、用户服务、购买，在一级导航上可以看到应用了 jQuery 实现鼠标指针移入移出的效果，鼠标指针移入悬浮到这些一级导航上面，可以看出显示相应的二级导航，鼠标指针离开一级导航，二级导航隐藏起来，以实现一级导航和二级导航的联动效果，如图 2-1 所示。

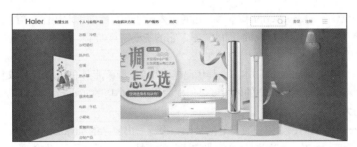

图 2-1　海尔官网应用的 jQuery 效果

2. 京东网上商城手风琴式导航应用的 jQuery 效果

京东网上商城上面有很多的产品类目，为了将这些产品类目以很清晰明了的方式展现给用户，电商网站上会采用手风琴式导航的方式来展示所有产品类目。它是采用纵向导航的方式，首先列出产品的大类，然后根据鼠标指针悬浮的效果显示出所有产品的小类，这也是 jQuery 应用的一个经典实现。如图 2-2 所示，将鼠标指针移动到家用电器产品类目上，显示出所有家用电器的产品分类。

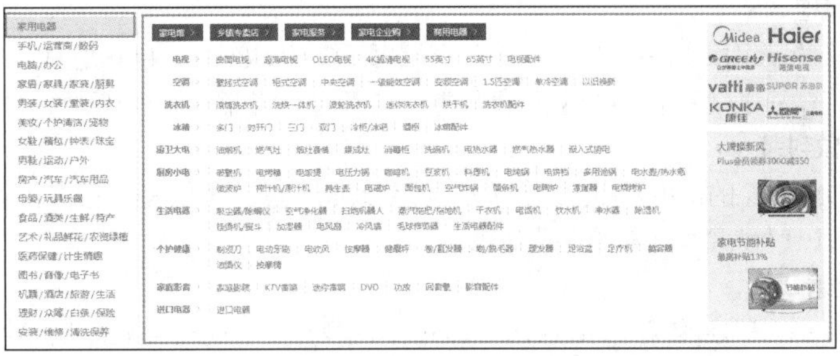

图 2-2　京东网上商城手风琴式导航应用的 jQuery 效果

3. 去哪儿网应用的 jQuery 效果

在去哪儿网的门票页面里，有一个以幻灯片轮播形式显示的广告图片，这也是很多网站会采用的一种设计方式，在有限的区域内展示多张广告信息，只能以幻灯片轮播的显示来展现。如图 2-3 所示，这里就是应用 jQuery 的幻灯片轮播插件实现的。

图 2-3　去哪儿网应用的 jQuery 效果

 jQuery 不仅适合于网页设计师、开发者以及编程爱好者，同样适合用于商业开发，可以说 jQuery 适合任何应用 JavaScript 的地方。

2.1.2　jQuery 的特点

jQuery 是一个简洁快速的 JavaScript 脚本库，它能让人们在网页上简单地操作文档、处理事件、运行动画效果或者添加异步交互。jQuery 可以提高编程的效率，它的主要特点如下。

1. 代码精致小巧

jQuery 是一个轻量级的 JavaScript 脚本库，其代码非常小巧，最新版本的 jQuery 库文件压缩之后只有几十 KB。在网络盛行的今天，提高网站用户的体验度显得尤为重要，小巧的 jQuery 完全可以做到这一点。

2. 功能函数强大

过去在写 JavaScript 代码时，如果没有良好的基础，很难写出复杂的 JavaScript 代码。JavaScript 是不可编译的语言，在复杂的程序结构中调试错误是一件非常痛苦的事情，大大降低了开发效率。使用 jQuery 的功能函数，能够帮助开发人员快速地实现各种功能，而且会让代码简洁、结构清晰。

3. 跨浏览器

JavaScript 代码的浏览器兼容问题一直是 Web 开发人员的噩梦，经常出现页面在 IE 浏览器下运行正常，但在 Firefox 下却不兼容的情况，这就需要开发人员在一个功能上针对不同的浏览器编写不同的脚本代码，这无疑是一件非常痛苦的事情。jQuery 成功地将开发人员从这个噩梦中解放出来，jQuery 具有良好的兼容性，它兼容各大主流浏览器，支持的浏览器包括 IE 6.0+、Firefox 1.5+、Safari 2.0+、Opera 9.0+等。

4. 链式的语法风格

jQuery 可以对元素的一组操作进行统一的处理，不需要重新获取对象，也就是说，其可以基于一个对象进行一组操作。这种方式精简了代码量，减小了页面体积，有助于浏览器快速加载页面，提高用户的体验度。

5. 对 DOM 对象封装

jQuery 封装了 DOM 对象的常用操作。这样本来使用 DOM 对象的操作需要很多代码完成的功能，这时使用 jQuery 可以轻松完成，大大降低了难度和代码量。

6. Ajax 操作完善

jQuery 将所有的 Ajax 操作封装到一个函数$.ajax()里，使得开发者处理 Ajax 的时候能够专心处理业务逻辑而无需关心复杂的浏览器兼容性以及 XMLHttpRequest 对象的创建和使用问题。

7. 文档丰富

jQuery 的文档非常丰富,很多热爱 jQuery 的团队都在努力完善 jQuery 的中文文档,例如 jQuery 的中文 API。

8. 开源

jQuery 是一款开源的产品,任何人都可以自由地使用并提出修改意见。

9. 插件丰富

jQuery 的易扩展性,吸引了来自全球的开发者来编写 jQuery 的扩展插件。目前,jQuery 已经有超过几百种官方支持的插件,而且还不断有新的插件出现。除了 jQuery 本身带有的一些特效外,开发者可以通过插件实现更多的功能,例如表单验证、拖放效果、Tab 导航条、表格排序、树型菜单以及图像特效等。网上的 jQuery 插件很多,可以直接下载使用,并且插件是将 JavaScript 代码和 HTML 代码完全分离的,便于维护。

2.1.3 jQuery 的版本

1. jQuery 1.0

发布时间:发布于 2006 年 8 月。

jQuery 库的第 1 个稳定版本,已经具有了对 CSS 选择符、事件处理和 Ajax 交互的稳健支持。

2. jQuery 1.1

发布时间:发布于 2007 年 1 月。

该版本大幅简化了 API。许多较少使用的方法被合并,减少了需要掌握和解释的方法数量。

3. jQuery 1.1.3

发布时间:发布于 2007 年 7 月。

该版本变化包含了 jQuery 选择符引擎执行速度的显著提升,从 jQuery 1.1.3 版本开始,jQuery 的性能达到了 Prototype、Mootools 以及 Dojo 等同类 JavaScript 库的水平。

4. jQuery 1.2

发布时间:发布于 2007 年 9 月。

该版本去掉了对 XPath 选择符的支持,原因是相对于 CSS 语法,它已经变得多余了。jQuery 1.2 版能够支持对效果的更灵活定制,而且借助新增的命名空间事件,也使插件开发变得更容易。

另外,jQuery 官方在该版本发布时,同时发布了 jQuery UI,这个新的插件套件是作为曾经流行但已过时的 Interface 插件的替代项目而发布的。jQuery UI 中包含大量预定义好的部件(widget)以及一组用于构建高级元素(如可拖放的界面元素)的工具。

5. jQuery 1.2.6

发布时间:发布于 2008 年 5 月。

该版本主要是将 Brandon Aaron 开发的流行的 Dimensions 插件的功能移植到了核心库中。

6. jQuery 1.3

发布时间:发布于 2009 年 1 月。

该版本使用了全新的选择符引擎 Sizzle,库的性能也因此有了极大提升。这一版正式支持事件委托特性。

7. jQuery 1.3.2

发布时间:发布于 2009 年 2 月。

该版本进一步提升了库的性能,例如,改进了 visible/:hidden 选择符、.height()/.width()方法的底层处理机制。另外,也支持查询的元素按文档顺序返回。

8. jQuery 1.4

发布时间:发布于 2010 年 1 月 14 日。

该版本对代码库进行了内部重写组织,开始建立一些风格规范。老的 core.js 文件被分为 attribute.js、css.js、data.js、manipulation.js、traversing.js 和 queue.js;CSS 和 attribute 的逻辑分离。

9. jQuery 1.5

发布时间:发布于 2011 年 1 月 31 日。

该版本修复了 83 个 bug，解决了 460 个问题。重大改进有：重写了 Ajax 模块；新增了延缓对象（Deferred Objects）；增加了 jQuery 替身——jQuery.sub()；增强了遍历相邻节点的性能；改进了 jQuery 开发团队构建系统。

10. jQuery 1.6

发布时间：发布于 2011 年 5 月。

该版本重写了 Attribute 模块并进行了大量的性能改进，其最主要的两个更新是更新 data()方法和用独立方法处理 DOM 属性，并区分 DOM 的 attributes 和 properties。

11. jQuery 1.7

发布时间：发布于 2011 年 11 月 4 日。

该版本包含了很多新的特征，特别提升了事件委派时的性能（尤其是在 IE 7 下）。

12. jQuery 1.7.2

发布时间：发布于 2012 年 3 月 24 日。

该版本在 1.7.1 的基础上修复了大量的 bug，并改进了部分功能。

13. jQuery 1.8

发布时间：发布于 2012 年 8 月。

该版本的主要改动有 Sizzle 选择器引擎重新架构、重新改造动画处理、自动 CSS 前缀处理、更灵活的 $(html,props)等。

14. jQuery 1.8.3

发布时间：发布于 2012 年 11 月 14 日。

修复 BUG 和性能衰退问题，解决了之前版本在 IE 9 中调用 Ajax 失败的问题。

15. jQuery 1.9

发布时间：发布于 2013 年 1 月。

移除了很多已经过时的 API，并优化了执行效率。

16. jQuery 1.10

发布时间：发布于 2013 年 6 月。

该版本的主要改动有自由的 HTML 解析、增强的模块性、修复 IE 9 焦点死亡问题、修复 Cordova 等。

17. jQuery 1.11.1

发布时间：发布于 2014 年 5 月。

该版本的主要改进有异步模块定义 AMD、性能提升、降低启动时间，另外还修复了一些 bug。

18. jQuery 2.0

发布时间：发布于 2013 年 4 月 18 日。

该版本不再支持 IE 6/7/8，如果在 IE 9/10 版本中使用"兼容性视图"模式也将会受到影响。

19. jQuery 2.1.1

发布时间：发布于 2014 年 5 月。

该版本主要修复了一些 bug，并解决浏览器的兼容性问题。

20. jQuery 2.1.4

发布时间：发布于 2015 年 8 月。

该版本主要修复了一些 bug。

21. jQuery 3.0.0

发布时间：发布于 2016 年 6 月。

该版本将是 jQuery 的未来。但如果你需要 IE 6～IE 8 支持，可以继续使用版本 1.x。

22. jQuery 3.1.1

发布时间：发布于 2016 年 9 月。

该版本的变化主要包括一些 bug 修复和改进。

23. jQuery 3.2.1

发布时间：发布于 2017 年 3 月。

该版本的变化主要包含一系列的错误修复、性能提升以及部分弃用 API 的彻底移除。

24. jQuery 3.3.1

发布时间：发布于 2018 年 1 月。

该版本确保 jQuery.holdReady 位于正确的位置、确保我们在显示"inline"的元素上获取适当的宽度和高度值、确保触发器数据传递给无线电点击事件处理程序。

 说明 以上列出的是 jQuery 的重要版本的发布时间及主要更新。除此之外，jQuery 还有一些小范围的升级版本，如果有兴趣，可以查看 jQuery 官方网站说明。

2.1.4 jQuery 版本的选择

截至 2018 年，jQuery 已经发布到了 3.3 版本，由于 jQuery 各个大的版本 1.x、2.x、3.x 对浏览器版本的支持不同，读者可以按自己的需求选取合适的版本。

1.x：兼容 IE 6、IE 7、IE 8 浏览器，使用最为广泛，官方只做 BUG 维护，功能不再新增，对于早期建设的项目或者要求对 IE 6、IE 7、IE 8 浏览器支持的话，可以选择 1.x 这个版本。

2.x：不兼容 IE 6、IE 7、IE 8 浏览器，2.x 版本系列发布的比较少，使用的人也少，官方只做 BUG 维护，功能不再新增。如果不考虑兼容低版本 IE 6、IE 7、IE 8 的浏览器可以使用 2.x。

3.x：不兼容 IE 6、IE 7、IE 8 浏览器，只支持最新的浏览器，很多老的 jQuery 插件不支持这个版本，目前该版本是官方主要更新维护的版本。

2.2 jQuery 下载与配置

要在自己的网站中应用 jQuery 库，是需要下载并配置的。下面来介绍如何下载与配置 jQuery。

jQuery 下载与配置

2.2.1 下载 jQuery

jQuery 是一个开源的脚本库，可以从它的官方网站中下载。下面介绍具体的下载步骤。

（1）进入 jQuery 官方网站的首页，如图 2-4 所示。

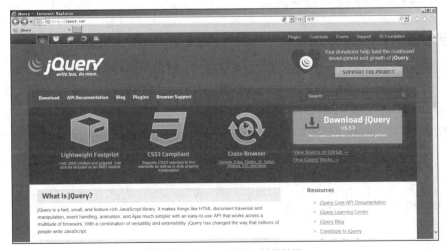

图 2-4　jQuery 官方网站的首页

（2）在 jQuery 官方网站的首页中，可以下载所需要的 jQuery 库，本书使用 jQuery 3.3.1 版本。单击网站首页的"Download jQuery"按钮，页面跳转，之后单击"Download the compressed，production jQuery 3.3.1"超链接，选择"另存为"，将弹出图 2-5 所示的对话框。

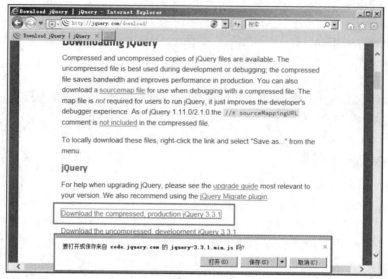

图 2-5　下载 jquery 3.3.1.min.js

（3）单击"保存"按钮，将 jQuery 库下载到本地计算机上。下载后的文件名为 jquery-3.3.1. min.js。

2.2.2　配置 jQuery

将 jQuery 库下载到本地计算机后，还需要在项目中配置 jQuery 库。即将下载后的文件放置到项目指定的文件夹中，通常放在 js 文件夹中，然后在需要应用 jQuery 的页面中使用下面的语句，将其引用到文件中。

```
<script language="javascript" src="js/jquery-3.3.1.min.js"></script>
```

或者

```
<script src="js/jquery-3.3.1.min.js" type="text/javascript"></script>
```

引用 jQuery 的<script>标签，必须放在所有的自定义脚本文件的<script>之前，否则在自定义的脚本代码中会找不到 jQuery 脚本库。

2.2.3　我的第一个 jQuery 脚本

了解了如何下载和配置 jQuery 之后，我们可以通过一个简单的例子尝试编写 jQuery 脚本。

【例 2-1】 应用 jQuery 弹出一个提示对话框（实例位置：源码\第 2 章\2-1）。

（1）创建一个名称为 js 的文件夹，并将 jquery-3.3.1.min.js 复制到该文件夹中。

（2）创建一个名称为 index.html 的文件，在该文件的<head>标记中引用 jQuery 库文件，关键代码如下：

```
<script language="javascript" src="js/jquery-3.3.1.min.js"></script>
```

（3）编写 jQuery 代码，实现在页面载入完毕后，弹出一个提示对话框，具体代码如下：

```
<script>
$(document).ready(function(){
    alert("我的第一个jQuery脚本！ ");
});
</script>
```

实际上，上面的代码还可以更简单，也就是将$(document).ready 用"$"符号代替，替换后的代码如下：

```
<script>
$(function(){
    alert("我的第一个jQuery脚本！");
});
</script>
```

运行 index.html，将弹出图 2-6 所示的对话框。

熟悉 JavaScript 的读者知道，要实现例 2-1 的效果，还可以通过下面的代码
实现：

```
<script>
window.onload=function(){
    alert("我的第一个jQuery脚本！");
}
</script>
```

图 2-6　弹出的提示对话框

这时，读者可能会问，这两种方法有什么区别，究竟哪种方法更好呢？下面我们就来介绍二者的区别。window.load()方法是在页面所有的内容都载入完毕后才会执行的，例如图片、横幅等。而 $(document).ready() 方法则是在 DOM 元素载入就绪后执行。在一个页面中可以放置多个 $(document).ready() 方法，而 window.load() 方法在页面上只允许放置一个（常规情况）。这两个方法可以同时在页面中执行，两者并不矛盾。不过，通过上述描述可以知道，$(document).ready() 方法比 window.load() 方法载入速度更快。

2.3　jQuery 对象和 DOM 对象

2.3.1　jQuery 对象和 DOM 对象简介

jQuery 对象和 DOM
对象

刚开始学习 jQuery，有可能经常分不清楚哪些是 jQuery 对象，哪些是 DOM 对象，因此，了解 jQuery 对象和 DOM 对象以及它们之间的关系是非常必要的。

1. DOM 对象

DOM 是 Document Object Model，即文档对象模型的缩写。DOM 是以层次结构组织的节点或信息片段的集合，每一份 DOM 都可以表示成一棵树。下面构建一个基本的网页，网页代码如下：

```
<html>
    <head>
        <title>DOM对象</title>
    </head>
    <body>
        <h2>人邮图书</h2>
        <p>《jQuery基础开发教程》</p>
    </body>
</html>
```

网页的初始化效果如图 2-7 所示。

图 2-7　一个非常基本的网页

可以把上面的 HTML 结构描述为一棵 DOM 树，如图 2-8 所示。

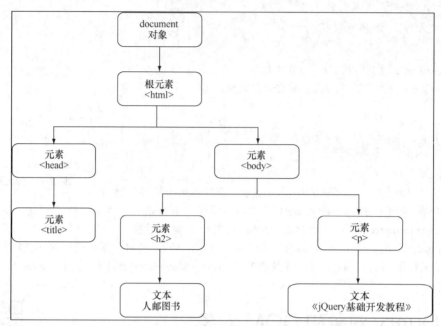

图 2-8　把网页元素表示为 DOM 树

在这棵 DOM 树中，<h2>、<p>节点都是 DOM 元素的节点，可以使用 JavaScript 中的 getElementById 或 getElementsByTagName 来获取，得到的元素就是 DOM 对象。DOM 对象可以使用 JavaScript 中的方法。例如：

```
var domObject = document.getElementById("id");
var html = domObject.innerHTML;
```

2. jQuery 对象

jQuery 对象就是通过 jQuery 包装 DOM 对象后产生的对象。jQuery 对象是独有的，可以使用 jQuery 里的方法。例如：

```
$("#test").html();      // 获取id为test的元素内的html代码
```

这段代码等同于：

```
document.getElementById("test").innerHTML;
```

虽然 jQuery 对象是包装 DOM 对象后产生的，但是 jQuery 无法使用 DOM 对象的任何方法，同理 DOM 对象也不能使用 jQuery 里面的方法。例如：$("#test").innerHTML、document. getElementById("test").html()等的写法都是错误的。

用#id 作为选择符取得的是 jQuery 对象，而使用 document.getElementById ("id")得到的是 DOM 对象，这两者并不是等价的。

2.3.2　jQuery 对象和 DOM 对象的相互转换

既然 jQuery 对象和 DOM 对象有区别也有联系，那么 jQuery 对象与 DOM 对象也可以相互转换。在两者转换之前首先要约定好定义变量的风格。如果获取的是 jQuery 对象，那么可以在变量前面加上$，例如：

```
var $obj = jQuery对象;
```

如果获取的是 DOM 对象，表示方法则与平时习惯的方法一样：

```
var obj = DOM对象;
```

为便于读者阅读，本书中的实例都会以这样的方式呈现。这样约定只是便于讲解与区分，在实际应用中并不规定。

1. jQuery 对象转换成 DOM 对象

jQuery 提供了两种转换方式将一个 jQuery 对象转换成 DOM 对象，即[index]和 get(index)。

（1）jQuery 对象是一个类似数组的对象，可以通过[index]的方法得到相应的 DOM 对象。例如：

```
var $mr = $("#mr");            // jQuery对象
var mr = $mr[0] ;              // DOM对象
alert(mr.value);              // 获取DOM元素的value的值并弹出
```

（2）jQuery 本身也提供 gct(indcx)方法，可以得到相应的 DOM 对象。例如：

```
var $mr = $("#mr");            // jQuery对象
var mr = $mr.get(0);          // DOM对象
alert(mr.value);              // 获取DOM元素的value的值并弹出
```

2. DOM 对象转换成 jQuery 对象

对于一个 DOM 对象，只需要用$()把它包装起来，就可以得到一个 jQuery 对象，即$(DOM 对象)。例如：

```
var mr= document.getElementById("mr");        // DOM对象
var $mr = $(mr);                              // jQuery对象
alert($(mr).val());                          // 获取文本框的值并弹出
```

转换后，DOM 对象就可以任意使用 jQuery 中的方法了。

通过以上方法，可以任意实现 DOM 对象和 jQuery 对象之间的转换。需要再次强调的是，DOM 对象才能使用 DOM 中的方法，而 jQuery 对象是不可以使用 DOM 中的方法的。

下面我们举两个简单的例子来加深对 DOM 对象和 jQuery 对象相互转换的理解。

【例 2-2】 DOM 对象转换为 jQuery 对象（实例位置：源码\第 2 章\2-2）。

（1）创建一个名称为 js 的文件夹，并将 jquery-3.3.1.min.js 复制到该文件夹中。

（2）创建一个名称为 index.html 的文件，在该文件的<head>标记中引用 jQuery 库文件，关键代码如下：

```
<script language="javascript" src="js/jquery-3.3.1.min.js"></script>
```

（3）编写 jQuery 代码，实现在页面载入完毕后，首先使用 DOM 对象的方法弹出 p 节点的内容，之后将 DOM 对象转换为 jQuery 对象，同样再弹出 p 节点的内容。具体代码如下：

```
<script>
$(document).ready(function(){
    var domObj = document.getElementById("testp");
    alert("使用DOM方法获取p节点的内容："+domObj.innerHTML);
    var $jqueryObj = $(domObj);
    alert("使用jQuery方法获取p节点的内容："+$jqueryObj.html());
})
</script>
```

运行 index.html，将弹出图 2-9 所示的提示对话框。

图 2-9 弹出的提示对话框

【例 2-3】 jQuery 对象转换为 DOM 对象（实例位置：源码\第 2 章\2-3）。

（1）创建一个名称为 js 的文件夹，并将 jquery-3.3.1.min.js 复制到该文件夹中。

（2）创建一个名称为 index.html 的文件，在该文件的<head>标记中引用 jQuery 库文件，关键代码如下：

```
<script language="javascript" src="js/jquery-3.3.1.min.js"></script>
```

（3）编写 jQuery 代码，实现在页面载入完毕后，首先获取两个 jQuery 对象，使用 jQuery 对象的方法分别弹出两个 p 节点的内容，之后分别使用[index]和 get(index)的方法将 jQuery 对象转换为 DOM 对象，同样再弹出两次 p 节点的内容。具体代码如下：

```
<script>
$(document).ready(function(){
    var $jQueryObj = $("#testp");
    alert("使用jQuery方法获取第一个p节点的内容："+$jQueryObj.html());
    var $jQueryObj1 = $("#testp1");
    alert("使用jQuery方法获取第二个p节点的内容："+$jQueryObj1.html());
    var domObj = $jQueryObj[0];
    alert("使用DOM方法获取第一个p节点的内容："+domObj.innerHTML);
    var domObj1 = $jQueryObj1.get(0);
    alert("使用DOM方法获取第二个p节点的内容："+domObj1.innerHTML);
})
</script>
```

运行 index.html，将弹出图 2-10 所示的提示对话框。

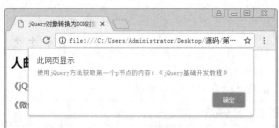 

图 2-10　弹出的提示对话框

2.4　解决 jQuery 和其他库的冲突

在使用 jQuery 开发的时候，还可能会用到其他的 JavaScript 库，例如，Prototype、MooTools 等。但多库共存时可能会发生冲突，若发生冲突，可以通过以下方案进行解决。

解决 jQuery 和
其他库的冲突

2.4.1　jQuery 库在其他库之前导入

jQuery 库在其他库之前导入，可以直接使用 jQuery(callback)方法。

如果 jQuery 库在其他库之前导入，可以直接使用 "jQuery" 来做一些 jQuery 的工作，而使用$()方法作为其他库的快捷方式。例如：

```
<html>
<head>
```

```
    <title>jQuery库在其他库之前导入</title>
<!--先导入jQuery -->
    <script src="js/jquery.js" type="text/javascript"></script>
<!--后导入prototype-->
    <script src="js/prototype.js" type="text/javascript"></script>
</head>
<body>
<p id="prototypepp">prototype</p>
<p>jQuery（将被绑定click事件）</p>
<script type="text/javascript">
    jQuery(function(){   // 在这里直接使用jQuery代替$符号
        jQuery("p").click(function(){
            alert(jQuery(this).html());       // 获取p节点的内容
        });
    });
    $("prototypepp").style.display = 'none';     // 使用prototype
</script>
</body>
</html>
```

2.4.2 jQuery 库在其他库之后导入

jQuery 库在其他库之后导入，使用 jQuery.noConflick()方法将变量$的控制权让给其他库。
具体有以下几种方式。

（1）使用 jQuery.noConflick()方法之后，将 jQuery()函数作为 jQuery 对象的制造工厂。

```
<html>
<head>
    <title>jQuery库在其他库之后导入</title>
<!--先导入prototype-->
    <script src="js/prototype.js" type="text/javascript"></script>
<!--后导入jQuery -->
    <script src="js/jquery.js" type="text/javascript"></script>
</head>
<body>
<p id="prototypepp">prototype</p>
<p>jQuery（将被绑定click事件）</p>
<script type="text/javascript">
    jQuery.noConflict();                    // 将变量$的控制权交给prototype.js
    jQuery(function(){                      // 使用jQuery
        jQuery("p").click(function(){
            alert(jQuery(this).text());
        })
    })
    $("prototypepp").style.display = 'none';       // 使用prototype
</script>
</body>
</html>
```

（2）自定义一个快捷方式，例如，$jq、$j、$m 等。

```
var $m = jQuery.noConflict();             // 自定义一个快捷方式
    $m(function(){                         // 利用自定义的快捷方式$m
        $m("p").click(function(){
            alert($m(this).text())
        })
    })
    $("prototypepp").style.display = 'none';       // 使用prototype
```

（3）如果不想给 jQuery 自定义名称，又想使用$，同时又不想与其他库相冲突，那么可以尝试使用以下两种方法：

```
jQuery.noConflict();                       // 将变量的控制权交给prototype.js
    jQuery(function($){                     // 使用jQuery，设定页面加载时执行的函数
```

```
        $("p").click(function(){                    // 在函数内部可以继续使用$()方法
            alert($(this).text());
        })
    })
    $("prototypepp").style.display = 'none';        // 使用prototype
```
或者：
```
    jQuery.noConflict();                            // 将变量$的控制权交给prototype.js
    (function($){                                   // 定义匿名函数并设置形参为$
        $(function(){                               // 匿名函数内部的$都是jQuery
            $("p").click(function(){                // 继续使用$()方法
                alert(jQuery(this).text());
            })
        })
    })(jQuery)
    $("prototypepp").style.display = 'none';        // 使用prototype
```

2.5 jQuery 插件简介

jQuery 插件简介

  jQuery 具有强大的扩展能力，允许开发人员使用或是创建自己的 jQuery 插件来扩展 jQuery 的功能，这些插件可以帮助开发人员提高开发效率，节约项目成本。而且一些比较著名的插件也受到了开发人员的追捧，插件又将 jQuery 的功能提升到一个新的层次。下面我们就来介绍插件的使用和目前比较流行的插件。

2.5.1 插件的使用

  使用 jQuery 插件比较简单，首先将要使用的插件下载到本地计算机中，然后按照下面的步骤操作，就可以使用插件实现想要的效果了。

  （1）把下载的插件包含到<head>标记内，并确保它位于主 jQuery 源文件之后。

  （2）包含一个自定义的 JavaScript 文件，并在其中使用插件创建或扩展的方法。

2.5.2 流行的插件

  在 jQuery 官方网站中，有一个"Plugins"（插件）超级链接，单击该超级链接，将进入到 jQuery 的插件分类列表页面，如图 2-11 所示。

图 2-11 jQuery 的插件分类列表页面

在该页面中，单击分类名称，可以查看每个分类下的插件概要信息及下载超级链接。用户也可以在上面的搜索（Search）文本框中输入指定的插件名称，搜索所需要的插件。

 说明 在该网站中提供的插件多数都是开源的，读者可以在此网站中下载所需要的插件。

下面我们来对比较常用的插件进行简要介绍。

1. jCarousel 插件

jQuery 的 jCarousel 插件可以实现如图 2-12 所示的图片传送带效果。单击左、右两侧的箭头可以向左或向右翻看图片。当到达第一张图片时，左侧的箭头将变为不可用状态；当到达最后一张图片时，右侧的箭头变为不可用状态。

图 2-12 jCarousel 插件实现的图片传送带效果

2. EasySlide 插件

使用 jQuery 的 EasySlide 插件可以实现图 2-13 所示的图片轮显效果。当页面运行时，要显示的多张图片将轮流显示，同时显示所对应的图片说明内容。新闻类的网站可以使用该插件显示图片新闻。

图 2-13 EasySlide 插件实现的图片轮显效果

3. Facelist 插件

使用 jQuery 的 Facelist 插件可以实现图 2-14 所示的类似 Google Suggest 的自动完成效果。当用户在输入框中输入一个或几个关键字后，下方将显示该关键字相关的内容提示。这时用户可以直接选择所需要的关键字，方便输入。

图 2-14　Facelist 插件实现类似 Google Suggest 的自动完成效果

4. mb menu 插件

使用 jQuery 的 mb menu 插件可以实现图 2-15 所示的多级菜单。当用户将鼠标指针指向或单击某个菜单项时，将显示该菜单项的子菜单。如果某个子菜单项还有子菜单，将鼠标指针移动到该子菜单项时，将显示它的子菜单。

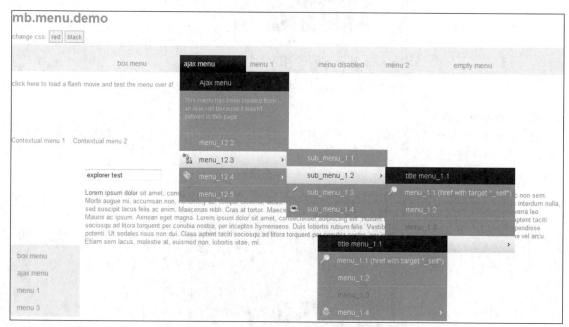

图 2-15　mb menu 插件实现多级菜单

知识点提炼

（1）jQuery 是一套简洁、快速、灵活的 JavaScript 脚本库，它是由 John Resig 于 2006 年创建的，它帮助人们简化了 JavaScript 代码。

（2）jQuery 的主要特点是代码精致小巧、功能函数强大、跨浏览器、有链式的语法风格。

（3）window.load()方法是在页面所有的内容都载入完毕后才会执行的，例如图片、横幅等。window.load()方法在页面上只允许放置一个（常规情况）。

（4）$(document).ready()方法则是在 DOM 元素载入就绪后执行。在一个页面中可以放置多个$(document).ready()方法。

（5）DOM 是 Document Object Model，即文档对象模型的缩写。DOM 是以层次结构组织的节点或信息片段的集合，每一份 DOM 都可以表示成一棵树。

（6）DOM 元素中的节点，可以使用 JavaScript 中的 getElementById 或 getElementsByTagName 来获取，得到的元素就是 DOM 对象。

（7）jQuery 对象就是通过 jQuery 包装 DOM 对象后产生的对象。jQuery 对象是独有的，可以使用 jQuery 中的方法。

（8）DOM 对象才能使用 DOM 中的方法，jQuery 对象只能使用 jQuery 中的方法，但是 DOM 对象和 jQuery 对象之间是可以相互转换的。

习题

2-1　jQuery 3.x、jQuery 2.x、jQuery 1.x 的最大区别是什么？

2-2　简述编写 jQuery 程序的过程。

2-3　简述 DOM 对象和 jQuery 对象。

2-4　如何将 jQuery 对象转换成 DOM 对象？

2-5　如何解决 jQuery 库和其他库的冲突？

第3章

使用jQuery选择器

本章要点:

■ 通过前面的介绍,相信大家对jQuery在前台页面中的作用有了初步的了解。在页面中要为某个元素添加属性或者事件时,第一步必须先准确地找到这个元素。在jQuery中可以通过选择器来实现这一重要功能。本章我们将详细介绍在jQuery中通过选择器快速定位元素的方法以及技巧。

3.1 jQuery 的工厂函数

在介绍 jQuery 的选择器前，我们首先来介绍一下 jQuery 的工厂函数 "$"。在 jQuery 中，无论使用哪种类型的选择符，都需要从一个 "$" 符号和一对 "()" 开始。在 "()" 中通常使用字符串参数，参数中可以包含任何 CSS 选择符表达式。下面我们就介绍几种比较常见的用法。

jQuery 基础内容

- ❑ 在参数中使用标记名。

$("div")：用于获取文档中全部的<div>。

- ❑ 在参数中使用 ID。

$("#username")：用于获取文档中 ID 属性值为 username 的一个元素。

- ❑ 在参数中使用 CSS 类名。

$(".btn_grey")：用于获取文档中使用 CSS 类名为 btn_grey 的所有元素。

3.2 什么是 jQuery 选择器

jQuery 选择器是 jQuery 库中非常重要的部分之一。它支持网页开发者所熟知的 CSS 语法，能够轻松快速地对页面进行设置。jQuery 选择器是打开高效开发 jQuery 之门的钥匙。一个典型的 jQuery 选择器的语法格式为：

```
$(selector).methodName();
```

selector 是一个字符串表达式，用于识别 DOM 中的元素，然后使用 jQuery 提供的方法集合加以设置。

多个 jQuery 操作可以以链的形式串起来，语法格式为

```
$(selector).method1().method2().method3();
```

例如：要隐藏 id 为 test 的 DOM 元素，并为它添加名为 content 的样式，实现代码如下：

```
$('#test').hide().addClass('content');
```

使用起来非常方便，这就是选择器的强大之处。

3.3 jQuery 选择器的优势

与传统的 JavaScript 获取页面元素和编写事务相比，jQuery 选择器具有明显的优势，具体表现在以下 3 个方面。

- ❑ 代码更简单。
- ❑ 支持 CSS1 到 CSS3 选择器。
- ❑ 完善的处理机制。

3.3.1 代码更简单

在 jQuery 库中封装了大量可以直接通过选择器调用的方法或函数，使人们仅使用简单的几行代码就可以实现比较复杂的功能。例如：可以使用$('#id')代替 JavaScript 代码中的 document.getElementById()函数，即通过 id 来获取元素；使用$('tagName')代替 JavaScript 代码中的 document.getElementsByTagName()函数，即通过标签名称获取 HTML 元素等。

3.3.2 支持 CSS1 到 CSS3 选择器

jQuery 选择器支持 CSS1、CSS2 的全部和 CSS3 几乎所有的选择器以及 jQuery 独创的高级且复杂的选择器，因此有一定 CSS 经验的开发人员可以很容易地切入到 jQuery 的学习中来。

一般来说，在使用 CSS 选择器时，开发人员需要考虑主流的浏览器是否支持某些选择器。但在 jQuery 中，开发人员则可以放心地使用 jQuery 选择器，无须考虑浏览器是否支持这些选择器，这极大地方便了开发者。

3.3.3 完善的检测机制

在传统的 JavaScript 代码中，给页面中的元素设定某个事务时必须先找到该元素，然后赋予相应的事件或

属性；如果该元素在页面中不存在或已被删除，那么浏览器会提示运行出错的信息，这会影响后边代码的执行。因此，为避免显示这样的出错信息，通常要先检测该元素是否存在，如果存在，再执行它的属性或事件代码。例如下面的例子，代码如下：

```
<div>测试这个页面</div>
<script type="text/javascript">
    alert(document.getElementById("mr").value);
</script>
```

运行以上代码，浏览器就会报错，原因是网页中没有 id 为 "mr" 的元素，浏览器中的出错提示信息如图 3-1 所示。

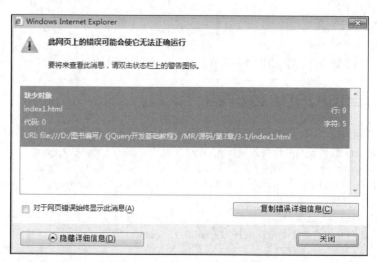

图 3-1 浏览器的错误提示信息

将以上代码改进为如下形式：

```
<div>测试这个页面</div>
<script type="text/javascript">
    if(document.getElementById("mr")){
        alert(document.getElementById("mr").value);
    }
</script>
```

这样就可以避免浏览器报错了。但是，如果要操作的元素很多，需要做大量重复的工作，对每个元素进行判断，这无疑会使开发人员感到厌倦。而 jQuery 在这方面的处理是非常好的，即使用 jQuery 获取网页中不存在的元素也不会报错。看下面的例子，代码如下：

```
<div>测试这个页面</div>
<script type="text/javascript">
    alert($("#mr").val());          // 无须判断$("#mr")是否存在
</script>
```

有了 jQuery 的这个防护措施，即使以后因为某种原因删除了网页上曾经使用过的元素，也不用担心网页的 JavaScript 代码会报错。

这里需要注意一点，$("#mr")获取的是 jQuery 对象，即使页面上没有这个元素。因此要用 jQuery 检测某个元素在页面上是否存在时，不能使用下面的代码：

```
if($("#mr")){
    // 省略一些JavaScript代码
}
```

而是应该根据获取到元素的长度来判断，代码如下：

```
if($("#mr").length > 0){
    // 省略一些JavaScript代码
}
```

或转换为 DOM 对象来判断，代码如下：

```
if($("#mr").get(0)){
    // 省略一些JavaScript代码
}
```

3.4　基本选择器

基本选择器

基本选择器在实际应用中使用比较广泛，建议读者重点掌握 jQuery 的基本选择器，它是其他类型选择器的基础，基本选择器是 jQuery 选择器中最为重要的部分。jQuery 基本选择器包括 ID 选择器、元素选择器、类名选择器、多种匹配条件选择器和通配符选择器。下面我们进行详细介绍。

3.4.1　ID 选择器（#id）

ID 选择器#id 顾名思义就是利用 DOM 元素的 id 属性值来筛选匹配的元素，并以 jQuery 包装集的形式返回给对象。这就好像在学校中每个学生都有自己的学号一样，学生的姓名是可以重复的，但是学号却是不能重复的，因此根据学号就可以获取指定学生的信息。

ID 选择器的使用方法如下：

```
$("#id");
```

其中，id 为要查询元素的 ID 属性值。例如，要查询 ID 属性值为 user 的元素，可以使用下面的 jQuery 代码：

```
$("#user");
```

等效的 JavaScript 代码为

```
document.getElementById("user");
```

如果页面中出现了两个相同的 id 属性值，程序运行时页面会报出 JS 运行错误的对话框，所以在页面中设置 id 属性值时要确保该属性值在页面中是唯一的。

【例 3-1】　在页面中添加一个 ID 属性值为 testInput 的文本输入框和一个按钮，通过单击按钮来获取在文本输入框中输入的值（实例位置：源码\第 3 章\3-1）。

（1）创建一个名称为 index.html 的文件，在该文件的<head>标记中应用下面的语句引入 jQuery 库。

```
<script type="text/javascript" src="../js/jquery-3.3.1.min.js"></script>
```

（2）在页面的<body>标记中，添加一个 ID 属性值为 testInput 的文本输入框和一个按钮，代码如下：

```
<input type="text" id="testInput" name="test" value=""/>
<input type="button" value="输入的值为"/>
```

（3）在引入 jQuery 库的代码下方编写 jQuery 代码，实现单击按钮来获取在文本输入框中输入的值，具体代码如下：

```
<script type="text/javascript">
    $(document).ready(function(){
        $("input[type='button']").click(function(){       // 为按钮绑定单击事件
            var inputValue = $("#testInput").val();        // 获取文本输入框的值
            alert(inputValue);
        });
    });
</script>
```

在上面的代码中，第 3 行使用了 jQuery 中的属性选择器匹配文档中的按钮，并且为按钮绑定单击事件。

说明

ID 选择器是以"#id"的形式获取对象的，在这段代码中用$("#testInput")获取了一个 id 属性值为 testInput 的 jQuery 包装集，然后调用包装集的 val()方法取得文本输入框的值。

在 IE 浏览器中运行本示例，在文本框中输入"天生我材必有用"，如图 3-2 所示，单击"输入的值为"按钮，将弹出提示对话框显示输入的文字，如图 3-3 所示。

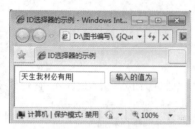

图 3-2　在文本框中输入文字

图 3-3　弹出的提示对话框

jQuery 中的 ID 选择器相当于传统的 JavaScript 中的 document.getElementById()方法，jQuery 用更简洁的代码实现了相同的功能。虽然两者都获取了指定的元素对象，但是两者调用的方法是不同的。使用 JavaScript 获取的对象是 DOM 对象，而使用 jQuery 获取的对象是 jQuery 对象，这点要尤为注意。

3.4.2　元素选择器（element）

元素选择器是根据元素名称匹配相应的元素。通俗地讲元素选择器指向的是 DOM 元素的标记名，也就是说元素选择器是根据元素的标记名选择的。可以把元素的标记名理解成学生的姓名，在一个学校中可能有多个姓名为"刘伟"的学生，但是姓名为"吴语"的学生也许只有一个，因此通过元素选择器匹配到的元素可能是有多个的，也可能只有一个。多数情况下，元素选择器匹配的是一组元素。

元素选择器的使用方法如下：

```
$("element");
```

其中，element 是要获取的元素的标记名。例如，要获取全部 div 元素，可以使用下面的 jQuery 代码：

```
$("div");
```

等效的 JavaScript 代码为

```
getElementsByTagName("div");
```

【例 3-2】　在页面中添加两个<div>标记和一个按钮，通过单击按钮来获取这两个<div>，并修改它们的内容（实例位置：源码\第 3 章\3-2）。

（1）创建一个名称为 index.html 的文件，在该文件的<head>标记中应用下面的语句引入 jQuery 库。

```
<script type="text/javascript" src="../js/jquery-3.3.1.min.js"></script>
```

（2）在页面的<body>标记中，添加两个<div>标记和一个按钮，代码如下：

```
<div><img src="images/strawberry.jpg"/>这里种植了一棵草莓</div>
<div><img src="images/fish.jpg"/>这里养了一条鱼</div>
<input type="button" id="button" value="若干年后" />
```

（3）在引入 jQuery 库的代码下方编写 jQuery 代码，实现通过单击按钮来获取全部<div>元素，并修改它们的内容，具体代码如下：

```
<script type="text/javascript">
    $(document).ready(function(){
        $("#button").click(function(){                          // 为按钮绑定单击事件
$("div").eq(0).html("<img src='images/strawberry1.jpg'/>这里长出了一片草莓");
        //获取第一个div元素
$("div").get(1).innerHTML="<img src='images/fish1.jpg'/>这里的鱼没有了";
        //获取第二个div元素
        });
    });
</script>
```

在上面的代码中，使用元素选择器获取了一组 div 元素的 jQuery 包装集，它是一组 Object 对象，存储方式为[Object Object]，但是这种方式并不能显示出单独元素的文本信息，需要通过索引器来确定要选取哪个 div 元素，在这里分别使用了两个不同的索引器 eq()和 get()。这里的索引器类似于房间的门牌号，所不同的是，门牌号是从 1 开始计数的，而索引器是从 0 开始计数的。

 在本实例中使用了两种方法设置元素的文本内容，html()方法是 jQuery 的方法，innerHTML 方法是 DOM 对象的方法。这里使用了$(document).ready()方法，当页面元素载入就绪时就会自动执行程序，自动为按钮绑定单击事件。

 eq()方法返回的是一个 jQuery 包装集，所以它只能调用 jQuery 的方法，而 get()方法返回的是一个 DOM 对象，所以它只能用 DOM 对象的方法。eq()方法与 get()方法默认都是从 0 开始计数。$("#test").get(0)等效于$("#test")[0]。

在 IE 浏览器中运行本示例，首先显示图 3-4 所示的页面，单击"若干年后"按钮，将显示图 3-5 所示的页面。

图 3-4　单击按钮前

图 3-5　单击按钮后

3.4.3　类名选择器（.class）

类名选择器是通过元素拥有的 CSS 类的名称查找匹配的 DOM 元素。在一个页面中，一个元素可以有多个 CSS 类，一个 CSS 类又可以匹配多个元素，如果元素中有一个匹配的类的名称，就可以被类名选择器选取到。

类名选择器很好理解，在大学的时候大部分人一定都选过课，可以把 CSS 类名理解为课程名称，元素理解成学生，学生可以选择多门课程，而一门课程又可以被多名学生所选择。CSS 类与元素的关系既可以是多对多的关系，也可以是一对多或多对一的关系。简单地说类名选择器就是以元素具有的 CSS 类名称查找匹配的元素。

类名选择器的使用方法如下：

$(".class");

其中，class 为要查询元素所用的 CSS 类名。例如，要查询使用 CSS 类名为 word_orange 的元素，可以使用下面的 jQuery 代码：

$(".word_orange");

等效的 JavaScript 代码为

getElementsByClassName("word_orange");

【例 3-3】　在页面中，首先添加两个\<div\>标记，并为其中的一个设置 CSS 类，然后通过 jQuery 的类名选择器选取设置了 CSS 类的\<div\>标记，并设置其 CSS 样式（实例位置：源码\第 3 章\3-3）。

（1）创建一个名称为 index.html 的文件，在该文件的\<head\>标记中应用下面的语句引入 jQuery 库。

\<script type="text/javascript" src="../js/jquery-3.3.1.min.js"\>\</script\>

（2）在页面的\<body\>标记中添加两个\<div\>标记，一个使用 CSS 类 myClass，另一个不设置 CSS 类，代码如下：

```
<div class="myClass">注意观察我的样式</div>
<div>我的样式是默认的</div>
```

 说明 这里添加了两个<div>标记是为了对比效果，默认的背景颜色都是蓝色的，文字颜色都是黑色的。

（3）在引入 jQuery 库的代码下方编写 jQuery 代码，实现按 CSS 类名选取 DOM 元素，并更改其样式（这里更改了背景颜色和文字颜色），具体代码如下：

```
<script type="text/javascript">
    $(document).ready(function() {
        var myClass = $(".myClass");                              // 选取DOM元素
        myClass.css("background-color","#C50210");               // 为选取的DOM元素设置背景颜色
        myClass.css("color","#FFF");                             // 为选取的DOM元素设置文字颜色
    });
</script>
```

在上面的代码中，只为其中的一个<div>标记设置了 CSS 类名称，但是由于程序中并没有名称为 myClass 的 CSS 类，所以这个类是没有任何属性的。类名选择器将返回一个名为 myClass 的 jQuery 包装集，利用 css() 方法可以为对应的 div 元素设定 CSS 属性值，这里我们将元素的背景颜色设置为深红色，文字颜色设置为白色。

类名选择器也可能会获取一组 jQuery 包装集，因为多个元素可以拥有同一个 CSS 样式。

在 IE 浏览器中运行本示例，将显示图 3-6 所示的页面。其中，左面的 DIV 为更改样式后的效果，右面的 DIV 为默认的样式。由于使用了$(document). ready()方法，所以选择元素并更改样式在 DOM 元素加载就绪时就已经自动执行完毕了。

图 3-6 通过类名选择器
选择元素并更改样式

3.4.4 复合选择器（selector1，selector2，selectorN）

复合选择器将多个选择器（可以是 ID 选择器、元素选择器或是类名选择器）组合在一起，两个选择器之间以逗号","分隔，只要符合其中的任何一个筛选条件就会被匹配，返回的是一个集合形式的 jQuery 包装集，利用 jQuery 索引器可以取得集合中的 jQuery 对象。

 多种匹配条件的选择器并不是匹配同时满足这几个选择器的匹配条件的元素，而是将每个选择器匹配的元素合并后一起返回。

复合选择器的使用方法如下：
$(" selector1,selector2,selectorN");
- selector1：一个有效的选择器，可以是 ID 选择器、元素选择器或是类名选择器等。
- selector2：另一个有效的选择器，可以是 ID 选择器、元素选择器或是类名选择器等。
- selectorN：（可选择）任意多个选择器，可以是 ID 选择器、元素选择器或是类名选择器等。

例如，要查询文档中的全部的<span>标记和使用 CSS 类 myClass 的<div>标记，可以使用下面的 jQuery 代码：
$(" span,div.myClass");

【例 3-4】 在页面添加 3 种不同元素并统一设置样式。使用复合选择器筛选<div>元素和 id 属性值为 span 的元素，并为它们添加新的样式（实例位置：源码\第 3 章\3-4）。

（1）创建一个名称为 index.html 的文件，在该文件的<head>标记中应用下面的语句引入 jQuery 库。

```
<script type="text/javascript" src="../js/jquery-3.3.1.min.js"></script>
```

（2）在页面的<body>标记中添加一个<p>标记、一个<div>标记、一个 ID 为 span 的<span>标记和一个按钮，并为除按钮以外的 3 个标记指定 CSS 类名。代码如下：

```
<p class="default">p元素</p>
<div class="default">div元素</div>
<span class="default" id="span">ID为span的元素</span>
<input type="button" value="为div元素和ID为span的元素换肤" />
```

（3）在引入 jQuery 库的代码下方编写 jQuery 代码，实现单击按钮来获取全部<div>元素和 id 属性值为"span"的元素，并修改它们的内容。具体代码如下：

```
<script type="text/javascript">
$(document).ready(function() {
    $("input[type=button]").click(function(){        // 绑定按钮的单击事件
        $("div,#span").addClass("change");           // 添加所使用的CSS类
    });
});
</script>
```

运行本示例，将显示图 3-7 所示的页面，单击"为 div 元素和 ID 为 span 的元素换肤"按钮，将为 div 元素和 ID 为 span 的元素换肤，如图 3-8 所示。

图 3-7　单击按钮前

图 3-8　单击按钮后

3.4.5　通配符选择器（*）

所谓的通配符，就是指符号"*"，它代表着页面上的每一个元素，也是说如果使用$("*")将取得页面上所有的 DOM 元素集合的 jQuery 包装集。通配符选择器比较好理解，这里就不再给予示例程序了。

通配符选择器（*）除非被它自己使用，否则 * 选择器或通用选择器的速度是极其慢的。

3.4.6　使用选择器获取超链接地址

通常情况下，在网页中，如果将鼠标指针移动到一个超级链接上时，在浏览器的状态栏中将显示该超级链接所指向的链接地址。下面我们通过一个具体的例子来介绍如何应用 jQuery 实现获取超级链接地址。

【例 3-5】 应用 jQuery 实现获取超级链接地址（实例位置：源码\第 3 章\3-5）。

（1）创建一个名称为 index.html 的文件，在该文件中应用 DIV+CSS 样式进行页面布局，并添加 4 个超级链接，关键代码如下：

```
<div style="float:right;text-align: right;">
    <a href="index.html">首页</a>
      |  <a href="index1.html" class="main">登录</a>
      |  <a href="index2.html" class="main">注册</a>
      |  <a href="index3.html" class="main">找回密码</a>
</div>
```

布局后的效果如图 3-9 所示。

图 3-9　布局后的效果

（2）在 index.html 文件的<head>标记中应用下面的语句引入 jQuery 库。

```
<script type="text/javascript" src="../js/jquery-3.3.1.min.js"></script>
```

（3）在引入 jQuery 库的代码下方编写 jQuery 代码，实现绑定鼠标指针移到超级链接事件，通过元素选择
器和类名选择器获取超链接地址。具体代码如下：

```
<script type="text/javascript">
$(document).ready(function(){
    $("a.main").mouseover(function(){          // 绑定鼠标指针移到超级链接事件
        var url= $(this).attr("href");          // 超链接地址
        alert("超链接地址是："+url);
    });
});
</script>
```

在上面的代码中，应用了 jQuery 的基本选择器中的元素选择器和类名选择器，实现获取指定 CSS 类的超
级链接元素。

运行本实例，将鼠标指针移动到"登录""注册"和"找回密码"超级链接上时，弹出框弹出超链接地址，
如图 3-10、图 3-11 所示。

图 3-10　鼠标指针移到"登录"超级链接上的效果

图 3-11　鼠标指针移到"注册"超级链接上的效果

3.5　层次选择器

层次选择器

所谓的层次选择器，就是根据页面 DOM 元素之间的父子关系作为匹配的筛选条件。首先我们来学习一下页面上元素的关系。例如，下面的代码是最为常用的也是最简单的 DOM 元素结构。

```
<html>
    <head> </head>
    <body> </body>
</html>
```

在这段代码所示的页面结构中，html 元素是页面上其他所有元素的祖先元素，那么 head 元素就是 html 元素的子元素，同时 html 元素也是 head 元素的父元素。页面上的 head 元素与 body 元素是同辈元素。也就是说 html 元素是 head 元素和 body 元素的"爸爸"，head 元素和 body 元素是 html 元素的"儿子"，head 元素与 body 元素是"兄弟"。具体关系如图 3-12 所示。

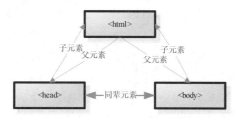

图 3-12　元素层次关系示意图

在了解了页面上元素的关系后，我们再来介绍 jQuery 提供的层次选择器。jQuery 提供了 Ancestor descendant 选择器、parent > child 选择器、prev + next 选择器和 prev～siblings 选择器，下面进行详细介绍。

3.5.1　ancestor descendant 选择器

ancestor descendant 选择器中的 ancestor 代表祖先，descendant 代表子孙，用于在给定的祖先元素下匹配所有的后代元素。ancestor descendant 选择器的使用方法如下：

```
$("ancestor descendant");
```

 ❑ ancestor 是指任何有效的选择器。

 ❑ descendant 是用以匹配元素的选择器，并且它是 ancestor 所指定元素的后代元素。

例如，要匹配 ul 元素下的全部 li 元素，可以使用下面的 jQuery 代码：

```
$("ul li");
```

【例3-6】 通过 jQuery 为列表设置样式（实例位置：源码\第 3 章\3-6）。

（1）创建一个名称为 index.html 的文件，在该文件的\<head\>标记中应用下面的语句引入 jQuery 库。

```
<script type="text/javascript" src="../js/jquery-3.3.1.min.js"></script>
```

（2）在页面的\<body\>标记中，首先添加一个\<div\>标记，并在该\<div\>标记内添加一个\<ul\>标记及其子标记\<li\>，然后在\<div\>标记的后面再添加一个\<ul\>标记及其子标记\<li\>，代码如下：

```
<div id="bottom">
<ul>
    <li>欢迎加入到jQuery的世界，这里会给你带来无限的乐趣! </li>
    <li>jQuery拥有神奇的功能，会为你创造一个炫彩缤纷的世界! </li>
</ul>
</div>
<ul>
    <li>欢迎加入到jQuery的世界，这里会给你带来无限的乐趣! </li>
    <li>jQuery拥有神奇的功能，会为你创造一个炫彩缤纷的世界! </li>
</ul>
```

（3）编写 CSS 样式，通过 ID 选择符设置\<div\>标记的样式，并且编写一个类选择符 copyright，用于设置\<div\>标记内的版权列表的样式，关键代码如下：

```
<style type="text/css">
#bottom{
    background-image:url(images/bg_bottom.jpg);        /*设置背景*/
    width:800px;                                       /*设置宽度*/
    height:58px;                                       /*设置高度*/
    clear: both;                                       /*设置左右两侧无浮动内容*/
    text-align:center;                                 /*设置居中对齐*/
    padding-top:10px;                                  /*设置顶边距*/
    font-size:9pt;                                     /*设置字体大小*/
}
.copyright{
    color:#FFFFFF;                                     /*设置文字颜色*/
    list-style:none;                                   /*不显示项目符号*/
    line-height:20px;                                  /*设置行高*/
}
</style>
```

（4）在引入 jQuery 库的代码下方编写 jQuery 代码，匹配 div 元素的子元素 ul，并为其添加 CSS 样式，具体代码如下：

```
<script type="text/javascript">
$(document).ready(function(){
    $("div ul").addClass("copyright");          // 为div元素的子元素ul添加样式
});
</script>
```

运行本实例，将显示图 3-13 所示的效果，其中，上面的版权信息是通过 jQuery 添加样式的效果，下面的列表信息为默认的效果。

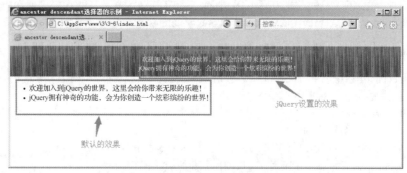

图 3-13 通过 jQuery 为列表设置样式

3.5.2 parent>child 选择器

parent > child 选择器中的 parent 代表父元素，child 代表子元素，用于在给定的父元素下匹配所有的子元素。使用该选择器只能选择父元素的直接子元素。parent > child 选择器的使用方法如下：

```
$("parent > child");
```

❑ parent 是指任何有效的选择器。

❑ child 是用以匹配元素的选择器，并且它是 parent 元素的子元素。

例如，要匹配表单中所有的子元素 input，可以使用下面的 jQuery 代码：

```
$("form > input");
```

> 【例 3-7】 为表单的直接子元素 input 换肤（实例位置：源码\第 3 章\3-7）。

（1）创建一个名称为 index.html 的文件，在该文件的<head>标记中应用下面的语句引入 jQuery 库。

```
<script type="text/javascript" src="../js/jquery-3.3.1.min.js"></script>
```

（2）在页面的<body>标记中添加一个表单，并在该表单中添加 6 个 input 元素，并且将"换肤"按钮用<span>标记括起来，关键代码如下：

```
<form id="form1" name="form1" method="post" action="">
    姓  名：<input type="text" name="name" id="name" />
    <br />
    籍  贯：<input name="native" type="text" id="native" />
    <br />
    生  日：<input type="text" name="birthday" id="birthday" />
    <br />
    E-mail: <input type="text" name="email" id="email" />
    <br />
    <span>
    <input type="button" name="change" id="change" value="换肤"/>
    </span>
    <input type="button" name="default" id="default" value="恢复默认"/>
    <br />
</form>
```

（3）编写 CSS 样式，用于指定 input 元素的默认样式，并且添加一个用于改变 input 元素样式的 CSS 类。具体代码如下：

```
<style type="text/css">
input{
    margin:5px;                              /*设置input元素的外边距为5像素*/
}
.input {
    font-size: 12pt;                         /*设置文字大小*/
    color: #333333;                          /*设置文字颜色*/
    background-color:#cef;                   /*设置背景颜色*/
    border: 1px solid #000000;               /*设置边框*/
}
</style>
```

（4）在引入 jQuery 库的代码下方编写 jQuery 代码，实现匹配表单元素的直接子元素并为其添加和移除 CSS 样式。具体代码如下：

```
<script type="text/javascript">
$(document).ready(function(){
    $("#change").click(function(){          // 绑定"换肤"按钮的单击事件
        $("form > input").addClass("input");  // 为表单元素的直接子元素input添加样式
    });
    $("#default").click(function(){         // 绑定"恢复默认"按钮的单击事件
    $("form > input").removeClass("input");
    // 移除为表单元素的直接子元素input添加的样式
    });
});
</script>
```

> **说明**　在上面的代码中，addClass()方法用于为元素添加 CSS 类，removeClass()方法用于移除为元素添加的 CSS 类。

运行本实例，将显示图 3-14 所示的效果，单击"换肤"按钮，将显示图 3-15 所示的效果，单击"恢复默认"按钮，则将再次显示图 3-14 所示的效果。

图 3-14　默认的效果　　　　　　　图 3-15　单击"换肤"按钮之后的效果

在图 3-15 所示窗口中，虽然"换肤"按钮也是 form 元素的子元素 input，但由于该元素不是 form 元素的直接子元素，所以在执行换肤操作时，该按钮的样式并没有改变。如果将步骤（4）中的第 4 行和第 7 行的代码中的$("form > input")修改为$("form input")，那么单击"换肤"按钮后，将显示图 3-16 所示的效果，即"换肤"按钮也将被添加 CSS 类。这也就是 parent > child 选择器和 ancestor descendant 选择器的区别。

图 3-16　为"换肤"按钮添加 CSS 类的效果

3.5.3　prev+next 选择器

prev + next 选择器用于匹配所有紧接在 prev 元素后的 next 元素。其中，prev 和 next 是两个相同级别的元素。prev + next 选择器的使用方法如下：

```
$("prev + next");
```

❏　prev 是指任何有效的选择器。

❏　next 是一个有效选择器并紧接着 prev 选择器。

例如，要匹配<div>标记后的<img>标记，可以使用下面的 jQuery 代码：

```
$("div + img");
```

> **【例 3-8】**　筛选紧跟在<lable>标记后的<p>标记并改变匹配元素的背景颜色为淡蓝色（实例位置：源码\第 3 章\3-8）。

（1）创建一个名称为 index.html 的文件，在该文件的<head>标记中应用下面的语句引入 jQuery 库。

```
<script type="text/javascript" src="../js/jquery-3.3.1.min.js"></script>
```

（2）在页面的<body>标记中，首先添加一个<div>标记，并在该<div>标记中添加两个<label>标记和<p>标记，其中第二对<label>标记和<p>标记用<fieldset>括起来，然后在<div>标记的下方再添加一个<p>标记。关键代码如下：

```
<div>
    <label>第一个label</label>
    <p>第一个p</p>
```

```
    <fieldset>
        <label>第二个label</label>
        <p>第二个p</p>
    </fieldset>
</div>
<p>div外面的p</p>
```

（3）编写 CSS 样式，用于设置 body 元素的字体大小，并且添加一个用于设置背景的 CSS 类。具体代码如下：

```
<style type="text/css">
    .background{background:#cef}
    body{font-size:12px;}
</style>
```

（4）在引入 jQuery 库的代码下方编写 jQuery 代码，实现匹配 label 元素的同级元素 p，并为其添加 CSS 类。具体代码如下：

```
<script type="text/javascript" charset="GBK">
    $(document).ready(function() {
        $("label+p").addClass("background");
        //为匹配的元素添加CSS类
    });
</script>
```

运行本实例，将显示图 3-17 所示的效果。在图中可以看到"第一个
p"和"第二个 p"的段落被添加了背景，而"div 外面的 p"由于不是 label
元素的同级元素，所以没有被添加背景。

3.5.4 prev~siblings 选择器

prev~siblings 选择器用于匹配 prev 元素之后的所有 siblings 元素。
其中，prev 和 siblings 是两个同辈元素。prev~siblings 选择器的使用方
法如下：

```
$("prev ~ siblings");
```

❑ prev 是指任何有效的选择器。

❑ siblings 是一个有效选择器并紧接着 prev 选择器。

例如，要匹配 div 元素的同辈元素 ul，可以使用下面的 jQuery 代码：

```
$("div ~ ul");
```

图 3-17　为 label 元素的同级元素
添加背景

【例 3-9】筛选页面中 div 元素的同辈元素（实例位置：源码\第 3 章\3-9）。

（1）创建一个名称为 index.html 的文件，在该文件的<head>标记中应用下面的语句引入 jQuery 库。

```
<script type="text/javascript" src="../js/jquery-3.3.1.min.js"></script>
```

（2）在页面的<body>标记中，首先添加一个<div>标记，并在该<div>标记中添加两个<p>标记，然后在<div>标记的下方再添加一个<p>标记。关键代码如下：

```
<div>
    <p>第一个p</p>
    <p>第二个p</p>
</div>
<p>div外面的p</p>
```

（3）编写 CSS 样式，用于设置 body 元素的字体大小，并且添加一个用于设置背景的 CSS 类。具体代码如下：

```
<style type="text/css">
    .background{background:#cef}
    body{font-size:12px;}
</style>
```

（4）在引入 jQuery 库的代码下方编写 jQuery 代码，实现匹配 div 元素的同辈元素 p，并为其添加 CSS 类。具体代码如下：

```
<script type="text/javascript" charset="GBK">
    $(document).ready(function() {
        $("div～p").addClass("background");        //为匹配的元素添加CSS类
    });
</script>
```

运行本实例，将显示图 3-18 所示的效果。在图中可以看到 "div 外面的 p" 被添加了背景，而 "第一个 p" 和 "第二个 p" 的段落由于它们不是 div 元素的同辈元素，所以没有被添加背景。

图 3-18　为 div 元素的同辈元素添加背景

3.6　过滤选择器

过滤选择器包括简单过滤器、内容过滤器、可见性过滤器、表单对象属性过滤器和子元素选择器等。下面我们就进行详细介绍。

过滤选择器

3.6.1　简单过滤器

简单过滤器是指以冒号开头，通常用于实现简单过滤效果的过滤器。例如，匹配找到的第一个元素等。jQuery 提供的过滤器如表 3-1 所示。

表 3-1　jQuery 的简单过滤器

过滤器	说明	示例
:first	匹配找到的第一个元素，它是与选择器结合使用的	$("tr:first")　//匹配表格的第一行
:last	匹配找到的最后一个元素，它是与选择器结合使用的	$("tr:last")　//匹配表格的最后一行
:even	匹配所有索引值为偶数的元素，索引值从 0 开始计数	$("tr:even")　//匹配索引值为偶数的行
:odd	匹配所有索引值为奇数的元素，索引从 0 开始计数	$("tr:odd")　//匹配索引值为奇数的行
:eq(index)	匹配一个给定索引值的元素	$("div:eq(1)")　//匹配第 2 个 div 元素
:gt(index)	匹配所有大于给定索引值的元素	$("span:gt(0)")　//匹配索引大于 1 的 span 元素（注：大于 0，而不包括 0）
:lt(index)	匹配所有小于给定索引值的元素	$("div:lt(2)")　//匹配索引小于 2 的 div 元素（注：小于 2，而不包括 2）
:header	匹配如 h1、h2、h3……之类的标题元素	$(":header")　//匹配全部的标题元素
:not(selector)	去除所有与给定选择器匹配的元素	$("input:not(:checked)")　//匹配没有被选中的 input 元素
:animated	匹配所有正在执行动画效果的元素	$("div:animated ")　//匹配正在执行的动画的 div 元素
:lang	选择指定语言的所有元素，1.9 版本以后可以使用	$("p:lang(it)")　//选择所有<p> 的语言属性
:focus	匹配当前获取焦点的元素	elem.is(":focus")　//匹配获得焦点的元素
:root	选择该文档的根元素，1.9 版本以后可以使用	$(":root").css("background-color","yellow")　//设置<html>背景颜色为黄色
:target	选择由文档 URI 的格式化识别码表示的目标元素，1.9 版本以后可以使用	给定的 URI http://example.com/#foo，　$("p:target")，将选择<p id="foo">元素

【例 3-10】 实现一个带表头的双色表格（实例位置：源码\第 3 章\3-10）。

（1）创建一个名称为 index.html 的文件，在该文件的<head>标记中应用下面的语句引入 jQuery 库。

```
<script type="text/javascript" src="../js/jquery-3.3.1.min.js"></script>
```

（2）在页面的<body>标记中，添加一个 5 行 5 列的表格。关键代码如下：

```
<table width="98%" border="0" align="center" cellpadding="0" cellspacing="1" bgcolor="#3F873B">
    <tr>
        <td width="11%" height="27">编号</td>
        <td width="14%">祝福对象</td>
        <td width="12%">祝福者</td>
        <td width="33%">字条内容</td>
        <td width="30%">发送时间</td>
    </tr>
    <tr>
        <td height="27">1</td>
        <td>琦琦</td>
        <td>妈妈</td>
        <td>愿你健康快乐地成长！</td>
        <td>2018-08-15 13:06:06</td>
    </tr>
    ......                        <!--此处省略了其他行的代码-->
</table>
```

（3）编写 CSS 样式，通过元素选择符设置单元格的样式，并且编写 th、even 和 odd 3 个类选择符，用于控制表格中相应行的样式。具体代码如下：

```
<style type="text/css">
    td{
        font-size:12px;                /*设置单元格的样式*/
        padding:3px;                   /*设置内边距*/
    }
    .th{
        background-color:#B6DF48;      /*设置背景颜色*/
        font-weight:bold;             /*设置文字加粗显示*/
        text-align:center;            /*文字居中对齐*/
    }
    .even{
        background-color:#E8F3D1;     /*设置偶数行的背景颜色*/
    }
    .odd{
        background-color:#F9FCEF;     /*设置奇数行的背景颜色*/
    }
</style>
```

（4）在引入 jQuery 库的代码下方编写 jQuery 代码，分别设置表格奇数行与偶数行的样式，并且单独为第 1 行添加名为"th"的样式。具体代码如下：

```
<script type="text/javascript">
    $(document).ready(function() {
        $("tr:even").addClass("even");        // 设置偶数行所用的CSS类
        $("tr:odd").addClass("odd");          // 设置奇数行所用的CSS类
        $("tr:first").removeClass("even");    // 移除even类
        $("tr:first").addClass("th");         // 添加th类
    });
</script>
```

在上面的代码中，为表格的第 1 行添加 th 类时，需要先将该行应用的 even 类移除，然后再进行添加，否则，新添加的 CSS 类将不起作用。

运行本实例，将显示图 3-19 所示的效果。其中，第 1 行为表头，编号为 1 和 3 的行采用的是偶数行的样式，编号为 2 和 4 的行采用的是奇数行的样式。

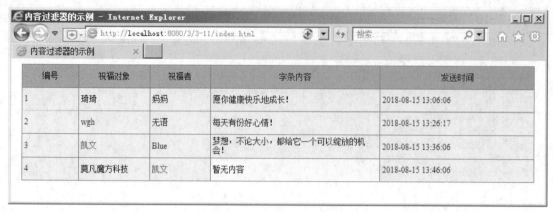

图 3-19　带表头的双色表格

3.6.2　内容过滤器

内容过滤器是指通过 DOM 元素包含的文本内容以及是否含有匹配的元素进行筛选。内容过滤器共包括：:contains(text)、:empty、:has(selector)和:parent 4 种，如表 3-2 所示。

表 3-2　jQuery 的内容过滤器

过滤器	说明	示例
:contains(text)	匹配包含给定文本的元素	$("li:contains('DOM')") //匹配含有 "DOM" 文本内容的 li 元素
:empty	匹配所有不包含子元素或者文本的空元素	$("td:empty") //匹配不包含子元素或者文本的单元格
:has(selector)	匹配含有选择器所匹配元素的元素	$("td:has(p)") //匹配表格的单元格中含有<p>标记的单元格
:parent	匹配含有子元素或者文本的元素	$("td: parent") //匹配不为空的单元格，即在该单元格中还包括子元素或者文本

> 【例 3-11】 应用内容过滤器匹配为空的单元格、不为空的单元格和包含指定文本的单元格（实例位置：源码\第 3 章\3-11）。

（1）创建一个名称为 index.html 的文件，在该文件的<head>标记中应用下面的语句引入 jQuery 库。

```
<script type="text/javascript" src="../js/jquery-3.3.1.min.js"></script>
```

（2）在页面的<body>标记中，添加一个 5 行 5 列的表格。关键代码如下：

```
<table width="98%" border="0" align="center" cellpadding="0" cellspacing="1" bgcolor="#3F873B">
    <tr>
        <td width="11%" class="head" height="27" align="center">编号</td>
        <td width="14%" class="head" align="center">祝福对象</td>
        <td width="12%" class="head" align="center">祝福者</td>
        <td width="33%" class="head" align="center">字条内容</td>
        <td width="30%" class="head" align="center">发送时间</td>
    </tr>
    <tr>
        <td height="27">1</td>
        <td>琦琦</td>
        <td>妈妈</td>
        <td>愿你健康快乐地成长！</td>
        <td>2018-08-15 13:06:06</td>
```

```
      </tr>
      <tr>
        <td height="27">2</td>
        <td>wgh</td>
        <td>无语</td>
        <td>每天有份好心情！</td>
        <td>2018-08-15 13:26:17</td>
      </tr>
      <tr>
        <td height="27">3</td>
        <td>凯文</td>
        <td>Blue</td>
        <td>梦想，不论大小，都给它一个可以绽放的机会！</td>
        <td>2018-08-15 13:36:06</td>
      </tr>
      <tr>
        <td height="27">4</td>
        <td>莫凡魔方科技</td>
        <td>凯文</td>
        <td></td>
        <td>2018-08-15 13:46:06</td>
      </tr>
    </table>
```

（3）在引入 jQuery 库的代码下方编写 jQuery 代码，为不为空的单元格设置背景颜色，为空单元格添加默认内容以及为含有指定文本内容的单元格设置文字颜色。具体代码如下：

```
<script type="text/javascript">
    $(document).ready(function() {
        $("td:parent").css("background-color","#E8F3D1");      // 为不为空的单元格设置背景颜色
        $("td:empty").html("暂无内容");                          // 为空的单元格添加默认内容
$("td:contains('凯文')").css("color","red");                    // 将含有文本"凯文"的单元格的文字颜色设置为红色
$("td.head").css("background-color","#999999");
    });
</script>
```

运行本实例将显示图 3-20 所示的效果。其中，内容为"凯文"的单元格元素被标记为红色，编号为 4 的行中"字条内容"在设计时为空，这里应用 jQuery 为其添加文本"暂无内容"，除该单元格外的其他单元格的背景颜色均被设置为#E8F3D1 色。

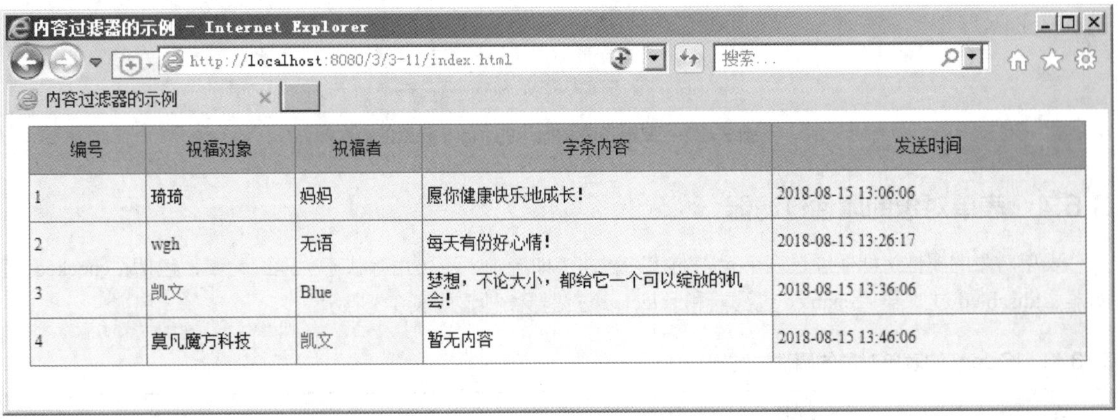

编号	祝福对象	祝福者	字条内容	发送时间
1	琦琦	妈妈	愿你健康快乐地成长！	2018-08-15 13:06:06
2	wgh	无语	每天有份好心情！	2018-08-15 13:26:17
3	凯文	Blue	梦想，不论大小，都给它一个可以绽放的机会！	2018-08-15 13:36:06
4	莫凡魔方科技	凯文	暂无内容	2018-08-15 13:46:06

图 3-20　运行结果

3.6.3　可见性过滤器

元素的可见状态有两种，分别是隐藏状态和显示状态。可见性过滤器就是利用元素的可见状态匹配元素的。

因此，可见性过滤器也有两种，一种是匹配所有可见元素的:visible 过滤器，另一种是匹配所有不可见元素的:hidden 过滤器。

> **说明** 在应用:hidden 过滤器时，display 属性是 none 的元素，以及 input 的 type 属性为 hidden 的元素都会被匹配到。

【例 3-12】 获取页面上隐藏和显示的 input 元素的值（实例位置：源码\第 3 章\ 3-12）。

（1）创建一个名称为 index.html 的文件，在该文件的<head>标记中应用下面的语句引入 jQuery 库。

```
<script type="text/javascript" src="../js/jquery-3.3.1.min.js"></script>
```

（2）在页面的<body>标记中添加 3 个 input 元素，其中第 1 个为显示的文本框，第 2 个为不显示的文本框，第 3 个为隐藏域。关键代码如下：

```
<input type="text" value="显示的input元素">
<input type="text" value="我是不显示的input元素" style="display:none">
<input type="hidden" value="我是隐藏域">
```

（3）在引入 jQuery 库的代码下方编写 jQuery 代码，获取页面上隐藏和显示的 input 元素的值。具体代码如下：

```
<script type="text/javascript">
    $(document).ready(function() {
        var visibleVal = $("input:visible").val();           // 取得显示的input的值
        var hiddenVal1 = $("input:hidden:eq(0)").val();      // 取得隐藏的文本框的值
        var hiddenVal2 = $("input:hidden:eq(1)").val();      // 取得隐藏域的值
        alert(visibleVal+"\n\r"+hiddenVal1+"\n\r"+hiddenVal2);  // 弹出取得的信息
    });
</script>
```

运行本实例将显示图 3-21 所示的效果。

图 3-21 弹出隐藏和显示的 input 元素的值

3.6.4 表单对象的属性过滤器

表单对象的属性过滤器通过表单元素的状态属性（如选中、不可用等状态）匹配元素，包括：checked 过滤器、:disabled 过滤器、:enabled 过滤器和:selected 过滤器 4 种，如表 3-3 所示。

表 3-3 jQuery 的表单对象的属性过滤器

过滤器	说明	示例	
:checked	匹配所有选中的被选中元素	$("input:checked")	//匹配所有被选中的 input 元素
:disabled	匹配所有不可用元素	$("input:disabled")	//匹配所有不可用的 input 元素
:enabled	匹配所有可用的元素	$("input:enabled ")	//匹配所有可用的 input 元素
:selected	匹配所有选中的 option 元素	$("select option:selected")	//匹配所有被选中的选项元素

【例 3-13】 利用表单过滤器匹配表单中相应的元素（实例位置：源码\第 3 章\ 3-13）。

（1）创建一个名称为 index.html 的文件，在该文件的<head>标记中应用下面的语句引入 jQuery 库。

```
<script type="text/javascript" src="../js/jquery-3.3.1.min.js"></script>
```

（2）在页面的<body>标记中，添加一个表单，并在该表单中添加 3 个复选框、1 个不可用按钮和 1 个下拉列表框，其中，前两个复选框为选中状态。关键代码如下：

```
<form>
    复选框1：  <input type="checkbox" checked="checked" value="复选框1"/>
    复选框2：  <input type="checkbox" checked="checked" value="复选框2"/>
    复选框3：  <input type="checkbox" value="复选框3"/><br />
    不可用按钮：    <input type="button" value="不可用按钮" disabled><br />
    下拉列表框：
    <select onchange="selectVal()">
        <option value="列表项1">列表项1</option>
        <option value="列表项2">列表项2</option>
        <option value="列表项3">列表项3</option>
    </select>
</form>
```

（3）在引入 jQuery 库的代码下方编写 jQuery 代码，实现匹配表单中的被选中的 checkbox 元素、不可用元素和被选中的 option 元素的值。具体代码如下：

```
<script type="text/javascript">
    $(document).ready(function() {
        $("input:checked").css("background-color","red");      // 设置选中的复选框的背景颜色
        $("input:disabled").val("我是不可用的");                 // 为灰色不可用按钮赋值
    })
    function selectVal(){                                       // 下拉列表框变化时执行的方法
        alert($("select option:selected").val());              // 显示选中的值
    }
</script>
```

运行本实例，选中下拉列表框中的列表项 3，将弹出提示对话框显示选中列表项的值，如图 3-22 所示。在该图中，选中的两个复选框的背景为红色，另一个复选框没有设置背景颜色，不可用按钮的 value 值被修改为"我是不可用的"。

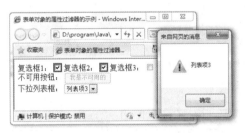

图 3-22　利用表单过滤器匹配表单中相应的元素

3.6.5　子元素过滤器

子元素选择器就是筛选给定某个元素的子元素，具体的过滤条件由选择器的种类而定。jQuery 提供的子元素选择器如表 3-4 所示。

表 3-4　jQuery 的子元素选择器

选择器	说明	示例
:first-child	匹配所有给定元素的第 1 个子元素	$("ul li:first-child")　//匹配 ul 元素中的第 1 个子元素 li
:last-child	匹配所有给定元素的最后一个子元素	$("ul li:last-child")　//匹配 ul 元素中的最后一个子元素 li

续表

选择器	说明	示例
:only-child	如果某个元素是它父元素中唯一的子元素，那么将会被匹配。如果父元素中含有其他元素，则不会被匹配	$("ul li:only-child") //匹配只含有一个 li 元素的 ul 元素中的 li
:nth-child(index/even/odd/equation)	匹配每个父元素下的第 index 个子或奇偶元素，index 从 1 开始，而不是从 0 开始	$("ul li:nth-child(even)") //匹配 ul 中索引值为偶数的 li 元素 $("ul li:nth-child(3)") //匹配 ul 中第 3 个 li 元素
:first-of-type	结构化伪类，匹配 E 的父元素的第 1 个 E 类型的孩子。1.9 版本以后可以使用	查找作为父元素的 span 类型子元素中的"长子"的 span 标签
:last-of-type	结构化伪类，匹配 E 的父元素的最后一个 E 类型的孩子。1.9 版本以后可以使用	:first-of-type 差不多，只是一个是第 1 个元素，一个是最后一个元素
:nth-last-child(n|even|odd|formula)	选择所有它们父元素的第 n 个子元素。计数从最后一个元素开始到第 1 个。1.9 版本以后可以使用	$("ul li:nth-last-child(2)"); //在每个匹配的 ul 中查找倒数第 2 个 li
:nth-last-of-type(n|even|odd|formula)	选择的所有它们的父级元素的第 n 个子元素，计数从最后一个元素到第 1 个。1.9 版本以后可以使用	$("ul li:nth-last-of-type(2)"); //在每个匹配的 ul 中查找倒数第 2 个 li
:nth-of-type(n|even|odd|formula)	选择同属于一个父元素之下，并且标签名相同的子元素中的第 n 个。1.9 版本以后可以使用	$("span:nth-of-type(2)"); // 查找每个 span，这 span 是其所有兄弟 span 元素中的第 2 个元素
:only-of-type	选择所有没有兄弟元素，且具有相同的元素名称的元素。1.9 版本以后可以使用	如果父元素有相同的元素名称的其他子元素，那么没有元素会被匹配

3.7 属性选择器

属性选择器是通过元素的属性作为过滤条件进行筛选对象。jQuery 提供的属性选择器如表 3-5 所示。

属性选择器

表 3-5　jQuery 的属性选择器

选择器	说明	示例
[attribute]	匹配包含给定属性的元素	$("div[name]") //匹配含有 name 属性的 div 元素
[attribute=value]	匹配属性值为 value 的元素	$("div[name='test']") //匹配 name 属性是 test 的 div 元素
[attribute!=value]	匹配属性值不等于 value 的元素	$("div[name!='test']") //匹配 name 属性不是 test 的 div 元素
[attribute*=value]	匹配属性值含有 value 的元素	$("div[name*='test']") //匹配 name 属性中含有 test 值的 div 元素
[attribute^=value]	匹配属性值以 value 开始的元素	$("div[name^='test']") //匹配 name 属性以 test 开头的 div 元素
[attribute$=value]	匹配属性值是以 value 结束的元素	$("div[name$='test']") //匹配 name 属性以 test 结尾的 div 元素
[selector1][selector2][selectorN]	复合属性选择器，需要同时满足多个条件时使用	$("div[id][name^='test']") //匹配具有 id 属性并且 name 属性是以 test 开头的 div 元素

3.8 表单选择器

表单选择器是匹配经常在表单内出现的元素，但是匹配的元素不一定在表单中。
jQuery 提供的表单选择器如表 3-6 所示。

表单选择器

表 3-6 jQuery 的表单选择器

选择器	说明	示例
:input	匹配所有的 input 元素	$(":input") //匹配所有的 input 元素 $("form :input") //匹配\<form\>标记中的所有 input 元素，需要注意，在 form 和:之间有一个空格
:button	匹配所有的普通按钮，即 type="button"的 input 元素	$(":button") //匹配所有的普通按钮
:checkbox	匹配所有的复选框	$(": checkbox") //匹配所有的复选框
:file	匹配所有的文件域	$(": file") //匹配所有的文件域
:hidden	匹配所有的不可见元素，或者 type 为 hidden 的元素	$(": hidden") //匹配所有的隐藏域
:image	匹配所有的图像域	$(": image") //匹配所有的图像域
:password	匹配所有的密码域	$(": password") //匹配所有的密码域
:radio	匹配所有的单选按钮	$(": radio") //匹配所有的单选按钮
:reset	匹配所有的重置按钮，即 type=" reset "的 input 元素	$(":reset") //匹配所有的重置按钮
:submit	匹配所有的提交按钮，即 type="submit"的 input 元素	$(": submit") //匹配所有的提交按钮
:text	匹配所有的单行文本框	$(":text") //匹配所有的单行文本框

【例 3-14】 匹配表单中相应的元素并实现不同的操作（实例位置：源码\第 3 章\ 3-14）。

（1）创建一个名称为 index.html 的文件，在该文件的\<head\>标记中应用下面的语句引入 jQuery 库。

```
<script type="text/javascript" src="../js/jquery-3.3.1.min.js"></script>
```

（2）在页面的\<body\>标记中，添加一个表单，并在该表单中添加复选框、单选按钮、图像域、文件域、密码域、文本框、普通按钮、重置按钮、提交按钮、隐藏域等 input 元素。关键代码如下：

```
<form>
    复选框： <input type="checkbox"/>
    单选按钮： <input type="radio"/>
    图像域： <input type="image"/><br>
    文件域： <input type="file"/><br>
    密码域： <input type="password" width="150px"/><br>
    文本框： <input type="text" width="150px"/><br>
    按　钮： <input type="button" value="按钮"/><br>
    重　置： <input type="reset" value=""/><br>
    提　交： <input type="submit" value=""><br>
    隐藏域： <input type="hidden" value="这是隐藏的元素">
    <div id="testDiv"><font color="blue">隐藏域的值： </font></div>
</form>
```

（3）在引入 jQuery 库的代码下方编写 jQuery 代码，实现匹配表单中的各个表单元素，并实现不同的操作。具体代码如下：

```
<script type="text/javascript">
```

```
    $(document).ready(function() {
        $(":checkbox").attr("checked","checked");              // 选中复选框
        $(":radio").attr("checked","true");                    // 选中单选框
        $(":image").attr("src","images/fish1.jpg");            // 设置图片路径
        $(":file").hide();                                     // 隐藏文件域
        $(":password").val("123");                             // 设置密码域的值
        $(":text").val("文本框");                               // 设置文本框的值
        $(":button").attr("disabled","disabled");              // 设置按钮不可用
        $(":reset").val("重置按钮");                            // 设置重置按钮的值
        $(":submit").val("提交按钮");                           // 设置提交按钮的值
        $("#testDiv").append($("input:hidden:eq(1)").val());   // 显示隐藏域的值
    });
</script>
```

运行本实例，将显示图 3-23 所示的页面。

图 3-23　利用表单选择器匹配表单中相应的元素

3.9　混淆选择器

混淆选择器通常用在类选择器或者 ID 选择器中包含一些 CSS 特殊字符的时候，其与
CSS 中的 CSS.escape()方法类型的区别是，jQuery 这个方法支持所有浏览器。jQuery 提供
的混淆选择器如表 3-7 所示。

混淆选择器

表 3-7　jQuery 的混淆选择器

选择器	说明	示例
$.escapeSelector(selector)	处理 CSS 特殊字符	$.escapeSelector("#target"); // "\#target" // 对含有#号的 ID 进行编码

【例 3-15】选择出类中包含.green 的 div，并将其设置为绿色（实例位置：源码\第 3 章\ 3-15）。

（1）创建一个名称为 index.html 的文件，在该文件的<head>标记中应用下面的语句引入 jQuery 库。

```
<script type="text/javascript" src="../js/jquery-3.3.1.min.js"></script>
```

（2）在页面的<body>标记中添加 div 和.green 的 class。关键代码如下：

```
<div><div class="red">div class="red"</div>
<div class=".green myClass">div class=".green myClass"</div>
<div class=".green">span class=".green"</div></div>
```

（3）在引入 jQuery 库的代码下方编写 jQuery 代码，选择出类中包含.green 的 div，并将其设置为绿色。具体代
码如下：

```
<script type="text/javascript">
```

```
$(document).ready(function() {
    $( "div" ).find( "." + $.escapeSelector( ".green" )).css({"color":"green","border":"2px solid green"}); ;
    });</script>
```

运行本实例，将显示图 3-24 所示的页面。

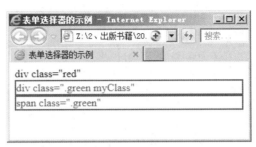

图 3-24　选择出类中包含.green 的 div

3.10　选择器中的一些注意事项

选择器中的一些注意
事项

3.10.1　选择器中含有特殊符号的注意事项

1．选择器中含有 "．" "#" "(" 或 "]" 等特殊字符

根据 W3C 规定，属性值中是不能包含这些特殊字符的，但在实际项目应用中偶尔也
会遇到表达式中含有 "#" 和 "]" 等特殊字符的情况。这时，如果按照普通方式去处理的话就会出现错误。解
决这类错误的方法是使用转义符号将其转义。例如，有下面 HTML 代码：

```
<div id="mr#soft">莫凡魔方科技</div>
<div id="mrbook(1) ">人邮图书</div>
```

如果按照普通方式来获取，例如：

```
$("#mr#soft");
$("#mrbook(1)");
```

这样是不能正确获取到元素的，正确的写法如下：

```
$("#mr\\#soft");
$("#mrbook\\(1\\)");
```

2．属性选择器的@符号问题

在 jQuery 进行版本升级的过程中，jQuery 1.3.1 版本彻底放弃了 1.1.0 版本遗留下的@符号，假如使用 1.3.1
以上的版本，那么就不需要在属性前添加@符号。例如下面代码：

```
$("div[@name='mingri']");
```

正确的写法是将@符号去掉，即改为下面形式：

```
$("div[name='mingri']");
```

3.10.2　选择器中含有空格的注意事项

在实际应用当中，选择器中含有空格也是不容忽视的，多一个空格或者少一个空格也会得到截然不同的结
果。请看下面示例代码：

```
<div class="name">
    <div style="display: none;">小科</div>
    <div style="display: none;">小王</div>
    <div style="display: none;">小张</div>
    <div style="display: none;" class="name">小辛</div>
</div>
<div style="display: none;" class="name">小杨</div>
<div style="display: none;" class="name">小刘</div>
```

使用下面的 *jQuery* 选择器分别获取它们。

```
<script type="text/javascript">
    var $l_a = $(".name :hidden");        // 带空格的jQuery选择器
    var $l_b = $(".name:hidden");         // 不带空格的jQuery选择器
    var len_a = $l_a.length;
    var len_b = $l_b.length;
    alert("$('.name :hidden') = "+len_a);  // 输出4
    alert("$('.name:hidden') = "+len_b);   // 输出3
</script>
```

以上代码会出现不同的结果，是因为后代选择器和过滤选择器是不同的。

```
    var $l_a = $(".name :hidden");        // 带空格的jQuery选择器
```

以上代码是选择 class 为"name"的元素之内的隐藏元素，也就是内容为小科、小王、小张、小辛的 4 个 div 元素。

而代码：

```
    var $l_b = $(".name:hidden");         // 不带空格的jQuery选择器
```

则是获取隐藏的 class 为"name"的元素，即内容为小辛、小杨、小刘的 div 元素。

3.11　综合实例：表格隔行换色及鼠标指针指向行变色

对于一些清单型数据，通常是利用表格展示到页面中。如果数据比较多，很容易看串行。这时，可以为表格添加隔行换色及鼠标指针指向行变色功能。下面我们通过一个具体的例子来实现该功能。（实例位置：源码\第 3 章\ 3-16）。

综合案例：表格隔行
换色及鼠标指针
指向行变色

本实例的需求主要有以下两点。

（1）在页面中创建一个表格，令表格奇数行显示黄色，偶数行显示浅蓝色；

（2）当鼠标指针指向某一行时，该行颜色随之改变。

运行本实例，将显示图 3-25 所示的隔行换色的表格，将鼠标指针移动到表格体的各行时，该行将突出显示，图 3-26 所示为将鼠标指针移动到倒数第 2 行时显示的效果。

图 3-25　隔行换色的表格效果

图 3-26　鼠标指针移到第 3 行时的效果

程序开发步骤如下。

（1）创建一个名称为 index.html 的文件，在该文件的<head>标记中应用下面的语句引入 jQuery 库。

```
<script type="text/javascript" src="../js/jquery-3.3.1.min.js"></script>
```

（2）在页面的<body>标记中，添加一个 5 行 3 列的表格，并使用<thead>标记将表格的标题行括起来，再使用<tbody>标记将表格的其他行括起来。关键代码如下：

```
<table>
  <thead>
    <tr>
      <th>产品名称</th>
      <th>产地</th>
      <th>厂商</th>
    </tr>
  </thead>
  <tbody>
```

```
    <tr>
        <td>爱美电视机</td>
        <td>福州</td>
        <td>爱美电子</td>
    </tr>
    ……                    <!--此处省略了其他3行的代码-->
    </tbody>
</table>
```

（3）编写 CSS 样式，用于控制表格整体样式、表头的样式、表格的单元格的样式、奇数行样式、偶数行样式和鼠标指针移到行的样式。具体代码如下：

```
<style type="text/css">
table{ border:0;border-collapse:collapse;}          /*设置表格整体样式*/
td{font:normal 12px/17px Arial;padding:2px;width:100px;}   /*设置单元格的样式*/
th{    /*设置表头的样式*/
    font:bold 12px/17px Arial;
    text-align:left;
    padding:4px;
    border-bottom:1px solid #333;
}
.odd{background:#cef;}                               /*设置奇数行样式*/
.even{background:#ffc;}                              /*设置偶数行样式*/
.light{background:#00A1DA;}                          /*设置鼠标指针移到行的样式*/
</style>
```

（4）在引入 jQuery 库的代码下方编写 jQuery 代码，实现表格的隔行换色，及让鼠标指针移到行变色的功能。具体代码如下：

```
<script type="text/javascript">
$(document).ready(function(){
    $("tbody tr:odd").addClass("odd");              //为偶数行添加样式
    $("tbody tr:even").addClass("even");            //为偶数行添加样式
    $("tbody tr").hover(                            //为表格主体每行绑定hover方法
        function() {$(this).addClass("light");},
        function() {$(this).removeClass("light");}
    );
});
</script>
```

 说明 $("tr:odd")和$("tr:even")选择器中索引是从 0 开始的，因此第 1 行是偶数行。

知识点提炼

（1）一个典型的 jQuery 选择器的语法格式为：

```
$(selector).methodName();
```

（2）ID 选择器#id 顾名思义就是利用 DOM 元素的 id 属性值来筛选匹配的元素，并以 jQuery 包装集的形式返回给对象。

（3）元素选择器是根据元素名称匹配相应的元素。

（4）类名选择器是通过元素拥有的 CSS 类的名称查找匹配的 DOM 元素。

（5）复合选择器将多个选择器（可以是 ID 选择器、元素选择器或是类名选择器）组合在一起，两个选择器之间以逗号","分隔，只要符合其中的任何一个筛选条件就会被匹配，返回的是一个集合形式的 jQuery 包装集。

（6）ancestor descendant 选择器中的 ancestor 代表祖先，descendant 代表子孙，用于在给定的祖先元素下匹配所有的后代元素。

（7）parent > child 选择器中的 parent 代表父元素，child 代表子元素，用于在给定的父元素下匹配所有的子元素。

（8）prev + next 选择器用于匹配所有紧接在 prev 元素后的 next 元素。

（9）prev～siblings 选择器用于匹配 prev 元素之后的所有 siblings 元素。

（10）简单过滤器是指以冒号开头，通常用于实现简单过滤效果的过滤器。

（11）内容过滤器是通过 DOM 元素包含的文本内容以及是否含有匹配的元素进行筛选。

（12）表单对象的属性过滤器通过表单元素的状态属性（如选中、不可用等状态）匹配元素，包括:checked 过滤器、:disabled 过滤器、:enabled 过滤器和:selected 过滤器 4 种。

习题

3-1　为什么要使用 jQuery 选择器？

3-2　简述使用 ID 选择器获取文本框内容的过程。

3-3　如何筛选页面中某元素的同辈元素？

3-4　分别使用原生 JavaScript 方法和 jQuery 方法获取页面中显示和隐藏的 input 元素的值。

3-5　选择器中含有特殊符号时需要注意哪些事项？

第4章

使用jQuery操作DOM

■ DOM 是文档对象模型,根据 W3C DOM 规范为文档提供了一种结构化表示方法,通过该方法可以改变文档的内容和展示形式。在实际操作中,DOM 更像是桥梁,通过它可以实现跨平台访问。本章我们将详细介绍如何使用 jQuery 操作 DOM 中的元素或对象。

4.1 DOM 操作的分类

通常来说，DOM 操作分为 3 方面：DOM Core、HTML-DOM 和 CSS-DOM。

DOM 操作的分类

1. DOM Core

DOM Core（核心 DOM）：它不专属于任何语言，它是一组标准的接口，任何一种支持 DOM 的程序语言都可以使用它。JavaScript 中的 getElementById()、getElementsByTag Name()、getAttribute() 和 setAttribute()等方法都是 DOM Core 的组成部分。

例如：

（1）使用 DOM Core 来获取表单对象的方法：

```
document.getElementsByTagName("form");
```

（2）使用 DOM Core 来获取元素的 title 属性：

```
element.getAttribute("title");
```

2. HTML-DOM

在 JavaScript 中，有很多专属于 HTML-DOM 的属性。如 document.forms、element.src 等。

例如：

（1）使用 HTML-DOM 来获取表单对象的方法：

```
document.forms;      // HTML-DOM当中提供了forms对象
```

（2）使用 HTML-DOM 来获取元素的 title 属性：

```
element.title;
```

通过以上代码可以看出，HTML-DOM 代码通常比 DOM Core 简短，不过它只能用来处理 Web 文档。

3. CSS-DOM

CSS-DOM 是针对 CSS 的操作。在 JavaScript 中，CSS-DOM 主要用于获取和设置 style 对象的属性。例如：

```
element.style.color = "#ADD8E6";
```

4.2 对元素内容和值进行操作

jQuery 提供了对元素的内容和值进行操作的方法，其中，元素的值是元素的一种属性，大部分元素的值都对应 value 属性。下面我们再来对元素的内容进行介绍。

对文档元素内容和值进行操作

元素的内容是指定义元素的起始标记和结束标记中间的内容，又可分为文本内容和 HTML 内容。那么什么是元素的文本内容和 HTML 内容呢？我们通过下面这段代码来说明。

```
<div>
    <p>测试内容</p>
</div>
```

在这段代码中，div 元素的文本内容就是"测试内容"，文本内容不包含元素的子元素，只包含元素的文本内容。而"<p>测试内容</p>"就是<div>元素的 HTML 内容，HTML 内容不仅包含元素的文本内容，而且还包含元素的子元素。

4.2.1 对元素内容进行操作

由于元素内容可分为文本内容和 HTML 内容，那么对元素内容的操作也可以分为对文本内容的操作和对 HTML 内容的操作。下面我们分别进行详细介绍。

1. 用 text()方法对文本内容的操作

jQuery 提供了 text()和 text(val)两个方法用于对文本内容进行操作，其中 text()用于获取全部匹配元素的文本内容，text(val)用于设置全部匹配元素的文本内容。例如，一个 HTML 页面包括下面 3 行代码：

```
<div>
<span id="clock">当前时间：2018-09-09 星期日 13:20:10</span>
</div>
```

要获取 div 元素的文本内容，可以使用下面的代码：

```
$("div").text();
```

得到的结果为，当前时间：2018-09-09 星期日 13:20:10

 说明 text()方法取得的结果是所有匹配元素包含的文本组合起来的文本内容，这个方法也对 XML 文档有效，可以用 text()方法解析 XML 文档元素的文本内容。

【例 4-1】 设置 div 元素的文本内容（实例位置：源码\第 4 章\4-1）。

（1）创建一个名称为 index.html 的文件，在该文件的<head>标记中应用下面的语句引入 jQuery 库。

```
<script type="text/javascript" src="../js/jquery-3.3.1.min.js"></script>
```

（2）在页面的<body>标记中添加一个<div>元素，令它的文本内容为空。代码如下：

```
<div></div>
```

（3）在引入 jQuery 库的代码下方编写 jQuery 代码，实现为<div>标记设置文本内容。具体代码如下：

```
<script type="text/javascript">
    $(document).ready(function(){
        $("div").text("我是通过text()方法设置的文本内容");
    });
</script>
```

运行本实例，效果如图 4-1 所示。

图 4-1 设置 div 元素的文本内容

 使用 text()方法重新设置 div 元素的文本内容后，div 元素原来的内容将被新设置的内容替换掉，包括 HTML 内容。例如，对下面的代码：

```
<div><span id="clock">当前时间：2018-09-09 星期日 13:20:10</span></div>
```

应用"$("div").text("我是通过 text()方法设置的文本内容");"设置值后，该<div>标记的内容将变为：

```
<div>我是通过text()方法设置的文本内容</div>
```

2. 用 html()方法对 HTML 内容的操作

jQuery 提供了 html()和 html(val)两个方法用于对 HTML 内容进行操作。其中 html()用于获取第 1 个匹配元素的 HTML 内容，text(val)用于设置全部匹配元素的 HTML 内容。例如，在一个 HTML 页面中，包括下面 3 行代码：

```
<div>
<span id="clock">当前时间：2018-09-09 星期日 13:20:10</span>
</div>
```

要获取 div 元素的 HTML 内容，可以使用下面的代码：

```
alert($("div").html());
```

得到的结果如图 4-2 所示。

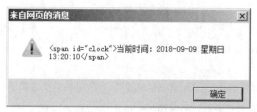

图 4-2　获取到的 div 元素的 HTML 内容

要重新设置 div 元素的 HTML 内容，可以使用下面的代码：

```
$("div").html("<span style='color:#FF0000'>我是通过html()方法设置的HTML内容</span>");
```

这时，再应用 "$("div").html();" 获取 div 元素的 HTML 内容时，将得到图 4-3 所示的内容。

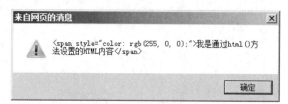

图 4-3　重新设置 HTML 内容后获取到的结果

html()方法与 html(val)不能用于 XML 文档，但是可以用于 XHTML 文档。

下面我们通过一个具体的例子来说明对元素的文本内容与 HTML 内容操作的区别。

【例 4-2】　获取和设置元素的文本内容与 HTML 内容（实例位置：源码\第 4 章\ 4-2）。

（1）创建一个名称为 index.html 的文件，在该文件的<head>标记中应用下面的语句引入 jQuery 库。

```
<script type="text/javascript" src="../js/jquery-3.3.1.min.js"></script>
```

（2）在页面的<body>标记中添加两个<div>标记，这两个<div>标记除了 id 属性不同外，其他均相同。关键代码如下：

```
应用text()方法设置的内容
<div id="div1">
<span id="clock">当前时间：2018-09-09 星期日 13:20:10</span>
</div>
<br />应用html()方法设置的内容
<div id="div2">
<span id="clock">当前时间：2018-09-09 星期日 13:20:10</span>
</div>
```

（3）在引入 jQuery 库的代码下方编写 jQuery 代码，实现为<div>标记设置文本内容和 HTML 内容，并获取设置后的文本内容和 HTML 内容。具体代码如下：

```
<script type="text/javascript">
    $(document).ready(function(){
        $("#div1").text("<span style='color:#FF0000'>我是通过text()方法设置的HTML内容</span>");
        $("#div2").html("<span style='color:#FF0000'>我是通过html()方法设置的HTML内容</span>");
        alert("通过text()方法获取：\r\n"+$("div").text()+"\r\n通过html()方法获取：\r\n"+$("div").html());
    });
</script>
```

运行本实例，将显示图 4-4 所示的运行结果。从该运行结果可以看出，应用 text()设置文本内容时，即使内容中包含 HTML 代码，也将被认为是普通文本，并不能作为 HTML 代码被浏览器解析，而应用 html()设置的 HTML 内容中所包含的 HTML 代码可以被浏览器解析。因此，文本 "我是通过 html()方法设置的 HTML 内容" 是红色的，而通过 text()方法设置的 HTML 文本则是按照原样显示的。

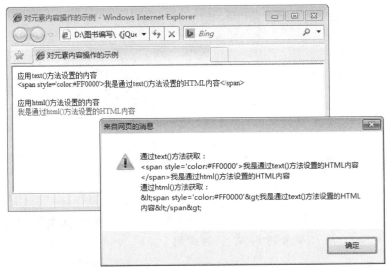

图 4-4　获取和设置元素的文本内容与 HTML 内容

在使用 text() 方法获取 div 元素的文本内容时,是将全部匹配的元素中包含的文本内容都获取出来,即将 div1 和 div2 元素的文本都获取。而使用 html() 方法获取 div 元素的 HTML 内容时,只是将第 1 个匹配元素,即 div1 元素包含的 HTML 内容显示出来,并没有显示 div2 元素的 HTML 内容。

4.2.2　对元素值进行操作

jQuery 提供了 3 种对元素值操作的方法,如表 4-1 所示。

表 4-1　对元素值进行操作的方法

方法	说明	示例
val()	用于获取第 1 个匹配元素的当前值,返回值可能是一个字符串,也可能是一个数组。例如,当 select 元素有两个选中值时,则返回结果是一个数组	$("#username").val();　　　//获取 id 为 username 的元素的值
val(val)	用于设置所有匹配元素的值	$("input:text").val("新值")　　//为全部文本框设置值
val(arrVal)	用于为 check、select 和 radio 等元素设置值,参数为字符串数组	$("select").val(['列表项 1','列表项 2']);　//为下拉列表框设置多选值

【例 4-3】　为多行列表框设置并获取值(实例位置:源码\第 4 章\4-3)。

(1)创建一个名称为 index.html 的文件,在该文件的 <head> 标记中应用下面的语句引入 jQuery 库。

```
<script type="text/javascript" src="../js/jquery-3.3.1.min.js"></script>
```

(2)在页面的 <body> 标记中添加一个包含 3 个列表项的可多选的多行列表框,默认为后两项被选中。代码如下:

```
<select name="like" size="3" multiple="multiple" id="like">
  <option>列表项1</option>
  <option selected="selected">列表项2</option>
  <option selected="selected">列表项3</option>
</select>
```

（3）在引入 jQuery 库的代码下方编写 jQuery 代码，应用 val()方法获取该多行列表框的值。具体代码如下：

```
<script type="text/javascript">
    $(document).ready(function(){
        $("select").val(['列表项1','列表项2']);
        alert($("select").val());
    });
</script>
```

运行后将显示图 4-5 所示的效果。

对 DOM 文档节点
进行操作

图 4-5　获取到的
多行列表框的值

4.3　对 DOM 文档节点进行操作

了解 JavaScript 的读者应该知道，通过 JavaScript 可以实现对 DOM 节点的操作，例如，查找节点、创建节点、插入节点、复制节点或是删除节点，不过操作起来比较复杂。jQuery 为了简化开发人员的工作，也提供了对 DOM 节点进行操作的方法，下面我们就来进行详细介绍。

4.3.1　创建节点

在 DOM 操作中，常常需要动态创建 HTML 内容，使文档在浏览器中的样式发生变化，从而达到各种交互目的。创建节点分为 3 种：创建元素节点、创建文本节点和创建属性节点。

1．创建元素节点

例如，要创建两个<p>元素节点，并且要把它们作为<div>元素节点的子节点添加到 DOM 节点树上，元素节点如下所示：

```
<div>
    <p></p>
    <p></p>
</div>
```

完成这个任务需要两个步骤。

（1）创建两个新的<p>元素。

（2）将这两个新元素插入到文档中。

第（1）步可以使用 jQuery 的工厂函数$()来完成，格式如下：

```
$(html)
```

$(html)方法可以根据传入的 HTML 标记字符串创建一个 DOM 对象，并且将这个 DOM 对象包装成一个 jQuery 对象后返回。

首先，创建两个<p>元素，jQuery 代码如下：

```
var $p_1 = $("<p></p>");          // 创建第1个p元素
var $p_2 = $("<p></p>");          // 创建第2个p元素，文本为空
```

然后将这两个新的元素插入到文档中，可以使用 jQuery 中的 append()等方法（我们将在 4.3.3 小节中介绍）。

具体的 jQuery 代码如下：

```
$("div").append($p_1);            // 将第1个p元素添加到div中，使它能在页面中显示
$("div").append($p_2);            // 也可以采用链式写法：$("div").append($p_1).append($p_2);
```

运行代码后，新创建的<p>元素将被添加到页面当中。

2．创建文本节点

两个<p>元素节点已经创建完毕并插入到文档中了，此时需要为它们添加文本内容。代码结构如下所示。

```
<div>
    <p>莫凡魔方科技</p>
    <p>人邮图书</p>
</div>
```

具体的 jQuery 代码如下：

```
var $p_1 = $("<p>莫凡魔方科技</p>");   // 创建第1个p元素，包含元素节点和文本节点，文本节点为"明日科技"
var $p_2 = $("<p>莫凡图书</p>");       // 创建第2个p元素，包含元素节点和文本节点，文本节点为"明日图书"
```

```
$("div").append($p_1);          // 将第1个p元素添加到div中，使它能在页面中显示
$("div").append($p_2);          // 将第2个p元素添加到div中，使它能在页面中显示
```

创建文本节点就是在创建元素节点时直接把文本内容写出来，然后使用 append()等方法将它们添加到文档中。运行代码后，新创建的\<p\>元素将被添加到页面当中，如图 4-6 所示。

图 4-6　创建文本节点

3．创建属性节点

创建属性节点与创建文本节点类似，也是直接在创建元素节点时一起创建。代码结构如下所示：

```
<div>
    <p title='莫凡魔方科技'>莫凡魔方科技</p>
    <p title='莫凡图书'>莫凡图书</p>
</div>
```

具体 jQuery 代码如下：

```
var $p_1 = $("<p title='莫凡魔方科技'>莫凡魔方科技</p>");
// 创建第1个p元素，包含元素节点、文本节点和属性节点，其中“title='莫凡魔方科技'”就是属性节点
var $p_2 = $("<p title='莫凡魔方科技'>莫凡魔方科技</p>");          // 创建第2个p元素，包含元素节点、文本节点和属性节点，其中“title='莫凡魔方科技'就是属性节点
$("div").append($p_1);          // 将第1个p元素添加到div中，使它能在页面中显示
$("div").append($p_2);          // 将第2个p元素添加到div中，使它能在页面中显示
```

运行以上代码，将鼠标指针移至文字“莫凡魔方科技”上，可以看到 title 信息，效果如图 4-7 所示。

图 4-7　创建属性节点

4.3.2　查找节点

通过 jQuery 提供的选择器可以轻松实现查找页面中的任何节点。关于 jQuery 的选择器我们已经在第 3 章中进行了详细介绍，读者可以参考"第 3 章　jQuery 选择器的使用"实现查找节点。

4.3.3　插入节点

在创建节点时，应用了 append()方法将定义的节点内容插入到指定的元素。实际上，该方法是用于插入节点的方法。除了 append()方法外，jQuery 还提供了几种插入节点的方法。这一节我们将详细介绍。在 jQuery 中，插入节点可以分为在元素内部插入和在元素外部插入两种，下面我们分别进行介绍。

1．在元素内部插入

在元素内部插入就是向一个元素中添加子元素和内容。jQuery 提供了表 4-2 所示的在元素内部插入的方法。

表 4-2　在元素内部插入的方法

方法	说明	示例
append(content)	为所有匹配的元素的内部追加内容	\<p id="B"\>编程词典\</p\> $("#B").append("\<p\>A\</p\>");　//向 id 为 B 的元素中追加一个段落 结果：\<p id="B"\>编程词典\<p\>A\</p\>\</p\>

续表

方法	说明	示例

appendTo(content)	将所有匹配元素添加到另一个元素的元素集合中	`<p id="B">编程词典</p>`
		`<p id="A">明日图书</p>`
		`$("#B").appendTo("#A");` //将 id 为 B 的元素追加到 id 为 A 的元素后面，也就是将 B 元素移动到 A 元素的后面
		结果：`<p id="A">明日图书<p id="B">编程词典</p></p>`

prepend(content)	为所有匹配的元素的内部前置内容	`<p id="B">编程词典</p>` `$("#B").prepend("<p>A</p>");` //向 id 为 B 的元素内容前添加一个段落 结果：`<p id="B"><p>A</p>编程词典</p>`

prependTo(content)	将所有匹配元素前置到另一个元素的元素集合中	`<p id="A">明日图书</p>`
		`<p id="B">编程词典</p>`
		`$("#B").prependTo("#A");` //将 id 为 B 的元素添加到 id 为 A 的元素前面，也就是将 B 元素移动到 A 元素的前面
		结果：`<p id="A"><p id="B">编程词典</p>明日图书</p>`

从表中可以看出 append()方法与 prepend()方法类似，所不同的是 prepend()方法将添加的内容插入到原有内容的前面。

appendTo()实际上是颠倒了 append()方法，如下面这句代码：

```
$("<p>A</p>").appendTo("#B");              //将指定内容添加到id为B的元素中
```

等同于：

```
$("#B").append("<p>A</p>");                //将指定内容添加到id为B的元素中
```

不过，append()方法并不能移动页面上的元素，而 appendTo()方法是可以的，如下面的代码：

```
$("#B").appendTo("#A");                    //移动B元素到A元素的后面
```

append()方法是无法实现该功能的，注意两者的区别。

 prepend()方法是向所有匹配元素内部的开始处插入内容的最佳方法。prepend()方法与 prependTo()的区别同 append()方法与 appendTo()方法的区别。

【例 4-4】 向<div>元素插入节点（实例位置：源码\第 4 章\4-4）。

（1）创建一个名称为 index.html 的文件，在该文件的<head>标记中应用下面的语句引入 jQuery 库。

```
<script type="text/javascript" src="../js/jquery-3.3.1.min.js"></script>
```

（2）在页面的<body>标记中添加一个空的<div>元素，代码如下：

```
<div></div>
```

（3）在引入 jQuery 库的代码下方编写 jQuery 代码，创建两个<p>节点，分别使用 append()和 appendTo()方法将这两个<p>节点插入到<div>元素中。具体代码如下：

```
$(document).ready(function(){
        var $p_1 = $("<p>莫凡图书</p>");                // 创建第1个p元素
        var $p_2 = $("<p>jQuery基础开发教程</p>");      // 创建第2个p元素，文本为空
        $div = $("div");                               // 获取div元素对象
        $div.append($p_1);                             // 将第1个p元素添加到div中
        $p_2.appendTo($div);                           // 将第2个p元素添加到div中

    });
```

运行后将显示图 4-8 所示的效果。

图 4-8　向元素内插入节点

2. 在元素外部插入

在元素外部插入就是将要添加的内容添加到元素之前或元素之后。jQuery 提供了表 4-3 所示的在元素外部插入的方法。

表 4-3　在元素外部插入的方法

方法	说明	示例
after(content)	在每个匹配的元素之后插入内容	`<p id="B">编程词典</p>` `$("#B").after("<p>A</p>");`　//向 id 为 B 的元素的后面添加一个段落 结果：`<p id="B">编程词典</p><p>A</p>`
insertAfter(content)	将所有匹配的元素插入到另一个指定元素的元素集合的后面	`<p id="B">编程词典</p>` `$("<p>test</p>").insertAfter("#B");`　//将要添加的段落插入到 id 为 B 的元素的后面 结果：`<p id="B">编程词典</p><p>test</p>`
before(content)	在每个匹配的元素之前插入内容	`<p id="B">编程词典</p>` `$("#B"). before ("<p>A</p>");`　//向 id 为 B 的元素内容前添加一个段落 结果：`<p>A</p> <p id="B">编程词典</p>`

insertBefore(content)	把所有匹配的元素插入到另一个指定元素的元素集合的前面	`<p id="A">莫凡图书</p>`
		`<p id="B">jQuery 基础开发教程</p>`
		`$("#B").insertBefore("#A");`　//将 id 为 B 的元素添加到 id 为 A 的元素前面，也就是将 B 元素移动到 A 元素的前面
		结果：`<p id="B">编程词典</p><p id="A">明日图书</p>`

4.3.4　删除、复制与替换节点

在页面上只执行插入和移动元素的操作是远远不够的，在实际开发的过程中还经常需要删除、复制和替换相应的元素。下面我们将介绍如何应用 jQuery 实现删除、复制和替换节点。

1. 删除节点

jQuery 提供了 3 种删除节点的方法，分别是 remove()、detach()和 empty()方法。

❑　remove()方法

remove()方法用于从 DOM 中删除所有匹配的元素，传入的参数用于根据 jQuery 表达式来筛选元素。

当使用 remove()方法删除某个节点之后，该节点所包含的所有后代节点将同时被删除。remove()方法的返回值是一个指向已被删除的节点的引用，以后也可以继续使用这些元素。例如下面代码：

```
var $p_2 = $("div p:eq(1)").remove();        // 获取第2个<p>节点后，将它从页面中删除
```

```
$("div").append($p_2);                          // 把删除的节点重新添加到div中
```

【例 4-5】 使用 remove()方法删除节点（实例位置：源码\第 4 章\4-5）。

（1）创建一个名称为 index.html 的文件，在该文件的<head>标记中应用下面的语句引入 jQuery 库。

```
<script type="text/javascript" src="../js/jquery-3.3.1.min.js"></script>
```

（2）在页面的<body>标记中添加一个<div>元素，在<div>元素下创建两个<p>节点，并且为<p>节点赋予属性 title。具体代码如下：

```
<div>
<p title="莫凡魔方科技">莫凡魔方科技</p>
<p title="莫凡图书">莫凡图书</p>
</div>
```

（3）在引入 jQuery 库的代码下方编写 jQuery 代码，删除<div>元素下的第 2 个<p>节点。具体代码如下：

```
$(document).ready(function(){
    $("div p").remove("p[title != 莫凡魔方科技]");
    // 删除<p>元素中属性不等于"莫凡魔方科技"的元素
});
```

运行后将显示图 4-9 所示的效果。

图 4-9　删除节点

❑ detach()方法

detach()方法和 remove()方法一样，也是删除 DOM 中匹配的元素。需要注意的是，这个方法不会把匹配的元素从 jQuery 对象中删除，因此，在将来仍然可以使用这些匹配元素。与 remove 不同的是，所有绑定的事件或附加的数据都会保留下来。

如下面的实例：

```
$("div p").click(function(){
        alert($(this).text());
        });
    var $p_2 = $("div p:eq(1)").detach();  // 删除元素
    $p_2.appendTo("div");
```

由此可以看出，使用 detach()方法删除元素之后，再执行"$p_2.appendTo("div");"，重新追加此元素，之前绑定的事件还在，而如果是使用 remove()方法删除元素，再重新追加元素，之前绑定的事件将失效。

【例 4-6】 使用 detach()方法删除节点（实例位置：源码\第 4 章\4-6）。

使用 detach()方法将例 4-5 中页面<div>元素的第 2 个<p>元素删除。具体代码如下：

```
var $p_2 = $("div p:eq(1)").detach();  // 删除元素
```

之后再使用 appendTo()方法将已删除的<p>节点添加到<div>元素中。具体代码如下：

```
$p_2.appendTo("div");
```

可以看到，该元素又显示在页面中，页面运行效果如图 4-10 所示。

图 4-10　使用 detach()方法删除节点

❑　empty()方法

严格地说，empty()方法并不是删除元素节点，而是将节点清空，该方法可以清空元素中所有的后代节点。具体 jQuery 代码如下：

```
$("div p:eq(1)").empty();  // 获取第2个p元素后，清空该元素中的内容
```

运行此段代码后，第 2 个<p>元素的内容被清空，但第 2 个<p>元素还在，即<p title="明日图书"></p>。

2. 复制节点

jQuery 提供了 clone()方法用于复制节点，该方法有两种形式，一种是不带参数，用于克隆匹配的 DOM 元素并且选中这些克隆的副本；另一种是带有一个布尔型的参数，当参数为 true 时，表示克隆匹配的元素以及其所有的事件处理并且选中这些克隆的副本，当参数为 false 时，表示不复制元素的事件处理。

【例 4-7】 复制节点（实例位置：源码\第 4 章\4-7）。

（1）创建一个名称为 index.html 的文件，在该文件的<head>标记中应用下面的语句引入 jQuery 库。

```
<script type="text/javascript" src="../js/jquery-3.3.1.min.js"></script>
```

（2）在页面的<body>标记中添加一个<div>元素，在<div>元素下创建两个<p>节点，并且为<p>节点赋予属性 title。具体代码如下：

```
<div>
<p title="莫凡魔方科技">莫凡魔方科技</p>
<p title="莫凡图书">莫凡图书</p>
</div>
```

（3）在引入 jQuery 库的代码下方编写 jQuery 代码，删除<div>元素下的第 2 个<p>节点。具体代码如下：

```
<script type="text/javascript">
    $(function() {
        $("div p:eq(1)").bind("click",function() {        //为按钮绑定单击事件
            $(this).clone().insertAfter(this);            //复制自己但不复制事件处理
        });
    });
</script>
```

运行本实例，多次单击"莫凡图书"可以显示图 4-11 所示的效果。

图 4-11　复制节点

图 4-11 所示的效果，是一直单击第 1 个"莫凡图书"产生的，如果单击其他的"莫凡图书"所在的<p>元素，是不能继续复制节点的，因为没有复制元素的事件。如果需要同时复制元素的事件处理，可以给 clone()方法传递 true 参数，即 clone(true)。

3. 替换节点

jQuery 提供了两个替换节点的方法，分别是 replaceAll(selector)和 replaceWith(content)。其中，replaceAll(selector)方法用于使用匹配的元素替换掉所有 selector 匹配到的元素；replaceWith (content)方法用于将所有匹配的元素替换成指定的 HTML 或 DOM 元素。这两种方法的功能相同，只是两者的表现形式不同。

【例 4-8】 替换节点（实例位置：源码\第 4 章\4-8）。

（1）创建一个名称为 index.html 的文件，在该文件的<head>标记中应用下面的语句引入 jQuery 库。

```
<script type="text/javascript" src="../js/jquery-3.3.1.min.js"></script>
```

（2）在页面的<body>标记中添加两个指定 id 的<div>元素，具体代码如下：

```
div1:
<div id="div1"></div>
div2:
<div id="div2"></div>
```

（3）在引入 jQuery 库的代码下方编写 jQuery 代码，分别使用 replaceWith()方法和 replaceAll()方法替换指定<div>元素的内容。具体代码如下：

```
<script type="text/javascript">
    $(document).ready(function() {
        //替换id为div1的<div>元素
        $("#div1").replaceWith("<div>replaceWith()方法的替换结果</div>");
        //替换id为div2的<div>元素
        $("<div>replaceAll()方法的替换结果</div>").replaceAll("#div2");
    });
</script>
```

运行本实例，可以看到图 4-12 所示的效果。

图 4-12 替换节点

4.3.5 包裹节点

DOM 文档为包裹节点提供了 4 个方法：wrap 把所有匹配的元素用其他元素的结构化标记包裹起来、unwrap 这个方法将移出元素的父元素、wrapAll 将所有匹配的元素用单个元素包裹起来、wrapInner 将每一个匹配的元素的子内容（包括文本节点）用一个 HTML 结构包裹起来，如表 4-4 所示。

表 4-4 包裹元素节点的方法

方法	说明	示例
wrap(html|element|fn)	把所有匹配的元素用其他元素的结构化标记包裹起来	$("p").wrap("<div class='wrap'></div>"); //把所有的段落用一个新创建的 div 包裹起来
unwrap()	这个方法将移出元素的父元素	$("p").unwrap();　//移出段落 p 的父元素
wrapAll(html|ele)	将所有匹配的元素用单个元素包裹起来	$("p").wrapAll("<div></div>");　//用一个生成的 div 将所有段落包裹起来
wrapInner(htm|element|fnl)	将每一个匹配的元素的子内容(包括文本节点)用一个 HTML 结构包裹起来	$("p").wrapInner("<b></b>");　//把所有段落内的每个子内容加粗

（1）wrap(html|element|fn)把所有匹配的元素用其他元素的结构化标记包裹起来。下面我们将 class 为 first 的节点包裹在 class 为 father 的节点下，示例代码如下所示：

```
<html xmlns="http://www.w3.org/1999/xhtml">
<head>
<meta http-equiv="Content-Type" content="text/html; charset=utf-8" />
<title>使用wrap()包裹元素节点</title>
<style>
body{
      font-size:12px;
}
</style>
<script type="text/javascript" src="../js/jquery-3.3.1.min.js"></script>
<script type="text/javascript">
      $(function() {
            $('.first').wrap(function() {
                  return '<div class="father" style="color:red"></div>';
            });
      })
</script>
</head>
<body>
<div class="container">
   <div class="first">第一个</div>
   <div class="second">第二个</div>
</div>
</body>
</html>
```

结果如图 4-13 所示。

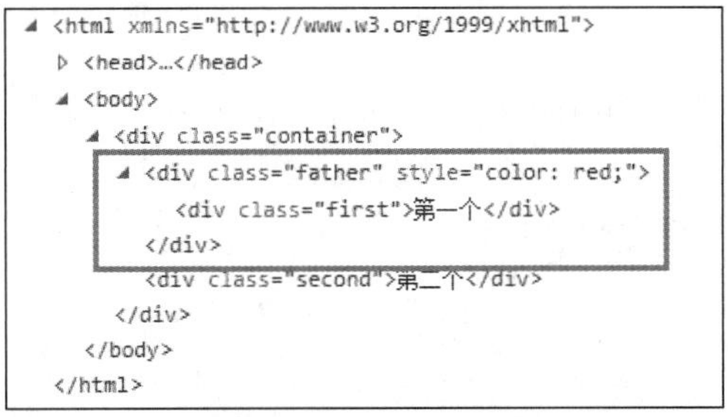

图 4-13　包裹节点 1

（2）unwrap()这个方法将移出元素的父元素。下面我们将段落 p 从 div 中移出来，示例代码如下所示：

```
<html xmlns="http://www.w3.org/1999/xhtml">
<head>
<meta http-equiv="Content-Type" content="text/html; charset=utf-8" />
<title>使用unwrap()移出元素的父元素</title>
<style>
body{
      font-size:12px;
}
</style>
<script type="text/javascript" src="../js/jquery-3.3.1.min.js"></script>
<script type="text/javascript">
      $(function() {
            $("p").unwrap();
      })
</script>
</head>
<body>
```

```
<div class="container">
  <p>第一段</p>
  <p>第二段</p>
  <p>第三段</p>
</div>
</body>
</html>
```

结果如图 4-14 所示。

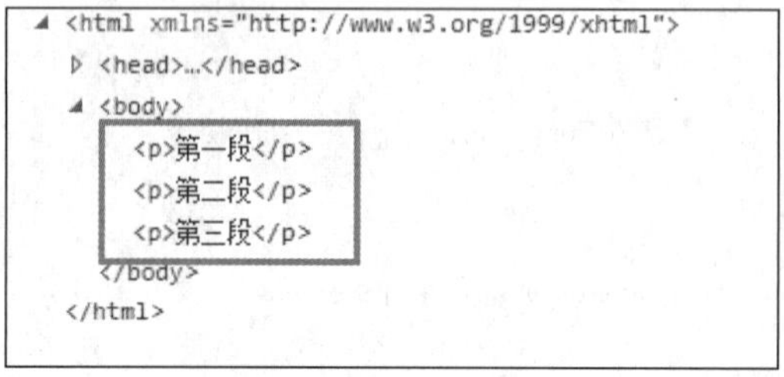

图 4-14　包裹节点 2

（3）wrapAll(html|ele)unwrap()将所有匹配的元素用单个元素包裹起来。下面我们将 3 个段落 p 包裹在一个div 中，示例代码如下所示：

```
<html xmlns="http://www.w3.org/1999/xhtml">
<head>
<meta http-equiv="Content-Type" content="text/html; charset=utf-8" />
<title>使用wrapAll()将所有匹配的元素用单个元素包裹起来</title>
<style>
body{
        font-size:12px;
}
</style>
<script type="text/javascript" src="../js/jquery-3.3.1.min.js"></script>
<script type="text/javascript">
    $(function() {
            $("p").wrapAll("<div></div>");
    })
</script>
</head>
<body>
<div class="container">
  <p>第一段</p>
  <p>第二段</p>
  <p>第三段</p>
</div>
</body>
</html>
```

结果如图 4-15 所示。

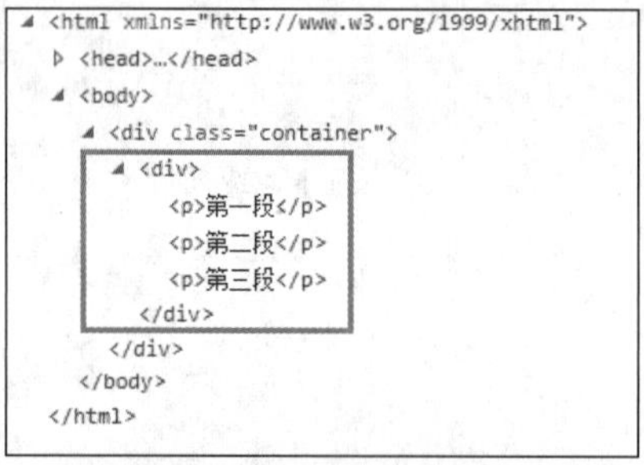

图 4-15　包裹节点 3

（4）wrapInner(htm|element|fnl) 将每一个匹配的元素的子内容（包括文本节点）用一个 HTML 结构包裹起来。下面我们将 class 为 child 的 div 包裹在 class 为 first 的 div 内，示例代码如下所示：

```
<html xmlns="http://www.w3.org/1999/xhtml">
<head>
<meta http-equiv="Content-Type" content="text/html; charset=utf-8" />
<title>使用wrapInner() 将每一个匹配的元素的子内容用一个HTML结构包裹起来</title>
<style>
body{
    font-size:12px;
}
</style>
<script type="text/javascript" src="../js/jquery-3.3.1.min.js"></script>
<script type="text/javascript">
    $(function() {
        $('.first').wrapInner(function() {
            return '<div class="child" style="color:red"></div>';
        });
    })
</script>
</head>
<body>
<div class="container">
  <div class="first">第一个</div>
  <div class="second">第二个</div>
</div>
</body>
</html>
```

结果如图 4-16 所示。

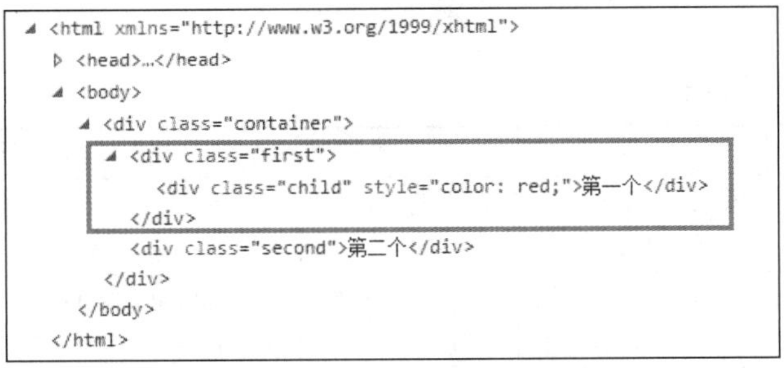

图 4-16　包裹节点 4

4.3.6　遍历节点

在操作 DOM 元素时，有时需要对同一标记的全部元素进行统一的操作。在传统 JavaScript 中，是首先获取元素的总长度，之后通过 for 循环语句来访问其中的某个元素，书写的代码较多，相对比较复杂。在 jQuery 中，可以直接使用 each()方法来遍历元素，它的语法格式为：

```
each(callback)
```

callback 是一个函数，该函数可以接受一个形参 index，这个形参是遍历元素的序号，序号从 0 开始。如果要访问元素中的属性，可以借助形参 index 配合 this 关键字来实现元素属性的设置或获取。

【例 4-9】 使用 each()方法 img 遍历元素（实例位置：源码\第 4 章\4-9）。

（1）创建一个名称为 index.html 的文件，在该文件的\<head>标记中应用下面的语句引入 jQuery 库。

```
<script type="text/javascript" src="../js/jquery-3.3.1.min.js"></script>
```

（2）在页面的\<body>标记中，使用\<img>标签添加 5 张图片，代码如下：

```
<img height=60 src="images/01.jpg" width=80 />
<img height=60 src="images/02.jpg" width=80 />
```

```
<img height=60 src="images/03.jpg" width=80 />
<img height=60 src="images/04.jpg" width=80 />
<img height=60 src="images/05.jpg" width=80 />
```

（3）在引入 jQuery 库的代码下方编写 jQuery 代码，使用 each()方法遍历 img 全部图片，给每一张图片添加一个 title 属性，即鼠标指针移动到图片上面时的提示信息。具体代码如下：

```
$("img").each(function(index){
    $(this).attr("title","第"+(index+1)+"张图片");
})
```

运行后将显示图 4-17 所示的效果。

图 4-17　使用 each()方法 img 遍历元素

4.4　对元素属性进行操作

对元素属性进行操作

jQuery 提供了表 4-5 所示的对元素属性进行操作的方法。

表 4-5　对元素属性进行操作的方法

方法	说明	示例
attr(name)	获取匹配的第 1 个元素的属性值（无值时返回 undefined）	$("img").attr('src');　//获取页面中第 1 个 img 元素的 src 属性的值
attr(key,value)	为所有匹配的元素设置一个属性值（value 是设置的值）	$("img").attr("title","草莓正在生长");　//为图片添加一个标题属性，属性值为"草莓正在生长"

attr(key,fn)	为所有匹配的元素设置一个函数返回的属性值（fn 代表函数）	//将元素的名称作为其 value 属性值
		$("#fn").attr("value", function() {
		return this.name ;　//返回元素的名称
		});

attr(properties)	为所有匹配元素以集合（{名:值,名:值}）的形式同时设置多个属性	//为图片同时添加两个属性，分别是 src 和 title $("img").attr({src:"test.gif",title:"图片示例"});
removeAttr(name)	为所有匹配元素删除一个属性	$("img"). removeAttr("title");　//移除所有图片的 title 属性
prop(name|properties|key,value|fn)	获取在匹配的元素集中的第 1 个元素的属性值	$("input[type='checkbox']").prop("checked"); //选中复选框为 true，没选中为 false
removeProp(name)	用来删除由.prop()方法设置的属性集	var $para = $("p"); $para.prop("luggageCode", 1234); $para.removeProp("luggageCode");　//设置一个段落数字属性，然后将其删除

在表 4-5 中所列的这些方法中，key 和 name 都代表元素的属性名称，properties 代表一个集合。

对元素的 CSS 样式
进行操作

4.5 对元素的 CSS 样式进行操作

在 jQuery 中，对元素 CSS 样式的操作可以通过修改 CSS 类或者 CSS 的属性来实现。下面我们进行详细介绍。

4.5.1 通过修改 CSS 类实现

在网页中，如果想改变一个元素的整体效果，例如，在实现网站换肤时，就可以通过修改该元素所使用的 CSS 类来实现。在 jQuery 中，提供了表 4-6 所示的几种用于修改 CSS 类的方法。

表 4-6 修改 CSS 类的方法

方法	说明	示例
addClass(class)	为所有匹配的元素添加指定的 CSS 类名	$("div").addClass("blue line");　//为全部 div 元素添加 blue 和 line 两个 CSS 类
removeClass(class)	从所有匹配的元素中删除全部或者指定的 CSS 类	$("div"). removeClass("line");　//删除全部 div 元素中添加的 line CSS 类
toggleClass(class)	如果存在（不存在）就删除（添加）一个 CSS 类	$("div").toggleClass("yellow");　//当匹配的 div 元素中存在 yellow CSS 类，则删除该类，否则添加该 CSS 类
toggleClass(class,switch)	如果 switch 参数为 true 则加上对应的 CSS 类，否则就删除。通常 switch 参数为一个布尔型的变量	$("img").toggleClass("show",true);　//为 img 元素添加 CSS 类 show $("img").toggleClass("show",false);　//为 img 元素删除 CSS 类 show

说明

使用 addClass()方法添加 CSS 类时，并不会删除现有的 CSS 类。同时，在使用表 4-6 所列的方法时，其 class 参数都可以设置多个类名，类名与类名之间用空格分开。

4.5.2 通过修改 CSS 属性实现

如果需要获取或修改某个元素的具体样式（即修改元素的 style 属性），jQuery 也提供了相应的方法，如表 4-7 所示。

表 4-7 获取或修改 CSS 属性的方法

方法	说明	示例
css(name)	返回第 1 个匹配元素的样式属性	$("div").css("color");　//获取第 1 个匹配的 div 元素的 color 属性值
css(name,value)	为所有匹配元素的指定样式设置值	$("img").css("border","1px solid #000000"); //为全部 img 元素设置边框样式

续表

方法	说明	示例
css(properties)	以{属性:值,属性:值,……}的形式为所有匹配的元素设置样式属性	$("tr").css({ "background-color":"#0A65F3", //设置背景颜色 "font-size":"14px", //设置字体大小 "color":"#FFFFFF" //设置字体颜色 });

 使用css()方法设置属性时，既可以使用解释连字符形式的CSS表示法（如background-color），也可以使用解释大小写形式的DOM表示法（如background Color）。

4.6 综合实例：实现我的开心小农场

通过jQuery可以很方便地对DOM节点进行操作，下面我们就通过"我的开心小农场"实例来说明通过jQuery操作DOM节点的具体应用。本实例的需求主要有以下两点。

（1）在页面中引入农场图片，单击"播种""生长""开花""结果"按钮时，在农场中显示相应效果。

综合实例：实现我的
开心小农场

（2）在IE 6之前版本的浏览器下，png格式图片有背景，将其处理为透明效果。

运行本实例，将显示图4-18所示的效果；单击"播种"按钮，将显示图4-19所示的效果；单击"生长"按钮，将显示图4-20所示的效果；单击"开花"按钮，将显示图4-21所示的效果；单击"结果"按钮，将显示一棵结满果实的草莓秧。

图4-18　页面的默认运行结果

图4-19　单击"播种"按钮的结果

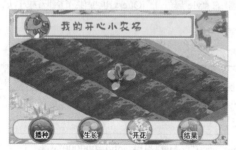

图4-20　单击"生长"按钮的结果

图4-21　单击"开花"按钮的结果

程序开发步骤如下。

（1）创建一个名称为 index.html 的文件，在该文件的<head>标记中应用下面的代码解决 png 图片背景不透明的问题。

```
<!-- 使用jQuery解决png图片背景不透明的问题 -->
<script src="../js/jquery-3.3.1.min.js"></script>
<script src="../js/jquery.pngFix.js"></script>
<script src="../js/jquery.pngFix.pack.js"></script>
<script type="text/javascript">
    $(document).ready(function(){
        $("#bg").pngFix();
    });
</script>
```

 说明 由于在 jQuery 的新版本中，忽略了 IE 6 下 png 图片背景不透明的情况，所以要实现让 png 图片在 IE 6 下背景透明，需要使用以前的版本 1.3.2。

（2）在页面的<body>标记中，添加一个显示农场背景的<div>标记，并且在该标记中添加 4 个<span>标记，用于设置控制按钮。代码如下：

```
<div id="bg">
    <span id="seed"></span>
    <span id="grow"></span>
    <span id="bloom"></span>
    <span id="fruit"></span>
</div>
```

（3）编写 CSS 代码，控制农场背景、控制按钮和图片的样式，具体代码参见源代码。

（4）编写 jQuery 代码，分别为"播种""生长""开花"和"结果"按钮绑定单击事件，并在其单击事件中应用操作 DOM 节点的方法控制作物的生长。具体代码如下：

```
<script type="text/javascript">
    $(document).ready(function(){
        $("#seed").bind("click", function(){          //绑定"播种"按钮的单击事件
            $("#temp").remove();                      //移除img元素
            $("#bg").prepend("<span id='temp'><img src='images/seed.png' /></span>");
        });
        $("#grow").bind("click", function(){          //绑定"生长"按钮的单击事件
            $("#temp").remove();                      //移除img元素
            $("#bg").append("<span id='temp'><img src='images/grow.png' /></span>");
        });
        $("#bloom").bind("click", function(){         //绑定"开花"按钮的单击事件
            $("#temp").replaceWith("<span id='temp'><img src='images/bloom.png' /></span>");
        });
        $("#fruit").bind("click", function(){         //绑定"结果"按钮的单击事件
            $("<span id='temp'><img src='images/fruit.png' /></span>").replaceAll("#temp");
        });
        $("#seed,#grow,#bloom,#fruit").bind("click", function(){//为多个按钮绑定单击事件
            $("#temp").pngFix();                      //控制IE 6下png图片背景透明
            $("#temp").css({"position":"absolute","top":"85px","left":"195"});
        });
    });
</script>
```

知识点提炼

（1）DOM 操作分为 DOM Core、HTML-DOM 和 CSS-DOM。

（2）创建节点分为创建元素节点、创建文本节点和创建属性节点。

（3）在 jQuery 中，插入节点可以分为在元素内部插入和在元素外部插入两种。

（4）jQuery 提供了 3 种删除节点的方法，分别是 empty()、remove()和 detach()方法。

（5）jQuery 提供了 4 种包裹节点相关的方法，分别是 wrap ()、unwrap ()、wrap All()、wrapInner 方法。

（6）在 jQuery 中，可以直接使用 each()方法来遍历元素。

（7）对元素属性进行操作主要使用 attr()和 removeAttr()方法。

（8）修改 CSS 类使用的方法有 addClass()、removeClass()、toggleClass()。

（9）修改 CSS 属性使用的方法为 css()方法。

习题

4-1　说明使用对 HTML 内容进行操作的主要步骤。

4-2　简述创建 DOM 节点的过程。

4-3　append()方法和 appendTo()方法的区别有哪些?

4-4　描述删除 DOM 节点的几种方法以及具体如何实现。

4-5　如何修改一个特定元素的 CSS 样式?

第5章

jQuery中的事件处理和动画效果

■ 人们常说"事件是脚本语言的灵魂"，事件使页面具有了动态性和响应性，如果没有事件将很难完成页面与用户之间的交互。在传统的 JavaScript 中内置了一些事件响应的方式，但是 jQuery 增强、优化并扩展了基本的事件处理机制。

5.1 jQuery 中的事件处理

5.1.1 页面加载响应事件

$(document).ready()方法是事件模块中最重要的一个函数，它极大地提高了 Web 响应速度。$(document)是获取整个文档对象，从这个方法名称来理解，就是获取就绪的文档。方法的书写格式为：

```
$(document).ready(function() {
  //在这里写代码
});
```

可以简写成：

```
$().ready(function() {
  //在这里写代码
});
```

当$()不带参数时，默认的参数就是 document，所以$()是$(document)的简写形式。

还可以进一步简写成：

```
$(function() {
  //在这里写代码
});
```

虽然语法可以更短一些，但是不提倡使用简写的方式，因为较长的代码更具有可读性，也可以防止与其他方法混淆。

通过上面的介绍可以看出，在 jQuery 中，可以使用$(document).ready()方法代替传统的 window.onload()方法，不过两者之间还是有些细微的区别的，主要表示在以下两方面。

（1）在一个页面上可以无限制地使用$(document).ready()方法，各个方法间并不冲突，会按照在代码中的顺序依次执行。而 window.onload()方法在一个页面中只能使用一次。

（2）在一个文档完全下载到浏览器时（包括所有关联的文件，如图片、横幅等）就会响应 window.onload()方法。而$(document).ready()方法是在所有的 DOM 元素完全就绪以后就可以调用，不包括关联的文件。例如，在页面上还有图片没有加载完毕但是 DOM 元素已经完全就绪，这样就会执行$(document).ready()方法，在相同条件下 window.onload()方法是不会执行的，它会继续等待图片加载，直到图片及其他的关联文件都下载完毕时才执行。显然，把网页解析为 DOM 元素的速度要比把页面中的所有关联文件加载完毕的速度快得多。

但是，使用$(document).ready()方法时要注意一点，因为只要 DOM 元素就绪就可以执行该方法，所以可能出现元素的关联文件尚未下载完全的情况。例如，与图片有关的 DOM 元素已经就绪，但是图片还没有加载完，若此时要获取图片的高度或宽度属性未必会有效。要解决这个问题，可以使用 jQuery 中的另一个关于页面加载的方法：load()方法。load()方法会在元素的 onload 事件中绑定一个处理函数，如果这个处理函数绑定到 window 对象上，则会在所有内容加载完毕后触发，如果绑定在元素上，则会在元素的内容加载完毕后触发。具体代码如下：

```
$(window).load(function(){
// 在这里写代码
});
```

以上代码等价于：

```
window.onload = function(){
// 在这里写代码
}
```

5.1.2 jQuery 中的事件

只有页面加载显然是不够的，程序在其他的时候也需要完成某个任务。比如鼠标单击（onclick）事件、敲击键盘（onkeypress）事件以及失去焦点（onblur）事件等。在不同的浏览器中事件名称是不同的，例如，在 IE 浏览器中的事件名称大部分都含有 on，例如 onkeypress()事件，但是在火狐浏览器却没有这个事件名称，jQuery

统一了所有事件的名称。jQuery 中的事件如表 5-1 所示。

表 5-1　jQuery 中的事件

方法	说明
blur()	触发元素的 blur 事件
blur(fn)	在每一个匹配元素的 blur 事件中绑定一个处理函数，在元素失去焦点时触发，既可以是鼠标行为也可以是使用 Tab 键离开的行为
change()	触发元素的 change 事件
change(fn)	在每一个匹配元素的 change 事件中绑定一个处理函数，在元素的值改变并失去焦点时触发
click()	触发元素的 chick 事件
click(fn)	在每一个匹配元素的 click 事件中绑定一个处理函数，在元素上单击时触发
dblclick()	触发元素的 dblclick 事件
dblclick(fn)	在每一个匹配元素的 dblclick 事件中绑定一个处理函数，在某个元素上双击触发
error()	触发元素的 error 事件，在 1.8 版本被废弃使用
error(fn)	在每一个匹配元素的 error 事件中绑定一个处理函数，当 JavaSprict 发生错误时，会触发 error()事件，在 1.8 版本被废弃使用
focus()	触发元素的 focus 事件
focus(fn)	在每一个匹配元素的 focus 事件中绑定一个处理函数，当匹配的元素获得焦点时触发，通过鼠标点击或者 Tab 键触发
focusin([data],fn)	当元素获得焦点时，触发 focusin 事件。focusin 事件与 focus 事件的区别在于，它可以在父元素上检测子元素获取焦点的情况
focusout([data],fn)	当元素失去焦点时触发 focusout 事件。focusout 事件与 blur 事件的区别在于，它可以在父元素上检测子元素失去焦点的情况
keydown()	触发元素的 keydown 事件
keydown(fn)	在每一个匹配元素的 keydown 事件中绑定一个处理函数，当键盘按下时触发
keyup()	触发元素的 keyup 事件
keyup(fn)	在每一个匹配元素的 keyup 事件中绑定一个处理函数，会在按键释放时触发
keypress()	触发元素的 keypress 事件
keypress(fn)	在每一个匹配元素的 keypress 事件中绑定一个处理函数，敲击按键时触发（即按下并抬起同一个按键）
load(fn)	在每一个匹配元素的 load 事件中绑定一个处理函数，匹配的元素内容完全加载完毕后触发
mousedown(fn)	在每一个匹配元素的 mousedown 事件中绑定一个处理函数，鼠标在元素上单击后触发
mouseenter([[data],fn])	当鼠标指针穿过元素时，会发生 mouseenter 事件
mouseleave([[data],fn])	当鼠标指针离开元素时，会发生 mouseleave 事件
mousemove(fn)	在每一个匹配元素的 mousemove 事件中绑定一个处理函数，鼠标指针在元素上移动时触发
mouseout(fn)	在每一个匹配元素的 mouseout 事件中绑定一个处理函数，鼠标指针从元素上离开时触发

续表

方法	说明
mouseover(fn)	在每一个匹配元素的 mouseover 事件中绑定一个处理函数，鼠标指针移入对象时触发
mouseup(fn)	在每一个匹配元素的 mouseup 事件中绑定一个处理函数，鼠标单击对象释放时触发
resize(fn)	在每一个匹配元素的 resize 事件中绑定一个处理函数，当文档窗口改变大小时触发
scroll(fn)	在每一个匹配元素的 scroll 事件中绑定一个处理函数，当滚动条发生变化时触发
select()	触发元素的 select() 事件
select(fn)	在每一个匹配元素的 select 事件中绑定一个处理函数，当用户在文本框（包括 input 和 textarea）选中某段文本时触发
submit()	触发元素的 submit 事件
submit(fn)	在每一个匹配元素的 submit 事件中绑定一个处理函数，表单提交时触发
unload(fn)	在每一个匹配元素的 unload 事件中绑定一个处理函数，在元素卸载时触发该事件，在 1.8 版本被废弃使用

这些都是对应的 jQuery 事件，和传统的 JavaScript 中的事件几乎相同，只是名称不同。方法中的 fn 参数表示一个函数，事件处理程序就写在这个函数中。

5.1.3 事件绑定

在页面加载完毕时，程序可以通过为元素绑定事件完成相应的操作。在 jQuery 中，事件绑定通常可以分为元素绑定事件、移除绑定事件和绑定一次性事件处理 3 种情况，下面我们分别进行介绍。

1. bind 为元素绑定事件

在 jQuery 中，为元素绑定事件可以使用 bind() 方法，该方法的语法结构如下：

```
bind(type,[data],fn)
```

❑ type：事件类型，表 5-1（jQuery 中的事件）中所列举的事件。

❑ data：可选参数，作为 event.data 属性值传递给事件对象的额外数据对象。大多数的情况下不使用该参数。

❑ fn：绑定的事件处理程序。

❑ 在 3.0 版本被废弃使用。

例如，为普通按钮绑定一个单击事件，用于在单击该按钮时弹出提示对话框，可以使用下面的代码：

```
$("input:button").bind("click",function(){alert('您单击了按钮');});
```

【例 5-1】 为 h3 元素绑定 click 事件（实例位置：源码\第 5 章\5-1）。

（1）创建一个名称为 index.html 的文件，在该文件的 <head> 标记中应用下面的语句引入 jQuery 库。

```
<script type="text/javascript" src="../js/jquery-3.3.1.min.js"></script>
```

（2）在页面的 <head> 标记内添加样式代码，代码如下：

```
<style>
#content{
    text-indent:2em;
    display:none;
}
</style>
```

（3）在页面的 <body> 标记中添加一个 id 为 first 的 <div> 标记，里面包含一个 class 为 title 的 <h2> 元素和一个 id 为 content 的 <div> 元素。具体代码如下：

```
<div id="first">
```

```
<h3 class="title">什么是jQuery？</h3>
<div id="content">jQuery是一套轻量级的JavaScript脚本库，它是目前最热门的Web前端开发技术之一。jQuery的语
法非常简单，它的核心理念是"Write Less,Do More!"（事半功倍）。目前，很多高校的计算机专业和IT培训学校都将jQuery
作为教学内容之一，这对于培养学生的计算机应用能力具有非常重要的意义！</div>
</div>
```

（4）在引入 jQuery 库的代码下方编写 jQuery 代码，实现为 id 为 "first" 的<div>标记下的 h3 元素绑定 click
事件，使其被单击的时候显示下方隐藏<div>元素的内容。具体代码如下：

```
<script type="text/javascript">
    $(document).ready(function(){
        $("#first h3.title").bind("click",function(){
            $(this).next().show();
        })
    });
</script>
```

运行本实例，在图 5-1 所示页面上点击文字"什么是 jQuery？"之后可以看到图 5-2 所示的页面。

图 5-1　为 h3 元素绑定 click 事件

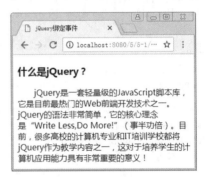

图 5-2　触发 click 事件显示隐藏 div 内容

2. unbind 移除绑定

在 jQuery 中，为元素移除绑定事件可以使用 unbind()方法，该方法的语法结构如下：

```
unbind([type],[data])
```

❏　type：可选参数，用于指定事件类型。

❏　data：可选参数，用于指定要从每个匹配元素的事件中反绑定的事件处理函数。

❏　在 3.0 版本被废弃使用。

说明　在 unbind()方法中，两个参数都是可选的，如果不填参数，将会删除匹配元素上所有绑定的
事件。

例如，要移除为普通按钮绑定的单击事件，可以使用下面的代码：

```
$("input:button").unbind("click");
```

【例 5-2】 为 h3 元素移除绑定的 mouseover 事件（实例位置：源码\第 5 章\ 5-2）。

（1）创建一个名称为 index.html 的文件，在该文件的<head>标记中应用下面的语句引入 jQuery 库。

```
<script type="text/javascript" src="../js/jquery-3.3.1.min.js"></script>
```

（2）在页面的<head>标记内添加样式代码，代码如下：

```
<style>
#content{
    text-indent:2em;
    display:none;
}
</style>
```

（3）在页面的<body>标记中添加一个 id 为 first 的<div>标记，里面包含一个 class 为 title 的<h2>元素和一

个 id 为 content 的<div>元素，具体代码如下：

```
<div id="first">
<h3 class="title">什么是jQuery? </h3>
<div id="content">jQuery是一套轻量级的JavaScript脚本库，它是目前最热门的Web前端开发技术之一。jQuery的语
法非常简单，它的核心理念是"Write Less,Do More!"（事半功倍）。目前，很多高校的计算机专业和IT培训学校都将jQuery
作为教学内容之一，这对于培养学生的计算机应用能力具有非常重要的意义! </div>
</div>
```

（4）在引入 jQuery 库的代码下方编写 jQuery 代码，实现为 id 为 "first" 的<div>标记下的 h3 元素绑定 click 事件和 mouseover 事件，使其被单击的时候显示下方隐藏<div>元素的内容，鼠标指针移入时显示 "我绑定了 mouseover 事件"。具体代码如下：

```
<script type="text/javascript">
    $(document).ready(function(){
    $("#first h3.title").bind("click",function(){
            $(this).next().show();
    }).bind("mouseover",function(){
            $(this).append("<p>我绑定了mouseover事件</p>");
    })
});
</script>
```

运行本实例，在页面上将鼠标指针移入到文字 "什么是 jQuery？" 上，之后单击文字 "什么是 jQuery？" 最终效果如图 5-3 所示。

由此可见 h3 元素既绑定了 click 事件又绑定了 mouseover 事件。这时，在绑定事件下面加上一个移除绑定事件来移除 mouseover 绑定。代码如下：

```
$("#first h3.title").unbind("mouseover");
```

再次运行本实例，运行结果如图 5-4 所示，由此可见，mouseover 事件已被移除。

图 5-3　为 h3 元素绑定 click 和 mouseover 事件

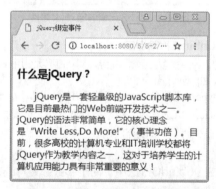

图 5-4　移除 mouseover 事件绑定

3. one 绑定一次性事件处理

在 jQuery 中，为元素绑定一次性事件处理可以使用 one()方法。one()方法为每一个匹配元素的特定事件（如 click）绑定一个一次性的事件处理函数。在每个对象上，这个事件处理函数只会被执行一次。其他规则与 bind() 函数相同。这个事件处理函数会接收到一个事件对象，可以通过它来阻止（浏览器）默认的行为。如果既想取消默认的行为，又想阻止事件起泡，这个事件处理函数必须返回 false。该方法的语法结构如下：

```
one(type,[data],fn)
```

❑　type：用于指定事件类型。

❑　data：可选参数，作为 event.data 属性值传递给事件对象的额外数据对象。

❑　fn：绑定到每个匹配元素的事件上面的处理函数。

例如，要实现只有当用户第 1 次单击匹配的 div 元素时，弹出提示对话框显示 div 元素的内容，可以使用下面的代码：

```
$("div").one("click", function(){
            alert( $(this).text() );        // 在弹出的提示对话框中显示div元素的内容
```

```
});
```

4. on 绑定一次或多次事件处理

在 jQuery 中，为元素绑定一个或多个事件处理可以使用 on()方法。on()方法绑定事件处理程序到当前选定的 jQuery 对象中的元素，在 jQuery 1.7 版本中添加了该方法。该方法的语法结构如下：

```
on(events,[selector],[data],fn)
```

❑ events：一个或多个用空格分隔的事件类型和可选的命名空间，如"click"事件。

❑ selector：可选参数。

❑ data：当一个事件被触发时要传递 event.data 给事件处理函数。

❑ fn：该事件被触发时执行的函数。当 fn=false 时可以做一个函数的简写，返回值为 false。

例如，要实现只有当用户每次单击匹配的 div 元素时，弹出提示对话框显示 div 元素的内容，可以使用下面的代码：

```
$("div").on("click", function(){
    alert( $(this).text() );        // 在弹出的提示对话框中显示div元素的内容
});
```

5. off 移除一次或多次事件处理

在 jQuery 中，在选择元素上移除一个或多个事件的事件处理函数时可以使用 off()方法，可以用 off() 方法移除用.on()绑定的事件处理程序，在 jQuery 1.7 版本中添加了该方法。该方法的语法结构如下：

```
off(events,[selector],[fn])
```

❑ events：一个或多个用空格分隔的事件类型和可选的命名空间，如"click"事件。

❑ selector：一个最初传递到.on()事件处理程序附加的选择器。

❑ fn：事件处理程序函数以前附加事件上，或特殊值 false。

例如，要实现只有当用户每次单击匹配的 div 元素时，使用 off 移除绑定 div 的事件，可以使用下面的代码：

```
$(function(){
    $("div").on("click", function(){
        alert( $(this).text() );        // 在弹出的提示对话框中显示div元素的内容
    });
    $("div").off();
})
```

5.1.4 模拟用户操作

在 jQuery 中提供了模拟用户的操作触发事件、模仿悬停事件和模拟鼠标连续单击事件 3 种模拟用户操作的方法，下面主要介绍前两种。

1. 模拟用户的操作触发事件

在 jQuery 中一般常用 triggerHandler()方法和 trigger()方法来模拟用户的操作触发事件。例如，可以使用下面的代码来触发 id 为 button 的按钮的 click 事件。

```
$("#button").trigger("click");
```

TriggerHandler()方法的语法格式与 trigger()方法完全相同。所不同的是：triggerHandler()方法不会导致浏览器同名的默认行为被执行，而 trigger()方法会导致浏览器同名的默认行为的执行。例如，使用 trigger()触发一个名称为 submit 的事件，同样会导致浏览器执行提交表单的操作。要阻止浏览器的默认行为，只需要返回 false。另外，使用 trigger()方法和 triggerHandler()方法还可以触发 bind()绑定的自定义事件，并且还可以为事件传递参数。

【例 5-3】 在页面载入完成就执行按钮的 click 事件，但是并不需要用户自己操作（实例位置：源码\第 5 章\5-3）。

（1）创建一个名称为 index.html 的文件，在该文件的<head>标记中应用下面的语句引入 jQuery 库。

```
<script type="text/javascript" src="../js/jquery-3.3.1.min.js"></script>
```

（2）在页面的<body>标记中添加一个 button 按钮，具体代码如下：

```
<input type="button" name="button" id="button" value="普通按钮" />
```

（3）在引入 jQuery 库的代码下方编写 jQuery 代码，为按钮绑定 click 事件，弹出参数 msg1 和 msg2 连接到一起的字符串，再使用 trigger()方法模拟 click 事件。具体代码如下：

```
<script type="text/javascript">
$(document).ready(function() {
    $("input:button").bind("click",function(event,msg1,msg2){
        alert(msg1+msg2);                                   // 弹出提示对话框
    }).trigger("click",["欢迎访问","莫凡魔方科技"]);          // 页面加载触发单击事件
});
</script>
```

运行本实例，效果如图 5-5 所示。

图 5-5　触发 click 事件

trigger()方法触发事件的时候会触发浏览器的默认行为，但是 triggerHandler()方法不会触发浏览器的默认行为。

2. 模仿悬停事件

模仿悬停事件是指模仿鼠标指针移动到一个对象上面又从该对象上面移出的事件，可以通过 jQuery 提供的 hover(over,out)方法实现。hover()方法的语法结构如下：

```
hover(over,out)
```

- ❑ over：用于指定当鼠标指针在移动到匹配元素上时触发的函数。
- ❑ out：用于指定当鼠标指针在移出匹配元素上时触发的函数。

当鼠标指针移动到一个匹配的元素上面时，会触发指定的第 1 个函数。当鼠标指针移出这个元素时，会触发指定的第 2 个函数。而且，会伴随着对鼠标指针是否仍然处在特定元素中的检测（例如，处在 div 的图像中），如果是，则会继续保持"悬停"状态，而不触发移出事件。

【例 5-4】　隐藏超链接地址（实例位置：源码\第 5 章\5-4）。

第（1）、（2）步与例 5-3 相同，第（3）步，在引入 jQuery 库的代码下方编写 jQuery 代码，为 class 为"main"的<a>元素添加 hover 事件，鼠标指针移动到该元素时，触发第 1 个函数，鼠标指针移出时，触发第 2 个函数。具体代码如下：

```
<script type="text/javascript">
    $(document).ready(function(){
        $("a.main").hover(function(){
            window.status="http://www.mrbccd.com";return true;      // 设定状态栏文本
        },function(){
            window.status="完成";return true;                        // 设定状态栏文本
        });

    });
</script>
```

5.1.5 事件捕获与事件冒泡

事件捕获和事件冒泡都是一种事件模型，DOM 标准规定应该同时使用这两个模型：首先事件要从 DOM 树顶层的元素到 DOM 树底层的元素进行捕获，然后再通过事件冒泡返回到 DOM 树的顶层。

在标准事件模型中，事件处理程序既可以注册到事件捕获阶段，也可以注册到事件冒泡阶段。但是并不是所有的浏览器都支持标准的事件模型，大部分浏览器默认都把事件注册在事件冒泡阶段，所以 jQuery 始终会在事件冒泡阶段注册事件处理程序。

1. 什么是事件捕获与事件冒泡

下面我们就通过一个例子来展示什么是事件冒泡，什么是事件捕获以及事件冒泡与事件捕获的区别。

> **【例 5-5】** 通过一个形象的元素结构，展示事件冒泡模型（实例位置：源码\第 5 章\5-5）。

（1）创建一个名称为 index.html 的文件，在该文件的\<head\>标记中应用下面的语句引入 jQuery 库。

```
<script type="text/javascript" src="../js/jquery-3.3.1.min.js"></script>
```

（2）在下面这个页面结构中，\<span\>是\<p\>的子元素，而\<p\>又是\<div\>的子元素。

```
<body>
    <div class="test1">
        <b>div元素</b>
        <p class="test2">
            <b>p元素</b>
            <span><b>span元素</b></span>
        </p>
    </div>
</body>
```

（3）为元素添加 CSS 样式，这样就能更清晰地看清页面的层次结构。

```
<style type="text/css">
        .redBorder{                /*红色边框*/
        border:1px solid red;
        }
        .test1{                    /*div元素的样式*/
            width:240px;
            height:150px;
            background-color:#cef;
            text-align:center;
        }
        .test2{                    /*p元素的样式*/
            width:160px;
            height:100px;
            background-color:#ced;
            text-align:center;
            line-height:20px;
            margin:10px auto;
        }
        span{            /*span元素的样式*/
            width:100px;
            height:35px;
            background-color:#fff;
            padding:20px 20px 20px 20px;
        }
        body{font-size:12px;}
</style>
```

页面结构如图 5-6 所示。

（4）为这 3 个元素添加 mouseout 和 mouseover 事件，当鼠标指针在元素上悬停时为元素加上红色边框，当鼠标指针离开时，移除红色边框。如果鼠标指针悬停在\<span\>元素上时，会不会触发\<p\>元素和\<div\>元素的 mouseover 事件呢？毕竟鼠标的指针都在这 3 个元素之上。图 5-7、图 5-8 和图 5-9 展示了鼠标指针在不同元素上悬停时的效果。

图 5-6　页面结构

图 5-7　鼠标指针悬停在 span 元素上的效果

图 5-8　鼠标指针悬停在 p 元素上的效果

图 5-9　鼠标指针悬停在 div 元素上的效果

从上面的运行结果中可以看到，当鼠标指针在 span 元素上时，3 个元素都被加上了红色边框。说明在响应 span 元素的 mouseover 事件的同时，其他两个元素的 mouseover 事件也被响应。触发 span 元素的事件时，浏览器最先响应的将是 span 元素的事件，其次是 p 元素，最后是 div 元素。在浏览器中事件响应的顺序如图 5-10 所示。这种事件的响应顺序就叫做事件冒泡。事件冒泡是从 DOM 树的顶层向下进行事件响应。

另一种相反的策略就是事件捕获，事件捕获是从 DOM 树的底层向上进行事件响应，事件捕获的顺序如图 5-11 所示。

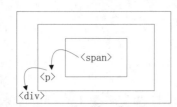

图 5-10　事件冒泡（由具体到一般）

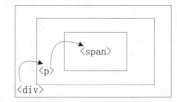

图 5-11　事件捕获（由一般到具体）

2. 事件对象

通常情况下，在不同浏览器中获取事件对象是比较困难的。针对这个问题，jQuery 进行了必要的处理，使得在任何浏览器中都能轻松地获取事件对象以及事件对象的一些属性。

在程序中使用事件对象非常的简单，只要为函数添加一个参数即可。具体 jQuery 代码如下：

```
$("element").bind("mouseout",function(event){          // event：事件对象
        // 省略部分代码
})
```

当单击 "element" 元素时，事件对象就被创建，该事件对象只有事件处理函数才可以访问到。事件处理函数执行完毕后，事件对象就被销毁了。

3. 阻止事件冒泡

事件冒泡会经常导致一些令开发人员头疼的问题，所以必要的时候，需要阻止事件的冒泡。要解决这个问题，就必须访问事件对象。事件对象提供了一个 stopPropagation()方法，使用该方法可以阻止事件冒泡。

stopPropagation()方法只能阻止事件冒泡，它相当于在传统的 JavaScript 中操作原始的 event 事件对象的 event.cancelBubble=true 来取消冒泡。

阻止例 5-5 的程序的事件冒泡，可以在每个事件处理程序中加入一句代码，例如：

```
$(".test1").mouseover(function(event){
        $(".test1").addClass("redBorder");
        event.stopPropagation();                    // 阻止冒泡事件
});
```

由于 stopPropagation()方法是跨浏览器的，所以不必担心它的兼容性。
添加了阻止事件冒泡代码的例 5-5 的运行效果如图 5-12 所示。

当鼠标指针在 span 元素上时，只有 span 元素被加上了红色边框，说明
只有 span 元素响应 mouseover 事件，程序成功阻止了事件冒泡。

图 5-12　阻止事件冒泡后的效果

4. 阻止浏览器默认行为

网页中的元素有自己的默认行为，例如，在表单验证的时候，表单的
某些内容没有通过验证，但是在单击了提交按钮以后表单还是会提交。这
时就需要阻止浏览器的默认操作。在 jQuery 中，应用 preventDefault()方法
可以阻止浏览器的默认行为。

在事件处理程序中加入下面代码就可以阻止默认行为：

```
event. preventDefault ()                            // 阻止浏览器默认操作
```

如果想同时停止事件冒泡和浏览器默认行为，可以在事件处理程序中返回 false。即：

```
return false;                                       // 阻止事件冒泡和浏览器默认操作
```

这是同时调用 stopPropagation()和 preventDefault()方法的一种简要写法。

【例 5-6】 阻止表单的提交（实例位置：源码\第 5 章\5-6）。

（1）创建一个名称为 index.html 的文件，在该文件的<head>标记中应用下面的语句引入 jQuery 库。

```
<script type="text/javascript" src="../js/jquery-3.3.1.min.js"></script>
```

（2）在页面的<body>标记中创建一个 form 表单，内含用户名文本框与提交按钮。具体代码如下：

```
<form action="index.html" method="post">
    用户名：<input type="text" id="username" /><br/>
    <input type="submit" value="注册" id="subbtn" />
</form>
```

（3）在引入 jQuery 库的代码下方编写 jQuery 代码，如果用户输入的用户名为空，则弹出提示，并且阻止
表单提交。具体代码如下：

```
<script type="text/javascript">
$(document).ready(function(){
    $("#subbtn").bind("click",function(event){
        var username = $("#username").val();
        if(username == ""){
            alert("用户名不能为空！");              // 弹出提示信息
            $("#username").focus();                // 将焦点移至文本框中
            event.preventDefault();                // 阻止表单提交的默认行为
        }
    })
});
</script>
```

可以将本实例中的“event.preventDefault();”改写为：

```
return false;
```

也可以将例 5-5 中阻止事件冒泡的

```
event.stopPropagation();
```

改写为：

```
return false;
```

5. 事件对象的属性

在 jQuery 中对事件属性也进行了封装，使得事件处理在各大浏览器下都可以正常运行而不需要对浏览器类
型进行判断。

（1）event.type。

这个方法是用来获取事件的类型。如下面代码：

```
$("a").click(function(event){
        alert(event.type);              // 获取事件类型
        return false;                   // 阻止链接跳转
  })
```

该段代码运行后会输出："click"。

（2）event.preventDefault()方法是阻止默认的事件行为，event.stopPrepagation()方法是用来阻止事件冒泡的，这两个方法在前面已讲解过，在此不再赘述。

（3）event.target。

event.target 的作用是获取到触发事件的元素。jQuery 对其进行封装之后，避免了各个浏览器不同标准之间的差异。

（4）event.relatedTarget。

relatedTarget 事件属性返回与事件的目标节点相关的节点。

对于 mouseover 事件来说，该属性是鼠标指针移到目标节点上时所离开的那个节点。

对于 mouseout 事件来说，该属性是离开目标时，鼠标指针进入的节点。

对于其他类型的事件来说，这个属性是没有用的。

（5）event.pageX 和 event.pageY。

该方法的作用是获取到指针相对于页面的 x 坐标和 y 坐标。不使用 jQuery 时，在 IE 浏览器中使用 event.x 和 event.y，而在 Firefox 浏览器中使用 event.pageX 和 event.pageY。若页面上有滚动条，则要加上滚动条的宽度或高度。

【例 5-7】 Event 对象（实例位置：源码\第 5 章\5-7）。

（1）创建一个名称为 index.html 的文件，在该文件的<head>标记中应用下面的语句引入 jQuery 库。

```
<script type="text/javascript" src="../js/jquery-3.3.1.min.js"></script>
```

（2）在页面的<body>标记中，创建一个 id 为 "ediv" 的<div>元素，令它的文本内容为 "Event 对象"。具体代码如下：

```
<div id="ediv">Event对象</div>
```

（3）在引入 jQuery 库的代码下方编写 jQuery 代码，当鼠标指针移入到<div>元素中时，弹出指针相对于页面的 x 坐标和 y 坐标。具体代码如下：

```
<script type="text/javascript">
$(document).ready(function(){
    $("#ediv").mouseover(function(event){
        // 获取鼠标指针相对于页面的坐标
        alert("当前鼠标指针的位置是："+event.pageX+"，"+event.pageY);
    })
});
</script>
```

运行本实例，效果如图 5-13 所示。

图 5-13　获取当前鼠标的坐标位置

（4）event.which。

该属性指示按下了哪个按键或按钮。该按键既可以是鼠标的按键也可以是键盘的按键。

```
$("a").mousedown(function(event){
    alert(event.which);                // 1为鼠标左键；2为鼠标中间键；3为鼠标右键
})
```

以下代码为获取键盘按键：

```
$("input").keyup(function(event){
            alert(event.which);                // 获取事件类型
    })
```

5.2 jQuery 中的动画效果

jQuery 中的动画
效果

基本的动画效果指的是元素的隐藏和显示。在 jQuery 中提供了两种控制元素隐藏和显示的方法，一种是分别隐藏和显示匹配元素，另一种是切换元素的可见状态，也就是如果元素是可见的，切换为隐藏；如果元素是隐藏的，切换为可见的。

5.2.1 隐藏匹配元素

使用 hide()方法可以隐藏匹配的元素。hide()方法相当于将元素 CSS 样式属性 display 的值设置为 none，它会记住原来的 display 的值。hide()方法有两种语法格式，一种是不带参数的形式，用于实现不带任何效果的隐藏匹配元素，其语法格式如下：

```
hide()
```

例如，要隐藏页面中的全部图片，可以使用下面的代码：

```
$("img").hide();
```

另一种是带参数的形式，用于以优雅的动画隐藏所有匹配的元素，并在隐藏完成后可选地触发一个回调函数，其语法格式如下：

```
hide(speed,[callback])
```

❑ speed：用于指定动画的时长。可以是数字，也就是元素经过多少毫秒（1000 毫秒=1 秒）后完全隐藏。也可以是默认参数 slow（600 毫秒）、normal（400 毫秒）和 fast（200 毫秒）。

❑ callback：可选参数，用于指定隐藏完成后要触发的回调函数。

例如，要在 300 毫秒内隐藏页面中的 id 为 ad 的元素，可以使用下面的代码：

```
$("#ad").hide(300);
```

说明 jQuery 的任何动画效果，都可以使用默认的 3 个参数，slow（600 毫秒）、normal（400 毫秒）和 fast(200 毫秒)。在使用默认参数时需要加引号，例如，show("fast")；而使用自定义参数时，不需要加引号，例如 show(300)。

5.2.2 显示匹配元素

使用 show()方法可以显示匹配的元素。show()方法相当于将元素 CSS 样式属性 display 的值设置为 block 或 inline 或除了 none 以外的值，它会恢复为应用 display:none 之前的可见属性。show()方法有两种语法格式，一种是不带参数的形式，用于实现不带任何效果的显示匹配元素，其语法格式如下：

```
show()
```

例如，要显示页面中的全部图片，可以使用下面的代码：

```
$("img").show();
```

另一种是带参数的形式，用于以优雅的动画显示所有匹配的元素，并在显示完成后可选择地触发一个回调函数，其语法格式如下：

```
show(speed,[callback])
```

❑ speed：用于指定动画的时长。可以是数字，也就是元素经过多少毫秒（1000 毫秒=1 秒）后完全显示。

也可以是默认参数 slow（600 毫秒）、normal（400 毫秒）和 fast（200 毫秒）。

❑ callback：可选参数，用于指定显示完成后要触发的回调函数。

例如，要在 300 毫秒内显示页面中的 id 为 ad 的元素，可以使用下面的代码：

```
$("#ad").show(300);
```

【例 5-8】 使用 hide 方法和 show 方法实现一个自动隐藏式菜单（实例位置：源码\第 5 章\5-8）。

（1）创建一个名称为 index.html 的文件，在该文件的<head>标记中应用下面的语句引入 jQuery 库。

```
<script type="text/javascript" src="../js/jquery-3.3.1.min.js"></script>
```

（2）在页面的<body>标记中，首先添加一个图片，id 属性为 flag，用于控制菜单显示，然后，添加一个 id 为 menu 的<div>标记，用于显示菜单，最后在<div>标记中添加用于显示菜单项的<ul>和<li>标记。关键代码如下：

```
<div id="menu">
<ul>
    <li><a href="www.mingribook.com">图书介绍</a></li>
    <li><a href="www.mingribook.com">新书预告</a></li>
    ……        <!--省略了其他菜单项的代码-->
    <li><a href="www.mingribook.com">联系我们</a></li>
</ul>
</div>
<img   src="images/title.gif" width="30" height="80" id="flag" />
```

（3）编写 CSS 样式，用于控制菜单的显示样式，具体代码请参见源代码。

（4）在引入 jQuery 库的代码下方编写 jQuery 代码，当鼠标指针移入到"隐藏菜单"图片上时，如果未显示菜单，则将菜单显示出来，当鼠标指针移出菜单时，将菜单隐藏。具体代码如下：

```
<script type="text/javascript">
    $(document).ready(function(){
        $("#flag").mouseover(function(){
            if($("#menu").is(':hidden')){         // 判断菜单是否为隐藏状态
                $("#menu").show(300);             // 如果隐藏，则将菜单显示
            }
        });
        $("#menu").hover(null,function(){
            $("#menu").hide(300);                 // 隐藏菜单
        });
    });
</script>
```

上面的代码中，绑定鼠标指针的移出事件时，使用了 hover()方法，而没有使用 mouseout()方法，这是因为使用 mouseout()方法时，当鼠标指针在菜单上移动时，菜单将在显示与隐藏状态下反复切换，这是由于 jQuery 的事件捕获与事件冒泡造成的，但是 hover()方法有效地解决了这一问题。

运行本实例，将显示图 5-14 所示的效果，将鼠标指针移到"隐藏菜单"图片上时，将显示图 5-15 所示的菜单，将鼠标指针从该菜单上移出后，又将显示图 5-14 所示的效果。

图 5-14　鼠标指针移出隐藏菜单的效果

图 5-15　鼠标移入隐藏菜单的效果

5.2.3 切换元素的可见状态

使用 toggle()方法可以切换元素的可见状态，也就是说如果元素是可见的，切换为隐藏；如果元素是隐藏的，切换为可见。toggle()方法的语法格式如下：

```
toggle();
```

【例 5-9】 通过单击普通按钮隐藏和显示全部 div 元素（实例位置：源码\第 5 章\5-9）。

（1）创建一个名称为 index.html 的文件，在该文件的<head>标记中应用下面的语句引入 jQuery 库。

```
<script type="text/javascript" src="../js/jquery-3.3.1.min.js"></script>
```

（2）在页面的<body>标记中创建两个<div>元素，具体代码如下：

```
<div>莫凡魔方科技</div>
<div>莫凡图书</div>
```

（3）在引入 jQuery 库的代码下方编写 jQuery 代码，用来切换全部 div 元素的隐藏和显示状态。具体代码如下：

```
<script type="text/javascript">
$(document).ready(function(){
$("input[type='button']").click(function(){
    $("div").toggle();                  // 切换所有div元素的显示状态
});
});
</script>
```

运行本实例，单击图 5-16 所示的"切换状态"按钮，可以看到，两个 div 元素的内容都被隐藏，如图 5-17 所示，此时再单击一下"切换状态"按钮，可以看到两个 div 元素的内容再次显示出来。

图 5-16　页面初始状态　　　　　图 5-17　隐藏 div 内容

5.2.4 淡入淡出的动画效果

如果在显示或隐藏元素时不需要改变元素的高度和宽度，只单独改变元素的透明度的时候，就需要使用淡入淡出的动画效果了。jQuery 中提供了表 5-2 所示的实现淡入淡出动画效果的方法。

表 5-2　实现淡入淡出动画效果的方法

方法	说明	示例
fadeIn(speed,[callback])	通过增大不透明度实现匹配元素淡入的效果	$("img").fadeIn(300);　//淡入效果
fadeOut(speed,[callback])	通过减小不透明度实现匹配元素淡出的效果	$("img").fadeOut(300); //淡出效果
fadeTo(speed,opacity,[callback])	将匹配元素的不透明度以渐进的方式调整到指定的参数	$("img").fadeTo(300,0.15);//在 0.3 秒内将图片淡入淡出至 15%不透明

这 3 种方法都可以为其指定速度参数，参数的规则与 hide()方法和 show()方法的速度参数一致。在使用 fadeTo()方法指定不透明度时，参数只能是 0 到 1 之间的数字，0 表示完全透明，1 表示完全不透明，数值越小图片的可见性就越差。

【例 5-10】 把例 5-8 的实例修改成带淡入淡出动画的隐藏菜单（实例位置：源码\第 5 章\5-10）。

在引入 jQuery 库的代码下方编写 jQuery 代码，实现菜单的淡入淡出效果，具体代码如下：

```javascript
<script type="text/javascript">
    $(document).ready(function(){
        $("#flag").mouseover(function(){
            $("#menu").fadeIn(700);              // 淡入效果
        });
        $("#menu").hover(null,function(){
            $("#menu").fadeOut(700);             // 淡出效果
        });
    });
</script>
```

修改后的运行效果如图 5-18 所示。

图 5-18　采用淡入/淡出效果的自动隐藏式菜单

5.2.5　滑动效果

在 jQuery 中，提供了 slideDown()方法（用于滑动显示匹配的元素）、slideUp()方法（用于滑动隐藏匹配的元素）和 slideToggle()方法（用于通过高度的变化动态切换元素的可见性）来实现滑动效果。下面分别进行介绍。

1. 滑动显示匹配的元素

使用 slideDown()方法可以向下增加元素高度，动态显示匹配的元素。slideDown()方法会逐渐向下增加匹配的隐藏元素的高度，直到元素完全显示为止。slideDown()方法的语法格式如下：

```
slideDown(speed,[callback])
```

❑　speed：用于指定动画的时长。可以是数字，也就是元素经过多少毫秒（1000 毫秒=1 秒）后完全显示。也可以是默认参数 slow（600 毫秒）、normal（400 毫秒）和 fast（200 毫秒）。

❑　callback：可选参数，用于指定显示完成后要触发的回调函数。

例如，要在 300 毫秒内滑动显示页面中的 id 为 ad 的元素，可以使用下面的代码：

```
$("#ad").slideDown(300);
```

【例 5-11】 滑动显示 id 为 ad 的 div 元素（实例位置：源码\第 5 章\5-11）。

（1）创建一个名称为 index.html 的文件，在该文件的<head>标记中应用下面的语句引入 jQuery 库。

```
<script type="text/javascript" src="../js/jquery-3.3.1.min.js"></script>
```

（2）在页面中创建两个<div>元素，其中 id 为 ad 的<div>元素是外层<div>元素的子元素，并且内容是隐藏的。具体代码如下：

```
<div>
```

```
<div id="ad" style="display:none;">
    莫凡魔方科技
</div>
莫凡图书
</div>
```

（3）在引入 jQuery 库的代码下方编写 jQuery 代码，实现滑动显示效果。具体代码如下：

```
<script type="text/javascript">
    $(document).ready(function(){
    $("#ad").slideDown(600);
});
</script>
```

运行效果如图 5-19 所示。

图 5-19　滑动显示效果

2. 滑动隐藏匹配的元素

使用 slideUp()方法可以向上减少元素高度，动态隐藏匹配的元素。slideUp()方法会逐渐向上减少匹配的显示元素的高度，直到元素完全隐藏为止。slideUp()方法的语法格式如下：

slideUp(speed,[callback])

❑　speed：用于指定动画的时长。可以是数字，也就是元素经过多少毫秒（1000 毫秒=1 秒）后完全隐藏。也可以是默认参数 slow（600 毫秒）、normal（400 毫秒）和 fast（200 毫秒）。

❑　callback：可选参数，用于指定隐藏完成后要触发的回调函数。

【例 5-12】　滑动隐藏 id 为 ad 的 div 元素（实例位置：源码\第 5 章\5-12）。

在引入 jQuery 库的代码下方编写 jQuery 代码，实现滑动隐藏效果，具体代码如下：

```
<script type="text/javascript">
    $(document).ready(function(){
        $("#ad").slideUp(600);
    });
</script>
```

运行效果如图 5-20 所示。

图 5-20　滑动隐藏效果

3. 通过高度的变化动态切换元素的可见性

通过 slideToggle()方法可以实现通过高度的变化动态切换元素的可见性。在使用 slideToggle()方法时，如果元素是可见的，就通过减小高度使全部元素隐藏，如果元素是隐藏的，就增加元素的高度使元素最终全部可见。slideToggle()方法的语法格式如下：

slideToggle(speed,[callback])

❑ speed：用于指定动画的时长。可以是数字，也就是元素经过多少毫秒（1000 毫秒=1 秒）后完全显示或隐藏。也可以是默认参数 slow（600 毫秒）、normal（400 毫秒）和 fast（200 毫秒）。

❑ callback：可选参数，用于指定动画完成时触发的回调函数。

例如，要实现单击 id 为 flag 的图片时，控制菜单的显示或隐藏（默认为不显示，奇数次单击时显示，偶数次单击时隐藏），可以使用下面的代码：

```
$("#flag").click(function(){
    $("#menu").slideToggle(300);                    // 显示/隐藏菜单
});
```

【例 5-13】 将例 5-10 中的效果改为通过单击图片控制菜单的显示或隐藏（实例位置：源码\第 5 章\5-13）。

在引入 jQuery 库的代码下方编写 jQuery 代码，实现滑动显示效果。具体代码如下：

```
<script type="text/javascript">
$(document).ready(function(){
    $("#flag").click(function(){
        $("#menu").slideToggle(300);                // 显示/隐藏菜单
    });
});
</script>
```

4. 实战模拟：伸缩式导航菜单

下面我们通过一个具体的实例介绍使用 jQuery 实现滑动效果的具体应用。

【例 5-14】 伸缩式导航菜单（实例位置：源码\第 5 章\5-14）。

（1）创建一个名称为 index.html 的文件，在该文件的<head>标记中应用下面的语句引入 jQuery 库。

```
<script type="text/javascript" src="../js/jquery-3.3.1.min.js"></script>
```

（2）在页面的<body>标记中，首先添加一个<div>标记，用于显示导航菜单的标题，然后添加一个字典列表，用于添加主菜单项及其子菜单项，其中主菜单项由<dt>标记定义，子菜单项由<dd>标记定义，最后再添加一个<div>标记，用于显示导航菜单的结尾。关键代码如下：

```
<div id="top"></div>
<dl>
    <dt>员工管理</dt>
    <dd>
        <div class="item">添加员工信息</div>
        <div class="item">管理员工信息</div>
    </dd>
    <dt>招聘管理</dt>
    <dd>
        <div class="item">浏览应聘信息</div>
        <div class="item">添加应聘信息</div>
        <div class="item">浏览人才库</div>
    </dd>
    <dt>薪酬管理</dt>
    <dd>
        <div class="item">薪酬登记</div>
        <div class="item">薪酬调整</div>
        <div class="item">薪酬查询</div>
    </dd>
    <dt class="title"><a href="#">退出系统</a></dt>
</dl>
<div id="bottom"></div>
```

（3）编写 CSS 样式，用于控制导航菜单的显示样式，具体代码请参见源代码。

（4）在引入 jQuery 库的代码下方编写 jQuery 代码，首先隐藏全部子菜单，然后再为每个包含子菜单的主菜单项添加 click 事件，当主菜单为隐藏时，滑动显示主菜单，否则，滑动隐藏主菜单。具体代码如下：

```
<script type="text/javascript">
$(document).ready(function(){
```

```
        $("dd").hide();                                                    // 隐藏全部子菜单
        $("dt[class!='title']").click(function(){
            if($(this).next().is(":hidden")){
            // slideDown：通过高度变化（向下增长）来动态地显示所有匹配的元素
            $(this).css("backgroundImage","url(images/title_hide.gif)");    // 改变主菜单的背景
                $(this).next().slideDown("slow");
            }else{
            $(this).css("backgroundImage","url(images/title_show.gif)");    // 改变主菜单的背景
                $(this).next().slideUp("slow");
            }
        });
    });
</script>
```

运行本实例，将显示图 5-21 所示的效果，单击某个主菜单时，将展开该主菜单下的子菜单，例如，单击"招聘管理"主菜单，将显示图 5-22 所示的子菜单。通常情况下，"退出系统"主菜单没有子菜单，所以单击"退出系统"主菜单将不展开对应的子菜单，而是激活一个超级链接。

图 5-21　未展开任何菜单的效果

图 5-22　展开"招聘管理"主菜单的效果

5.2.6　自定义的动画效果

前面我们已经介绍了 3 种类型的动画效果，但是有些时候，开发人员会需要一些更加高级的动画效果，这时候就需要采取高级的自定义动画来解决这个问题。在 jQuery 中，要实现自定义动画效果，主要应用 animate() 方法创建自定义动画，应用 stop() 方法停止动画。下面我们来分别进行介绍。

1. 使用 animate() 方法创建自定义动画

animate() 方法的操作更加自由，可以随意控制元素的属性，实现更加绚丽的动画效果。jQuery 1.8 版本中加入了该方法。animate() 方法的基本语法格式如下：

```
animate(params,speed,callback)
```

- ❑ params：表示一个包含属性和值的映射，可以同时包含多个属性，例如{left:"200px", top:"100px"}。
- ❑ speed：表示动画运行的速度，参数规则同其他动画效果的 speed 一致，它是一个可选参数。
- ❑ callback：表示一个回调函数，当动画效果运行完毕后执行该回调函数，它也是一个可选参数。

【例 5-15】 将元素在页面移动一圈（实例位置：源码\第 5 章\5-15）。

（1）创建一个名称为 index.html 的文件，在该文件的<head>标记中应用下面的语句引入 jQuery 库。

```
<script type="text/javascript" src="../js/jquery-3.3.1.min.js"></script>
```

（2）在页面的<body>标记中，首先添加一个<div>标记，在<div>标记中放置一张图片。代码如下：

```
<div id="fish"><img src="images/fish.jpg" /></div>
```

（3）在引入 jQuery 库的代码下方编写 jQuery 代码，让图片先向右移动，再向下移动，最终返回原点。具体代码如下：

```
<script type="text/javascript">
```

```
$(document).ready(function(){
    $("#fish").animate({left:300},1000)
    .animate({top:200},1000)
    .animate({left:0},200)
    .animate({top:0},200);
});
</script>
```

 在使用 animate() 方法时，必须设置元素的定位属性 position 为 relative 或 absolute，元素才能动起来。如果没有明确定义元素的定位属性，并试图使用 animate() 方法移动元素时，它们只会静止不动。

 在 animate() 方法中可以使用属性 opacity 来设置元素的透明度。

如果在{left:"400px"}中的 400px 之前加上"+="就表示在当前位置累加，加上"-="就表示在当前位置累减。

2. 使用 stop() 方法停止动画

stop() 方法也属于自定义动画函数，它会停止匹配元素正在运行的动画，并立即执行动画队列中的下一个动画。jQuery 1.7 版本中加入了该方法。stop() 方法的语法格式如下：

```
stop(clearQueue,gotoEnd)
```

❑ clearQueue：表示是否清空尚未执行完的动画队列（值为 true 时表示清空动画队列）。

❑ gotoEnd：表示是否让正在执行的动画直接到达动画结束时的状态（值为 true 时表示直接到达动画结束时状态）。

【例 5-16】 停止正在执行的动画效果，清空动画序列并直接到达动画结束时的状态（实例位置：源码\第 5 章\5-16）。

第（1）、（2）步同例 5-15。在引入 jQuery 库的代码下方编写 jQuery 代码，加入停止动画的代码。具体代码如下：

```
<script type="text/javascript">
$(document).ready(function(){
    $("#fish").animate({left:300},1000)
    .animate({top:200},1000)
    .animate({left:0},200)
    .animate({top:0},200);
    $("#btn").click(function(){
            $("#fish").stop(true,true);                    // 停止动画效果
    });
});
</script>
```

 参数 gotoEnd 设置为 true 时，只能直接到达正在执行的动画的最终状态，并不能到达动画序列所设置的动画的最终状态。

3. 判断元素是否处于动画状态

使用 animate() 方法时，当用户快速在某个元素上执行 animate() 动画时，就会出现动画累积。解决这个问题的方法是判断元素是否正处于动画状态，如果不处于动画状态才为元素添加新的动画，否则不添加。具体代码如下：

```
if(!$(element).is(":animated")){        // 判断元素是否处于动画状态，如果没有处于动画状态，则添加新的动画
}
```

判断是否处于动画状态这个方法在 animate() 动画中会经常使用到，读者需要特别注意和掌握。

4. 延迟动画的执行

在动画执行的过程中，我们经常会对动画进行延迟操作，这时就需要使用到 delay()方法。下面我们通过一个具体的实例来演示它的使用方法。

【例 5-17】 延迟执行动画（实例位置：源码\第 5 章\5-17）。

第（1）、（2）步同例 5-15，在引入 jQuery 库的代码下方编写 jQuery 代码，加入延迟动画执行的代码。具体代码如下：

```
<script type="text/javascript">
$(document).ready(function(){
    $("#fish").animate({left:300},1000)
    .delay(300)
    .animate({top:200},1000)
    .delay(1500)
    .animate({left:0},200)
    .animate({top:0},200);
    $("#btn").click(function(){
        $("#fish").stop(true,true);                   // 停止动画效果
    });
});
</script>
```

delay()方法允许将队列中的函数延迟执行，它既可以推迟动画队列中函数的执行，也可以用于自定义队列。

5. 使用 finish 停止当前正在执行的动画

使用 finish ()方法时，可以停止当前正在运行的动画，并且删除所有其他的对话。.finish()方法和.stop(true, true)类似，.stop(true, true)将清除队列，并且目前的动画跳转到其最终值，而.finish() 会导致所有排队的动画的 CSS 属性跳转到它们的最终值。它是在 jQuery 1.9 版本中加入的。

具体代码如下：

```
$(".container ").click(function(){
    $("div").finish();
});
```

5.3 综合实例：实现图片传送带

综合案例：实现图片传送带

所谓图片传送带是指在页面的指定位置固定显示一定数量的图片（其他图片隐藏），单击最左边的图片时，全部图片均向左移动一张图片的位置，单击最右边的图片时，全部图片均向右移动一张图片的位置，这样既可以查看到全部图片，又能节省页面空间，比较实用。运行本实例，将显示图 5-23 所示的效果，将鼠标指针移动到左边的图片上，将显示图 5-24 所示的箭头，单击将向左移动一张图片；将鼠标指针移动到右边的图片上时，将显示向右的箭头，单击将向右移动一张图片；单击中间位置的图片，可以打开新窗口查看该图片的原图。

图 5-23 鼠标指针不在任何图片上的效果

图 5-24 将鼠标移动到第 1 张图片的效果

图片传送带效果还可以通过 jQuery 插件来实现，通过插件实现起来更加容易，而且效果更加丰富。

程序开发步骤如下。

（1）创建一个名称为 index.html 的文件，在该文件的<head>标记中应用下面的语句引入 jQuery 库。

```
<script type="text/javascript" src="../js/jquery-3.3.1.min.js"></script>
```

（2）在页面的<body>标记中，首先添加一个<div>标记，用于显示导航菜单的标题，然后添加一个字典列表，用于添加主菜单项及其子菜单项，其中主菜单项由<dt>标记定义，子菜单项由<dd>标记定义，最后再添加一个<div>标记，用于显示导航菜单的结尾。关键代码如下：

```
<div id="container">
<div class="box">
    <a href="images/01.jpg"><img height=60 src="images/01.jpg" width=80></a>
    <a href="images/02.jpg"><img height=60 src="images/02.jpg" width=80></a>
    <a href="images/03.jpg"><img height=60 src="images/03.jpg" width=80></a>
    <a href="images/04.jpg"><img height=60 src="images/04.jpg" width=80></a>
    <a href="images/05.jpg"><img height=60 src="images/05.jpg" width=80></a>
    <a href="images/06.jpg"><img height=60 src="images/06.jpg" width=80></a>
</div>
</div>
```

（3）编写 CSS 样式，用于控制图片传送带容器及图片的样式，具体代码请参见源代码。

（4）在引入 jQuery 库的代码下方编写 jQuery 代码，实现图片传送带效果。具体代码如下：

```
<script type="text/javascript">
$(document).ready(function() {
  var spacing = 90;                                    // 定义保存间距的变量
  function createControl(src) {                         // 定义创建控制图片的函数
    return $('<img/>')
      .attr('src', src)                                 // 设置图片的来源
      .attr("width",80)
      .attr("height",60)
      .addClass('control')
      .css('opacity', 0.6)                              // 设置透明度
      .css('display', 'none');                          // 默认为不显示
  }
  var $leftRollover = createControl('images/left.gif');  // 创建向左移动的控制图片
  var $rightRollover = createControl('images/right.gif'); // 创建向右移动的控制图片
  $('#container').css({                                 // 改变图像传送带容器的CSS样式
    'width': spacing * 3,
    'height': '70px',
    'overflow': 'hidden'                               // 溢出时隐藏
  }).find('.box a').css({
    'float': 'none',
    'position': 'absolute',                            // 设置为绝对布局
    'left': 1000                                        // 将左边距设置为1000，目的是不显示
  });
  var setUpbox = function() {
    var $box = $('#container .box a');
    $box.unbind('click mouseenter mouseleave');        // 移除绑定的事件
    /*********************左边的图片*********************/
    $box.eq(0)
      .css('left', 0)
      .click(function(event) {
        $box.eq(0).animate({'left': spacing}, 'fast');     // 为第1张图片添加动画
        $box.eq(1).animate({'left': spacing * 2}, 'fast'); // 为第2张图片添加动画
        $box.eq(2).animate({'left': spacing * 3}, 'fast'); // 为第3张图片添加动画
        $box.eq($box.length − 1)
          .css('left', −spacing)                          // 设置左边距
          .animate({'left': 0}, 'fast', function() {
            $(this).prependTo('#container .box');
            setUpbox();
          });                                             // 添加动画
        event.preventDefault();                           // 取消事件的默认动作
```

```
    }).hover(function() {                                  // 设置鼠标指针的悬停事件
        $leftRollover.appendTo(this).fadeIn(200);          // 显示向左移动的控制图片
    }, function() {
        $leftRollover.fadeOut(200);                        // 隐藏向左移动的控制图片
    });
    /***********************右边的图片***************************/
    $box.eq(2)
        .css('left', spacing * 2)                          // 设置左边距
        .click(function(event) {                           // 绑定单击事件
            $box.eq(0)                                     // 获取左边的图片，也就是第1张图片
                .animate({'left': -spacing}, 'fast', function() {
                    $(this).appendTo('#container .box');
                    setUpbox();
                });                                        // 添加动画
            $box.eq(1).animate({'left': 0}, 'fast');       // 添加动画
            $box.eq(2).animate({'left': spacing}, 'fast'); // 添加动画
            $box.eq(3)
                .css('left', spacing * 3)                  // 设置左边距
                .animate({'left': spacing * 2}, 'fast');   // 添加动画
            event.preventDefault();                        // 取消事件的默认动作
        }).hover(function() {                              // 设置鼠标指针的悬停事件
            $rightRollover.appendTo(this).fadeIn(200);     // 显示向右移动的控制图片
        }, function() {
            $rightRollover.fadeOut(200);                   // 隐藏向右移动的控制图片
        });
    /*******************中间的图片******************************/
    $box.eq(1).css('left', spacing);                       // 设置中间图片的左边距
    };
    setUpbox();
    $("a").attr("target","_blank");                        // 查看原图时，在新的窗口中打开
});
</script>
```

知识点提炼

（1）$(document).ready()方法是事件模块中最重要的一个函数，它极大地提高了 Web 响应速度。

（2）在 jQuery 中，事件绑定通常可以分为为元素绑定事件、移除绑定事件和绑定一次性事件处理 3 种情况。

（3）在 jQuery 中，为元素绑定事件可以使用 bind()方法，为元素移除绑定事件可以使用 unbind()方法，为元素绑定一次性事件处理可以使用 one()方法。

（4）在 jQuery 中一般常用 triggerHandler()方法和 trigger()方法来模拟用户的操作触发事件。

（5）模仿悬停事件是指模仿鼠标指针移动到一个对象上面又从该对象上面移出的事件，可以通过 jQuery 提供的 hover(over,out)方法实现。

（6）事件对象提供了一个 stopPropagation()方法，使用该方法可以阻止事件冒泡。

（7）在 jQuery 中，应用 preventDefault()方法可以阻止浏览器的默认行为。

（8）使用 hide()方法可以隐藏匹配的元素。hide()方法相当于将元素 CSS 样式属性 display 的值设置为 none。

（9）使用 show()方法可以显示匹配的元素。show()方法相当于将元素 CSS 样式属性 display 的值设置为 block 或 inline 或除了 none 以外的值。

（10）使用 toggle()方法可以切换元素的可见状态。

（11）在 jQuery 中，提供了 slideDown()方法（用于滑动显示匹配的元素）、slideUp()方法（用于滑动隐藏匹配的元素）和 slideToggle()方法（用于通过高度的变化动态切换元素的可见性）来实现滑动效果。

（12）在 jQuery 中，要实现自定义动画效果，主要应用 animate()方法创建自定义动画，应用 stop()方法停止动画。

习题

5-1 简述$(document).ready()方法和 window.onload()方法的区别。

5-2 如何为元素绑定事件和解除绑定的事件?

5-3 模仿鼠标指针的悬停事件需要使用什么方法?

5-4 简述事件捕获与事件冒泡的主要区别。

5-5 如何对指定的元素进行显示与隐藏?

5-6 如何实现淡入淡出的动画效果?

5-7 在 jQuery 中实现滑动效果主要用到哪几个方法?

5-8 如何停止自定义的动画?

第6章

使用jQuery操作表单和表格

■ 表单和表格的操作是 JavaScript 中非常常用的两种操作，而 jQuery 是一个十分简单易用的 JavaScript 库，因此，熟练掌握 jQuery 对表单和表格的操作，是网页开发人员必备的技能。本章我们将对如何使用 jQuery 对表单和表格操作进行详细讲解。

HTML 表单概述

6.1　HTML 表单概述

　　表单通常设计在一个 HTML 文档中，当用户填写完信息后做提交操作，将表单的内容从客户端的浏览器传送到服务器上，经过服务器处理程序后，再将用户所需信息传送回客户端的浏览器上，这样网页就具有了交互性。HTML 表单是 HTML 页面与浏览器实现交互的重要手段。

　　表单的主要功能是收集信息，具体说是收集浏览者的信息。例如在网上注册一个账号，就必须按要求填写完成网站提供的表单网页，例如用户名、密码、联系方式等信息，如图 6-1 所示。在网页中，最常见的表单形式主要包括文本框、单选按钮、复选框、按钮等。

图 6-1　用来做注册的表单

6.1.1　表单标记<form>

　　表单是网页上的一个特定区域。这个区域是由一对<form>标记定义的。在<form>与</form>之间的一切都属于表单的内容。

　　每个表单元素都开始于 form 元素，可以包含所有的表单控件，还有其他必需的伴随数据，例如控件的标签、处理数据的脚本或程序的位置等。在表单的<form>标记中，还可以设置表单的基本属性，包括表单的名称、处理程序、传送方式等。一般情况下，表单的 action 属性和传送方法 method 是必不可少的参数。

1. action 属性

　　action 属性是指定处理表单提交数据的脚本文件。该文件可以是 JSP、ASP.NET 或 PHP 脚本文件等。具体语法如下：

```
<form action="URL">……</form>
```

　　❑　URL：表单提交的地址。

 在 action 属性中指定处理脚本文件时可以指定文件在 Web 服务器上的路径。可以是绝对路径，也可以是相对路径。

2. 表单名称 name 属性

名称属性 name 用于给表单命名。这一属性不是表单的必需属性，但是为了防止表单信息在提交到后台处理程序时出现混乱，一般要设置一个与表单功能符合的名称。例如，登录的表单可以命名为 loginForm。不同的表单尽量用不同的名称，以避免混乱。具体语法如下：

```
<form name="form_name">……</form>
```

❑ form_name：表单名称。

3. 提交方式 method 属性

表单的 method 属性用来定义处理程序从表单中获得信息的方式，可取值为 get 或 post，它决定了表单中已收集的数据是用什么方式提交到服务器的。具体语法如下：

```
<form method="method">……</form>
```

❑ method：提交方式，它的值可以为 get 或 post。

Method=get：使用这种方式提交表单时，输入的数据会附加在 URL 之后，由客户端直接发送至服务器，所以速度上会比 post 快。缺点是数据长度不能够太长，在没有指定 method 的情形下，一般都会视 get 为默认值。

Method=post：使用这种设置时，表单数据是与 URL 分开发送的，用户端的计算机会通知服务器来读取数据，所以通常没有数据长度上的限制，缺点是速度上会比 get 慢。

4. 编码方式 enctype 属性

表单中的 enctype 参数用于设置表单信息提交的编码方式。具体语法如下：

```
<form enctype="value">……</form>
```

❑ value：取值如表 6-1 所示。

表 6-1　enctype 属性的取值范围

取值	描述
test/plain	以纯文本的形式传送
application/x-www-form-urlencoded	默认的编码形式
multipart/form-data	MIME 编码，上传文件的表单必须选择该项

5. 目标显示方式 target 属性

target 属性用来指定目标窗口的打开方式。表单的目标窗口往往用来显示表单的返回信息，例如，是否成功提交了表单的内容，是否出错等。具体语法如下：

```
<form target="target_win">……</form>
```

❑ target_win：取值如表 6-2 所示。

表 6-2　target 属性的取值范围

取值	描述
_blank	将返回信息显示在新打开的浏览器窗口中
_parent	将返回信息显示在父级浏览器窗口中
_self	将返回信息显示在当前浏览器窗口中
_top	将返回信息显示在顶级浏览器窗口中

6.1.2　输入标记<input>

输入标记<input>是表单中最常用的标记之一。常用的文本域、按钮等都使用这个标记。具体语法如下：

```
<form>
```

```
    <input name="field_name" type="type_name">
</form>
```

❑ field_name：控件名称。

❑ type_name：控件类型，所包含的控件类型如表 6-3 所示。

表 6-3　输入类控件的 type 可选值

取值	描述
text	文本框
password	密码域，用户在页面输入时不显示具体的内容，以*代替
radio	单选按钮
checkbox	复选框
button	普通按钮
submit	提交按钮
reset	重置按钮
image	图形域，也称为图像提交按钮
hidden	隐藏域，隐藏域将不显示在页面上，只将内容传递到服务器中
file	文件域

1. 文本框 text

text 属性值用来设定在表单的文本域中，输入任何类型的文本、数字或字母。输入的内容以单行显示。具体语法如下：

```
<input type="text" name="field_name" maxlength=max_value size=size_value value="field_ value">
```

文字域属性的含义如表 6-4 所示。

表 6-4　文字域属性

取值	描述
name	文本框的名称
maxlength	文本框的最大输入字符数
size	文本框的宽度（以字符为单位）
value	文本框的默认值

【例 6-1】在页面中使用文本框，创建一个人口调查的页面（实例位置：源码\第 6 章\6-1）。代码如下：

```
<form>
<h3 align="center">人口调查</h3>
<!-- 设置表示姓名的文本域 -->
    姓名：<input type="text" name="username" size=20 ><br />
    <!-- 设置表示姓名的文本域长度为4，最大输入字符数为1 -->
    性别：<input type="text" name="sex" size=4 maxlength=1 >  
    <!-- 设置表示年龄的文本域长度为4，最大输入字符数为3 -->
    年龄：<input  type="text" name="age" size=4 maxlength=3 > <br />
        <!-- 设置表示地址的文本域长度为50，文本域中默认值为吉林省长春市-->
    居住地址：<input type="text" name="address" size=50 value="吉林省长春市">
</form>
```

运行效果如图 6-2 所示。

2. 密码域 password

在表单中还有一种文本域的形式为密码域，输入到文本域中的文字均以星号"*"或圆点显示。具体语法如下：

```
<input type="password"name="field_name" maxlength=max_value size=size_value >
```

图 6-2　在页面中添加文字域

密码域属性的含义如表 6-5 所示。

表 6-5　密码域属性

取值	描述
name	密码域的名称
maxlength	密码域的最大输入字符数
size	密码域的宽度（以字符为单位）
value	密码域的默认值

【例 6-2】　在网络中常常有需要修改密码的时候，现在使用密码域，创建一个修改密码的页面（实例位置：源码\第 6 章\6-2）。代码如下：

```
< form>
<h3 align="center">修改密码</h3>
用  户  名：<input type="text" name="username" size=15><br>
原  密  码：<input type="password" name="oldpassword" maxlength=8 size=15><br>
新  密  码：<input type="password" name="newpassword1" maxlength=8 size=15><br>
确认新密码：<input type="password" name="newpassword2" maxlength=8 size=15   >
</ form>
```

运行效果如图 6-3 所示。

3. 单选按钮 radio

在网页中，单选按钮用来让浏览者进行单一选择，在页面中以圆框表示。单选按钮必须设置参数 value 的值。而对于一个选择中的所有单选框，往往要设定同样的名称，这样在传递时才能更好地对某一个选择内容的取值进行判断。具体语法如下：

```
<input type="radio" name="field_name" checked value="value">
```

❑　checked：表示此项为默认选中。

❑　value：表示选中项目后传送到服务器端的值。

图 6-3　在页面中添加密码域

【例 6-3】　在页面中使用单选框，创建一个外来人员登记页面（实例位置：源码\第 6 章\6-3）。代码如下：

```
<form>
<h3 align="center">外来人员登记表</h3>
    姓名：<input type="text" name="username" size=15 /><br>
    性别：<input type="radio" name="field_name" checked value="男"/>男
    <input type="radio" name="field_name" value="女" />女 <br>
    身份证号：<input type="text" name="IDcard" size=20 /> <br>
    原因：<input type="text" name="causation" size=50   />
```

```
</form>
```
运行效果如图 6-4 所示。

图 6-4 在页面中使用单选框

4. 复选框 checkbox

浏览者填写表单时，有一些内容可以通过让浏览者进行选择的形式来实现。例如，常见的网上调查，首先提出调查的问题，然后让浏览者在若干个选项中进行选择。又例如，收集个人信息时，要求在个人爱好的选项中进行选择等。复选框能够进行项目的多项选择，以一个方框表示。具体语法如下：

```
<input type="checkbox" name="field_name" checked value="value">
```
❑ checked：表示此项为默认选中。

❑ value：表示选中项目后传送到服务器端的值。

【例 6-4】 在页面中使用复选框，选择你所喜欢的运动（实例位置：源码\第 6 章\6-4）。代码如下：

```
<form>
<h3 align="center">选择你喜欢的运动</h3>
<input type="checkbox" name="hobby" value="游泳">游泳
<input type="checkbox" name="hobby" value="足球">足球
<input type="checkbox" name="hobby" value="篮球">篮球<br/>
<input type="checkbox" name="hobby" value="滑冰">滑冰
<input type="checkbox" name="hobby" value="滑雪">滑雪
<input type="checkbox" name="hobby" value="乒乓球">乒乓球
</ form>
```
运行效果如图 6-5 所示。

5. 普通按钮 button

在网页中按钮也很常见，在提交页面、恢复选项时常常用到。普通按钮一般情况下要配合脚本来进行表单处理。具体语法如下：

```
<input type="button" name="field_name" value="button_text">
```
❑ field_name：普通按钮的名称。

❑ button_text：按钮上显示的文字。

6. 提交按钮 submit

提交按钮是一种特殊的按钮，在单击该类按钮时可以实现表单内容的提交。具体语法如下：

```
<input type="submit" name="field_name" value="submit_text">
```

图 6-5 在页面中使用复选框

❑ field_name：提交按钮的名称。

❑ submit_text：按钮上显示的文字。

【例 6-5】 在页面中分别创建一个普通按钮和一个提交按钮，普通按钮用来关闭该页面，提交按钮用来提交表单（实例位置：源码\第 6 章\6-5）。代码如下：

```
<!-- 表单提交到一个邮箱地址 -->
<form   action="mailto:mingrisoft@mingrisoft.com">
<!-- 使用submit提交表单 -->
提交按钮：<input type="submit" value="提交表单页面" /><br />
    <!-- onclick为鼠标单击事件，window.close()为关闭该页面的方法 -->
普通按钮：<input type="button" value="关闭当前页面" onclick="window.close();" />
</form>
```

运行效果如图 6-6 所示。

图 6-6　单击普通按钮的效果

6.1.3　文本域标记<textarea>

在 HTML 中还有一种特殊定义的文本样式，称为文字域或文本域。它与文字字段的区别在于可以添加多行文字，从而可以输入更多的文本。这类控件在一些留言板中最为常见。具体语法如下：

```
<textarea name="textname" value="text_value" rows=rows_value cols=cols_value value="value">
```

这些属性的含义如表 6-6 所示。

表 6-6　文本域标记属性

文本域标记属性	描述
name	文本域的名称
rows	文本域的行数
cols	文本域的列数
value	文本域的默认值

【例 6-6】 创建一个留言板页面，在页面中使用文本域（实例位置：源码\第 6 章\6-6）。代码如下：

```
<form>
<h3 align="center">留言板</h3>
标题：<input type="text" name="username" size=50><br /><br />
<!-- 设置一个文本域，设置该文本域的行数为10，列数为70 -->
内容：<br /><textarea name="word" rows=10 cols=70></textarea>
</form>
```

运行效果如图 6-7 所示。

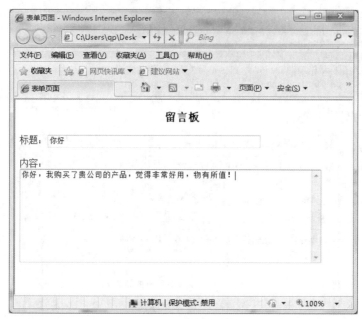

图6-7　在页面中使用文本域

6.1.4　菜单和列表标记\<select\>、\<option\>

菜单列表类的控件主要用来进行选择给定答案中的一种，这类选择往往答案比较多，使用单选按钮比较浪费空间。可以说，菜单列表类的控件主要是为了节省页面空间而设计的。菜单和列表是通过\<select\>和\<option\>标记来实现的。

菜单是一种最节省空间的方式，正常状态下只能看到一个选项，单击按钮打开菜单后才能看到全部的选项。

列表可以显示一定数量的选项，如果超出了这个数量，会自动出现滚动条，浏览者可以通过拖动滚动条来观看各选项。具体语法如下：

```
<select name='select_name' size=select_size multiple>
    <option value="option_value" selected>选项</option>
<option value="option_value" >选项</option>
</select>
```

这些属性的含义如表6-7所示。

表6-7　菜单和列表标记属性

菜单和列表标记属性	描述
name	菜单和列表的名称
size	显示的选项数目
multiple	列表中的项目多卷
value	选项值
selected	默认选项

【例 6-7】　利用\<select\>标签创建一个用来做学生业余生活调查的页面（实例位置：源码\ MR\源码\第6章\6-7）。代码如下：

```
<form>
<h3>学生业余生活调查</h3>
调查人姓名：<input type="text" name="username" size="10" /><br><br>
爱好的体育运动：<select name="hobby">
```

```
        <option value="游泳" selected>游泳</option>
        <option value="足球">足球</option>
        <option value="篮球">篮球</option>
        <option value="跑步">跑步</option>
    </select><br><br>
周末一般都在哪: <br><br>
<select name="where" size="4">
        <option value="在家" selected>在家</option>
        <option value="去逛街">去逛街</option>
        <option value="去访友">去访友</option>
        <option value="去郊游">去郊游</option>
    </select>
    </form>
```

运行效果如图 6-8 所示。

6.2 使用 jQuery 操作表单元素

6.2.1 操作文本框

使用 jQuery 操作
表单元素

图 6-8 学生业余生活调查

文本框是表单中最基本的也是最常见的元素,在 jQuery 中获取文本框的值的方法如下:

```
var textCon = $("#id").val();
```

或者

```
var textCon = $("#id").attr("value");
```

设置文本框的值,可以使用 attr() 方法,代码如下:

```
$("#id").attr("value", "要设定的值");
```

设置文本框不可编辑的方法如下:

```
$("#id").attr("disabled", "disabled");
```

设置文本框可编辑的方法如下:

```
$("#id").removeAttr("disabled");
```

【例 6-8】 获取文本框的值以及切换编辑状态(实例位置:源码\第 6 章\6-8)。

(1)创建一个名称为 index.html 的文件,在该文件的 <head> 标记中应用下面的语句引入 jQuery 库。

```
<script type="text/javascript" src="../js/jquery-3.3.1.min.js"></script>
```

(2)在页面的 <body> 标记中创建一个文本框,用来输入用户名。然后创建两个按钮,其中一个是提交按钮,另外一个是普通按钮。关键代码如下:

```
用户名: <input type="text" name="testInput" id="testInput" /> <br/><br/>
<input type="submit" name="vbtn" id="vbtn" value="提交" />  
<input type="button" name="dbtn" id="dbtn" value="修改" />
```

(3)在引入 jQuery 库的代码下方编写 jQuery 代码,实现当单击"提交"按钮时,如果文本框内容不为空,则弹出文本框的值,并且将文本框的编辑状态变为 disabled,如果文本框没有内容,则给出提示信息。当单击"修改"按钮时,如果文本框为不可编辑状态,则将其变为可编辑状态。具体代码如下:

```
$(document).ready(function(){
    $("#vbtn").click(function(){
        if($("#testInput").val() != ""){
            alert($("#testInput").val());              // 弹出文本框的值
            $("#testInput").attr("disabled","disabled");   // 将文本框变为不可编辑状态
        }else{
            alert("请输入文本内容! ");
            $("#testInput").focus();                    // 将焦点设置到文本框处
            return false;
        }
    });
    $("#dbtn").click(function(){
        if($("#testInput").attr("disabled") == "disabled"){
```

```
                    $("#testInput").removeAttr("disabled");        // 移除文本框的disabled属性
            }
        });
    })
```

运行本实例，输入用户名，单击提交，将显示图 6-9 所示的运行结果，单击"确定"按钮可以看到，文本框变为不可编辑状态，如图 6-10 所示。提交完毕后，单击"修改"按钮可以看到，文本框变为可编辑状态，如图 6-11 所示。

图 6-9　弹出文本框的值

图 6-10　文本框不可编辑

图 6-11　文本框可编辑

6.2.2　操作文本域

文本域的属性设置、值的获取以及编辑状态的修改与文本框都相同。本节我们来介绍文本域的实际应用。

1. 文本域的高度变化

【例 6-9】　制作一个高度可变的评论框（实例位置：源码\第 6 章\6-9）。

（1）创建一个名称为 index.html 的文件，在该文件的<head>标记中应用下面的语句引入 jQuery 库。

```
<script type="text/javascript" src="../js/jquery-3.3.1.min.js"></script>
```

（2）在页面的<body>标记中放置一个评论框，即文本域，在评论框的上方放置两个按钮，用来控制评论框的高度。关键代码如下：

```
<div class="message">
    <div class="msg_top">
        <input type="button" value=" 放 大 " id="bigBtn"/>  <input type="button" value=" 缩 小 " id="smallBtn"/>
    </div>
    <div class="tt">
        <textarea id="content" rows="4" cols="35"> jQuery是一套轻量级的JavaScript脚本库，它是目前最热门的Web前端开发技术之一，它的核心理念是"Write Less，Do More!"。
        </textarea>
    </div>
</div>
```

（3）该文件的 CSS 样式请详见源码。

（4）在引入 jQuery 库的代码下方编写 jQuery 代码，实现当单击"放大"按钮时，判断评论框是否处于动画中，如果没处于动画中，则判断评论框的高度是否小于 350px（像素），若小于 350px 则在原来基础上增加 70px；单击"缩小"时，仍然先判断评论框是否处于动画中，如果没有处于动画中，则判断评论框的高度是否大于 70px，若大于 70px 则将评论框高度在原来基础上减少 70px。具体代码如下：

```
$(document).ready(function(){
    var $content = $("#content");                              // 获取文本域对象
    $("#bigBtn").click(function(){                             // 放大按钮单击事件
        if(!$content.is(":animated")){                         // 是否处于动画中
            if($content.height() < 350){
                // 将文本域高度在原来的基础上增加70
                $content.animate({height:"+=70"},500);
            }
        }
    })
    $("#smallBtn").click(function(){                           // 缩小按钮单击事件
    if(!$content.is(":animated")){                             // 是否处于动画中
        if($content.height() > 70){
            // 将文本域高度在原来的基础上减少70
            $content.animate({height:"-=70"},500);
        }
    }
    })
})
```

运行本实例，单击"放大"按钮之后，可以看到图 6-12 所示效果，单击"缩小"按钮之后，可以看到图 6-13 所示效果。

图 6-12　评论框放大效果

图 6-13　评论框缩小效果

2. 文本域的滚动条高度变化

【例 6-10】 制作一个高度可变的评论框（实例位置：源码\第 6 章\6-10）。

（1）创建一个名称为 index.html 的文件，在该文件的<head>标记中应用下面的语句引入 jQuery 库。

```
<script type="text/javascript" src="../js/jquery-3.3.1.min.js"></script>
```

（2）在页面的<body>标记中放置一个评论框，即文本域，在评论框的上方放置两个按钮，用来控制滚动条滚动。关键代码如下：

```
<div class="message">
    <div class="msg_top">
            <input type="button" value="向上" id="upBtn"/>  <input type="button" value="向下"
id="downBtn"/>
    </div>
    <div class="tt">
            <textarea id="content" rows="4" cols="35"> jQuery是一套轻量级的JavaScript脚本库，它是目前最热门的
Web前端开发技术之一。jQuery的语法非常简单，它的核心理念是"Write Less,Do More!"（事半功倍）。目前，很多高校
的计算机专业和IT培训学校都将jQuery作为教学内容之一，这对于培养学生的计算机应用能力具有非常重要的意义。
    </textarea>
    </div>
</div>
```

（3）该文件的 CSS 样式请详见源码。

（4）在引入 jQuery 库的代码下方编写 jQuery 代码，实现当单击"向上"或"向下"按钮时，滚动条滚动到指定位置。具体代码如下：

```
$(document).ready(function(){
    var $content = $("#content");                       // 获取文本域对象
    $("#upBtn").click(function(){                        // 向上按钮的单击事件
        if(!$content.is(":animated")){                   // 是否处于动画中
            if($content.height() < 350){
                $content.animate({scrollTop:"-=40"},500);
            }
        }
    })
    $("#downBtn").click(function(){                      // 向下按钮的单击事件
    if(!$content.is(":animated")){                       // 是否处于动画中
        if($content.height() > 40){
            $content.animate({scrollTop:"+=40"},500);
        }
    }
    })
})
```

运行本实例，单击"向下"按钮之后，可以看到图 6-14 所示效果，单击"向上"按钮之后，可以看到图 6-15 所示效果。

图 6-14　评论框向下滚动效果

图 6-15　评论框向上滚动效果

6.2.3　操作单选按钮和复选框

通常对单选按钮和复选框的常用操作都类似，都是选中、取消选中、判断选择状态等。

1．选中单选按钮和复选框

使用 attr() 方法可以设置选中的单选按钮和复选框，代码如下：

```
$("#id").attr("checked",true);
```

2．取消选中单选按钮和复选框

使用 attr() 方法取消选中的单选按钮和复选框的选中，代码如下：

```
$("#id").removeAttr("checked");
```

3．判断选择状态

判断单选按钮和复选框的选择状态，代码如下：

```
if($("#id")..attr("checked") == 'checked'){
        // 省略部分代码
}
```

【例 6-11】 使用按钮控制单选框的选中状态（实例位置：源码\第 6 章\6-11）。

（1）创建一个名称为 index.html 的文件，在该文件的 <head> 标记中应用下面的语句引入 jQuery 库。

```
<script type="text/javascript" src="../js/jquery-3.3.1.min.js"></script>
```

（2）在页面的 <body> 标记中放置两个单选按钮，再创建两个 button 按钮控制单选按钮的选中状态。代码如下：

```
<form>
<h3>选择你喜欢吃的水果</h3>
<input type="radio" name="fruit" value="香蕉" />香蕉
<input type="radio" name="fruit" value="葡萄" />葡萄<br/>
<input type="button" id="bbtn" value="香蕉" /> <input type="button" id="gbtn" value="葡萄" />
</form>
```

（3）在引入 jQuery 库的代码下方编写 jQuery 代码，当单击普通按钮"香蕉"时，选中"香蕉"单选框，当单击普通按钮"葡萄"时，选中"葡萄"单选框。具体代码如下：

```
$(function(){
    $("#bbtn").click(function(){
            $("input[type=radio]").eq(0).attr("checked",true);
    })
    $("#gbtn").click(function(){
            $("input[type=radio]").eq(1).attr("checked",true);
    })
})
```

运行本实例，可以看到图 6-16 所示效果。

【例 6-12】 控制复选框的全选、全不选和反选（实例位置：源码\ MR\源码\第 6 章\6-12）。

（1）创建一个名称为 index.html 的文件，在该文件的 <head> 标记中应用下面的

图 6-16　单选按钮效果

语句引入 jQuery 库。

```
<script type="text/javascript" src="../js/jquery-3.3.1.min.js"></script>
```

（2）在页面的<body>标记中创建 form 表单，在表单中放置一组复选框，再创建 4 个按钮，分别控制复选框的全选、全不选、反选和表单的提交。代码如下：

```
<form>
<h3 align="center">选择你喜欢的运动</h3>
<input type="checkbox" name="hobby" value="游泳">游泳
<input type="checkbox" name="hobby" value="足球">足球
<input type="checkbox" name="hobby" value="篮球">篮球
<input type="checkbox" name="hobby" value="滑冰">滑冰
<input type="checkbox" name="hobby" value="滑雪">滑雪
<input type="checkbox" name="hobby" value="乒乓球">乒乓球<br/><br/>
<input type="button" id="checkAll" value="全选"> <input type="button"
id="unCheck All" value="全不选"> 
<input type="button" id="revBtn" value="反选"> <input type="button" id="subBtn" value="提交"> 
</form>
```

（3）在引入 jQuery 库的代码下方编写 jQuery 代码，控制复选框的全选、全不选、反选以及表单提交，具体代码如下：

```
$(function(){
    $("#checkAll").click(function(){
        $("input[type=checkbox]").attr("checked",true);
    })
    $("#unCheckAll").click(function(){
        $("input[type=checkbox]").removeAttr("checked");
    })

    $("#revBtn").click(function(){
        $("input[type=checkbox]").each(function(){
            this.checked = !this.checked;
        });
    })
    $("#subBtn").click(function(){
        var msg = "你喜欢的运动是：\r\n";
        $("input[type=checkbox]:checked").each(function(){
            msg+=$(this).val()+"\r\n";
        });
        alert(msg);
    })
})
```

运行本实例，可以看到图 6-17 所示效果。

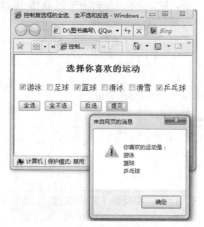

图 6-17　复选框效果

通过运行本实例可以看到，全选操作就是将复选框全部选中，因此，为"全选"按钮绑定单击事件，将全部 type 属性为 checkbox 的<input>元素的 checked 属性设置为 true。同理全不选操作是将全部 type 属性为 checkbox 的<input>元素的 checked 属性移除。

反选操作相对复杂一些，需要遍历每个复选框，将元素的 checked 属性设置为与当前值相反的值。注意，此处的 this.checked = !this.checked;使用的是原生 JavaScript 的 DOM 方法，"this"为 JavaScript 对象，而非 jQuery 对象，这样书写更加的简单易懂。

最后是"提交"按钮的功能，将选中项的值弹出，获取复选框的值可以通过 val()方法实现。

6.2.4　操作下拉框

通常对下拉框的常用操作包括读取和设置控件的值、向下拉菜单中添加菜单项、清空下拉菜单等。

1. 读取下拉框的值

读取下拉框的值可以使用 val()方法，它的代码如下：

```
var selVal = $("#id").val();
```

2. 设置下拉框的选中项

使用 attr()方法设置下拉框的选中项，代码如下：

```
$("#id").attr("value",选中项的值);
```

3. 清空下拉菜单

可以使用 empty()方法清空下拉菜单，代码如下：

```
if($("#id").empty();
```

4. 向下拉菜单中添加菜单项

可以使用 append()方法向下拉菜单中添加菜单项，代码如下：

```
if($("#id").append("<option value='值'>文本</option>");
```

【例 6-13】 jQuery 操作下拉框（实例位置：源码\第 6 章\6-13）。

（1）创建一个名称为 index.html 的文件，在该文件的<head>标记中应用下面的语句引入 jQuery 库。

```
<script type="text/javascript" src="../js/jquery-3.3.1.min.js"></script>
```

（2）在页面的<body>标记中，创建两个下拉框以及 4 个功能按钮，代码如下：

```
<div class="first">
    <select multiple name="hobby" id="hobby" class="sel">
        <option value="游泳">游泳</option>
        <option value="足球">足球</option>
        <option value="篮球">篮球</option>
        <option value="跑步">跑步</option>
        <option value="滑冰">滑冰</option>
        <option value="乒乓球">乒乓球</option>
        <option value="游泳">游泳</option>
        <option value="跳远">跳远</option>
        <option value="跳高">跳高</option>
    </select>
    <div class="sd">
        <button id="add">添加>></button><br/><br/>
        <button id="add_all">全部添加>></button>
    </div>
</div>
<div class="second">
    <select multiple name="other" id="other" class="sel"></select>
    <div class="sd">
        <button id="to_left"><<删除</button><br/><br/>
        <button id="all_to_left"><<全部删除</button>
        </div>
</div>
```

（3）编写 CSS 样式，具体内容请参加源码。

（4）在引入 jQuery 库的代码下方编写 jQuery 代码，单击"添加"按钮，将下拉框中选中的选项添加给另一个下拉框，单击"全部添加"按钮，将全部选项添加到另一个下拉框，双击某个下拉选项，将其添加至另一个下拉框中。具体代码如下：

```
$(function(){
    $("#add").click(function(){
        var $options = $("#hobby option:selected");          // 获取左边选中项
        $options.appendTo("#other");                         // 追加到右边
    })
    $("#add_all").click(function(){
        var $options = $("#hobby option");                   // 获取全部选项
        $options.appendTo("#other");                         // 追加到右边
    })
    $("#hobby").dblclick(function(){                          // 鼠标双击事件
        var $options = $("option:selected",this);            // 获取选中项
        $options.appendTo("#other");                         // 追加到右边
    })
    $("#to_left").click(function(){
        var $options = $("#other option:selected");          // 获取右边选中项
        $options.appendTo("#hobby");                         // 追加到左边
    })
    $("#all_to_left").click(function(){
        var $options = $("#other option");                   // 获取全部选项
        $options.appendTo("#hobby");                         // 追加到左边
    })
    $("#other").dblclick(function(){                          // 鼠标双击事件
        var $options = $("option:selected",this);            // 获取选中项
        $options.appendTo("#hobby");                         // 追加到左边
    })
})
```

运行本实例，可以看到图 6-18 所示效果。

图 6-18 列表框效果

6.2.5 表单验证

表单是 HTML 中非常重要的部分，几乎每个网页上都有表单，例如，用户提交的信息、查询信息等。在表单中，表单验证也是至关重要的。

【例 6-14】 表单验证（实例位置：源码\第 6 章\6-14）。

（1）创建一个名称为 index.html 的文件，在该文件的\<head\>标记中应用下面的语句引入 jQuery 库。

```
<script type="text/javascript" src="../js/jquery-3.3.1.min.js"></script>
```

（2）在页面的\<body\>标记中创建一个 form 表单，用来实现用户注册，给予必填的字段样式"required"。关键代码如下：

```
<form>
            <h3 align="center">用户注册</h3>
            <div class="dt">用户名：<input type="text" id="username" name="username" size=20 class=
"required" /></div>
            <div class="dt">密  码：<input type="password" id="pwd" name="pwd" size=20
class="required" /></div>
            <div class="dt">性  别：<input   type="text" id="sex" name="sex" size=4 maxlength=3
/></div>
            <div class="dt">年  龄：<input type="text" id="age" name="age" size=4 maxlength=3
/></div>
            <div class="dt">
                <input type="submit" name="sub" value="注册" />
            </div>
    </form>
```

（3）该文件的 CSS 样式请详见源码。

（4）在引入 jQuery 库的代码下方编写 jQuery 代码，给 form 表单下 input 元素的样式为"required"的元素添加一个红色的"*"号，表示必填。当鼠标指针的焦点从"用户名"移出时，需要判断用户名是否符合验证规则，因此要给元素添加失去焦点事件，即 blur。用 blur 事件判断用户名和密码不能为空，并且密码不能少于8位。具体代码如下：

```
$(function(){
$("form :input.required").each(function(){
     var $required = $("<strong class='star'>*</strong>");      // 创建元素
     $(this).parent().append($required);                        // 将其追加到文档中
})
$("form :input").blur(function(){
     if($(this).is("#username")){                                // 判断元素id是否为用户名的文本框
          if($(this).val() == ""){                               // 判断用户名是否为空
               alert("用户名不能为空！");
          }
     }
     if($(this).is("#pwd")){                                     // 判断是否为密码框
          if($(this).val() == ""){                               // 判断密码是否为空
               alert("密码不能为空！");
          }
          if(this.value.length < 8){                             // 判断密码的长度是否小于8
               alert("密码不能少于8位，请重新输入！");
          }
     }
})
})
```

运行本实例，输入用户名"mr"，密码"mrsoft"，可以看到图 6-19 所示效果。

图 6-19　表单验证效果

6.3 使用 jQuery 操作表格

使用 jQuery 操作
表格

在使用 DIV+CSS 页面布局之前，网页布局几乎都是应用表格完成的。现在 CSS 已经成熟，表格的使用终于可以回归到显示表格型数据上来。下面我们就来介绍表格的常用操作。

6.3.1 控制表格颜色显示

1. 隔行换色

实现表格的隔行换色，首先需要为表格的奇数行和偶数行设定样式，之后使用 jQuery 为表格的奇数行和偶数行分别添加样式。代码如下：

```
$("tr:odd").addClass("odd");      // 为表格奇数行添加样式
$("tr:even").addClass("even");    // 为表格偶数行添加样式
```

$("tr:odd")和$("tr:even")选择器中索引是从 0 开始的，因此第 1 行是偶数行。

【例 6-15】 表格的隔行换色（实例位置：源码\第 6 章\6-15）。

（1）创建一个名称为 index.html 的文件，在该文件的<head>标记中应用下面的语句引入 jQuery 库。

```
<script type="text/javascript" src="../js/jquery-3.3.1.min.js"></script>
```

（2）在页面的<body>标记中，创建一个 6 行 2 列的表格，其中，第 1 行是表头部分。关键代码如下：

```
<table border="1" align="center">
  <caption>IT技术图书</caption>
  <thead bgcolor="#B2B2B2" align="center" valign="bottom">
    <tr>
      <th>书名</th>
      <th>出版单位</th>
    </tr>
  </thead>
  <tbody>
  <tr>
      <td width="255">Axure RP8原型设计图解视频教程</td>
      <td width="220">人民邮电出版社</td>
  </tr>
  <tr>
      <td>微信小程序开发图解案例教程</td>
      <td>人民邮电出版社</td>
  </tr>
  <tr>
      <td>Java程序设计</td>
      <td>人民邮电出版社</td>
  </tr>
  <tr>
      <td>jQuery基础开发教程</td>
      <td>人民邮电出版社</td>
  </tr>
  <tr>
      <td>微信小程序开发全案精讲</td>
      <td>人民邮电出版社</td>
  </tr>
  </tbody>
</table>
```

（3）编写 CSS 样式，详细请参见源码。

（4）在引入 jQuery 库的代码下方编写 jQuery 代码，实现表格的隔行换色，除去表头部分，奇数行为黄色，偶数行为浅蓝色。具体代码如下：

```
$(function(){
    $("tbody>tr:odd").addClass("odd");      // 为表格奇数行添加样式
    $("tbody>tr:even").addClass("even");    // 为表格偶数行添加样式
})
```

运行本实例，可以看到图 6-20 所示运行结果。

图 6-20　表格的隔行换色

 使用$("tbody>tr:odd")是因为$("tr:odd")会将表头也算进去，因此需要排除表格头部<thead>中的
<tr>。

2. 控制表格行的高亮显示

实现表格某一行的高亮显示，可以使用 contains 选择器实现，例如实现"Java 程序设计"这一行高亮显示，
代码如下：

```
$("tr:contains('程序设计')").addClass("selected");
```

效果如图 6-21 所示。

图 6-21　指定行高亮显示

【例 6-16】　鼠标单击表格行高亮显示（实例位置：源码\第 6 章\6-16）。

本实例中的表格与例 6-15 中的相同，编写样式.selected，代码如下：

```
.selected{
    background:pink;
}
```

编写 jQuery 代码，令鼠标单击某一行，使该行高亮显示，并且清除该行相邻元素的高亮显示。具体代
码如下：

```
$(function(){
    $("tbody>tr").click(function(){
// 使鼠标单击的行高亮显示，并且清除其兄弟元素的高亮显示
```

```
        $(this).addClass("selected").siblings().removeClass("selected");
    })
})
```

运行本实例，可以看到图 6-22 所示运行结果。

图 6-22　表格行的高亮显示

6.3.2　表格的展开与关闭

表格的展开与关闭在网页开发中也经常会被使用到，本节我们通过具体实例来讲解。

【例 6-17】 表格的展开与关闭（实例位置：源码\第 6 章\6-17）。

（1）创建一个名称为 index.html 的文件，在该文件的\<head\>标记中应用下面的语句引入 jQuery 库。

```
<script type="text/javascript" src="../js/jquery-3.3.1.min.js"></script>
```

（2）在例 6-15 创建的表格中添加分类，为分类行增加 id。主要代码如下：

```
<table border="1" align="center" width="405">
  <caption>IT技术图书</caption>
  <thead bgcolor="#B2B2B2" align="center" valign="bottom">
    <tr>
      <th width="185">书名</th>
      <th width="220">出版单位</th>
    </tr>
  </thead>
  <tbody>
  <tr class="type" id="t1">
    <td colspan="2">微信小程序书籍</td>
  </tr>
  <tr class="line_t1">
    <td width="185">微信小程序开发图解案例教程<</td>
    <td width="220">人民邮电出版社</td>
  </tr>
  <tr class="line_t1">
    <td>微信小程序开发全案精讲</td>
    <td>人民邮电出版社</td>
  </tr>
  <tr class="line_t1">
    <td>微信小程序开发图解案例教程（第二版）</td>
    <td>人民邮电出版社</td>
  </tr>

  <tr class="type" id="t2">
    <td colspan="2">jQuery书籍</td>
  </tr>
  <tr class="line_t2">
    <td>jQuery开发基础教程</td>
    <td>人民邮电出版社</td>
```

```
    </tr>
    <tr class="line_t2">
        <td>jQuery从入门到精通</td>
        <td>人民邮电出版社</td>
    </tr>
    </tbody>
</table>
```

（3）编写 CSS 样式，详细请参见源码。

（4）在引入 jQuery 库的代码下方编写 jQuery 代码，实现单击分类行控制该行分类的展开与演示。具体代码如下：

```
$(function(){
    $("tr.type").click(function(){    // 获取分类父行
        // 获取本分类下的行元素
            $(this).toggleClass("selected").siblings(".line_"+this.id).toggle();
    })
})
```

运行本实例，在图 6-23 所示页面中单击"jQuery 书籍"分类，可以看到图 6-24 所示运行结果。

图 6-23　表格的隔行换色

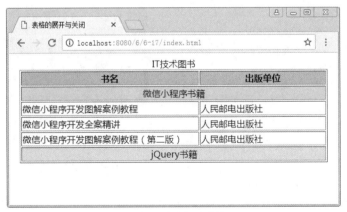

图 6-24　表格的收缩效果

其中需要注意的是，给每个<tr>元素设置属性是非常重要的，读者可以在上面 HTML 代码中看出一些端倪，即给每个分类的行设置了 class="type"样式，同时也给它们设置了 id，而它们下边的行，只是设置了 class 样式，并且这个样式的值是以"line_"开头，后面连接的是分类行的 id 值，这样设计便于获取分类行的子元素，进而设置子元素的展开与收缩效果。

6.3.3 表格内容的筛选

在之前我们讲到了要高亮显示"JavaScript 程序设计"这一行，可以使用 contains 选择器来完成，而使用它再结合 jQuery 的 filter() 方法则可以实现对表格内容的过滤。

【例 6-18】 筛选表格中的指定内容（实例位置：源码\第 6 章\6-18）。

（1）创建一个名称为 index.html 的文件，在该文件的<head>标记中应用下面的语句引入 jQuery 库。

```
<script type="text/javascript" src="../js/jquery-3.3.1.min.js"></script>
```

（2）创建表格，在表头增加搜索框。具体代码如下：

```
<table width="260" border="1" align="center">
  <thead align="center" valign="bottom">
  <tr>
    <td colspan="2">搜索：<input type="texr" name="keyword" id="keyword" /></td>
  </tr>
    <tr bgcolor="#B2B2B2">
    <td>姓名</td>
    <td>成绩</td>
  </tr>
  </thead>
  <tbody align="center" bgcolor="#FFFF88">
  <tr>
    <td>王帅</td>
    <td>97</td>
  </tr>
  <tr>
    <td>李雷</td>
    <td>91</td>
  </tr>
  <tr>
    <td>高天</td>
    <td>97</td>
  </tr>
  <tr>
    <td>赵卫</td>
    <td>84</td>
  </tr>
  <tr>
    <td>王强</td>
    <td>97</td>
  </tr>
  <tr>
    <td>陈美</td>
    <td>88</td>
  </tr>
  </tbody>
</table>
```

（3）在引入 jQuery 库的代码下方编写 jQuery 代码，实现当键盘按键被松开时，如果文本框内容不为空，则筛选包含文本框内容的行。具体代码如下：

```
$(function(){
    $("#keyword").keyup(function(){
        if($("#keyword").val() != ''){
            $("table tbody tr").hide().filter(":contains('"+($(this).val())+"')").
show();   // 显示指定元素
        }
    })
})
```

运行本实例，在搜索框中输入"王"，可以看到图 6-25 所示运行结果。

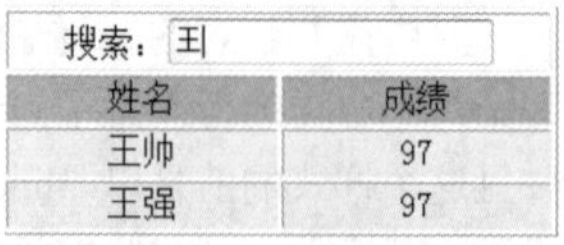

搜索：	王
姓名	成绩
王帅	97
王强	97

图 6-25　筛选表内容

上面的代码中，$("table tbody tr").hide().filter(":contains('"+($(this). val())+"')").show();用来将<tbody>下的全部<tr>元素隐藏，再将内容包含关键字的行显示。如果不加最后的.keyup()方法，内容筛选完毕后，刷新页面，页面会闪动一下，先显示全部内容，再显示筛选之后的内容，效果不太理想。因此，要解决这个问题，只需要在 DOM 元素刚加载完毕时，为表单元素绑定事件并且立即触发该事件。

6.4 综合实例：删除记录时的提示效果

在删除数据时，通常会给出友好的用户提示信息，待用户确认时，再删除数据，这种提示信息可以使用 JavaScript 的 confirm 确认框实现，也可以用 DIV+CSS 自己制作，之后通过 jQuery 来操作 DIV 元素的显示与隐藏。

综合实例：删除记录时的提示效果

本实例的要求如下。

（1）单击"删除"按钮时，显示删除提示框，用户可以单击"确认"或"取消"按钮，也可以单击右上角的"×"来关闭提示框。

（2）当单击"确认"按钮时，删除记录并且提示框消失。当单击"取消"按钮时，提示框消失。

运行本实例，可以看到图 6-26 所示界面。

当用户单击"删除"按钮后，出现图 6-27 所示删除提示框。

图 6-26 删除记录前

图 6-27 "删除提示"对话框

单击"确定"按钮，可以看到记录被删除，如图 6-28 所示。

图 6-28 记录删除

程序开发步骤如下。

（1）创建一个名称为 index.html 的文件，在该文件的<head>标记中应用下面的语句引入 jQuery 库。

```
<script type="text/javascript" src="../js/jquery-3.3.1.min.js"></script>
```

（2）在\<body\>下创建\<div\>元素显示通知记录，制作删除提示框并隐藏。具体代码如下：

```
<h4>本站公告</h4>
<div class="notice">
    <span><a href="#" title="中秋节放假通知">中秋节放假通知！</a></span>
    <span class="bss"> <input type="button" value="删除" id="delBtn"/></span>
</div>

<div class="delDialog">
    <div class="title">
        <img src="images/del.png"/>删除提示
    </div>
    <div class="content">
        <img src="images/warning.png" />
        <span>您确定要删除这条记录吗？</span>
    </div>
    <div>
        <input id="confirmBtn" type="button" value="确定" class="btn" />  <input id="cancelBtn"
type="button" value="取消" class="btn" />
    </div>
</div>
```

（3）编写 CSS 样式，具体代码参见源码。

（4）在引入 jQuery 库的代码下方编写 jQuery 代码，实现单击"删除"按钮时，弹出删除框。单击删除对话框中的"确认"按钮，删除记录，单击"取消"按钮，提示框消失。具体代码如下：

```
$(function(){
    $("#delBtn").click(function(){
        $(".delDialog").show();
    })
    $(".title img").click(function(){
        $(".delDialog").hide();
    })
    $("#cancelBtn").click(function(){
        $(".delDialog").hide();
    })
    $("#confirmBtn").click(function(){
        $(".notice").remove();
        $(".delDialog").hide();
    })
})
```

知识点提炼

（1）表单是网页上的一个特定区域。这个区域是由一对\<form\>标记定义的。在\<form\>与\</form\>之间的一切都属于表单的内容。

（2）在 jQuery 中，获取文本框和文本域的值的代码如下：

```
var textCon = $("#id").val();
```

或者

```
var textCon = $("#id").attr("value");
```

（3）设置文本框和文本域不可编辑的代码如下：

```
$("#id").attr("disabled", "disabled");
```

（4）设置文本框和文本域可编辑的代码如下：

```
$("#id").removeAttr("disabled");
```

（5）设置单选按钮和复选框的选中的代码如下：

```
$("#id").attr("checked",true);
```

（6）使用 attr()方法取消选中的单选按钮和复选框的选中，代码如下：

```
$("#id").removeAttr("checked");
```
（7）判断单选按钮和复选框的选择状态的代码如下：
```
if($("#id")..attr("checked") == 'checked'){
        // 省略部分代码
}
```
（8）读取下拉框的值可以使用 val()方法，代码如下：
```
var selVal = $("#id").val();
```
（9）使用 attr()方法设置下拉框的选中项，代码如下：
```
$("#id").attr("value",选中项的值);
```
（10）可以使用 empty()方法清空下拉菜单，代码如下：
```
if($("#id").empty();
```
（11）可以使用 append()方法向下拉菜单中添加菜单项，代码如下：
```
if($("#id").append("<option value='值'>文本</option>");
```

习题

6-1　简述 HTML 表单元素都有哪些？作用是什么？

6-2　描述制作一个高度可变的评论框的流程。

6-3　如何控制复选框的全选、全不选和反选？

6-4　简述使用 jQuery 实现表单验证的流程。

6-5　表格的筛选是如何实现的？主要用到了什么方法？

PART07

第7章

Ajax在jQuery中的应用

■ Ajax 的出现，拉开了无刷新更新页面的帷幕，并且有代替传统 Web 方式和通过隐藏框架进行异步提交的趋势，是 Web 开发应用的一个重要里程碑。本章我们将对 Ajax 在 jQuery 中的应用进行详细讲解。

7.1 Ajax 技术简介

Ajax 技术简介

7.1.1 Ajax 概述

Ajax 是 Asynchronous JavaScript and XML 的缩写，意思是异步的 JavaScript 和 XML。Ajax 并不是一门新的语言或技术，它是 JavaScript、XML、CSS、DOM 等多种已有技术的组合，可以实现客户端的异步请求操作，从而实现在不需要刷新页面的情况下与服务器进行通信，减少了用户的等待时间，减轻了服务器和带宽的负担，提供更好的服务响应。

在传统的 Web 应用模式中，页面中用户的每一次操作都将触发一次返回 Web 服务器的 HTTP 请求，服务器进行相应的处理（获得数据、运行与不同的系统会话）后，返回一个 HTML 页面给客户端。Web 应用的传统模型如图 7-1 所示。

图 7-1　Web 应用的传统模型

而在 Ajax 应用中，页面中用户的操作将通过 Ajax 引擎与服务器端进行通信，然后将返回结果提交给客户端页面的 Ajax 引擎，再由 Ajax 引擎来决定将这些数据插入到页面的哪个位置。Web 应用的 Ajax 模型如图 7-2 所示。

图 7-2　Web 应用的 Ajax 模型

从图 7-1 和图 7-2 中可以看出，对于每个用户的行为，在传统的 Web 应用模型中，将生成一次 HTTP 请求，而在 Ajax 应用开发模型中，将变成对 Ajax 引擎的一次 JavaScript 调用。在 Ajax 应用开发模型中可以通过 JavaScript 实现在不刷新整个页面的情况下，对部分数据进行更新，从而降低网络流量，给用户带来更好的体验。

7.1.2 Ajax 技术的优点

与传统的 Web 应用不同，Ajax 在用户与服务器之间引入了一个中间媒介（Ajax 引擎），从而消除了网络交互过程中的处理—等待—处理—等待的缺点，大大改善了网站的视觉效果。下面我们来看一下使用 Ajax 的优点有哪些。

（1）可以把一部分以前由服务器负担的工作转移到客户端，利用客户端闲置的资源进行处理，减轻服务器和带宽的负担，节约空间和成本。

（2）无刷新更新页面，从而使用户不用再像以前一样在服务器处理数据时，只能在死板的白屏前焦急地等待。Ajax 使用 XMLHttpRequest 对象发送请求并得到服务器响应，在不需要重新载入整个页面的情况下，就可以通过 DOM 及时将更新的内容显示在页面上。

（3）可以调用 XML 等外部数据，进一步促进页面显示和数据的分离。

（4）基于标准化的并被广泛支持的技术，不需要下载插件或者小程序，即可轻松实现桌面应用程序的效果。

（5）Ajax 没有平台限制。Ajax 把服务器的角色由原本传输内容转变为传输数据，而数据格式则可以是纯文本格式和 XML 格式，这两种格式没有平台限制。

7.1.3　Ajax 技术的缺点

同其他事物一样，Ajax 也不尽是优点，它也有缺点，它的不足之处主要体现在以下几点。

（1）浏览器对 XMLHttpRequest 对象的支持不足

IE 浏览器从 5.0 版本开始才支持 XMLHttpRequest 对象，Mozilla、Netscape 等浏览器支持 XMLHttpRequest 的时间更在其后。为使 Ajax 在各个浏览器中都能够正常运行，开发者必须花费大量精力去编码，从而实现各个浏览器兼容，这样就使得 Ajax 开发难度高于普通 Web 开发。

（2）破坏浏览器"前进""后退"按钮的正常行为

传统页面中，用户经常会习惯性地使用浏览器自带的"前进""后退"按钮，但使用 Ajax 改变了这个 Web 浏览习惯。在动态更新页面的情况下，用户无法回到前一个页面的状态，因为浏览器仅能记下历史记录中的静态页面。用户通常希望单击"后退"按钮取消他们的前一次操作，在 Ajax 中，可能无法这样做。

7.2　安装 Web 运行环境——AppServ

安装 Web 运行环境
——AppServ

Ajax 方法需要与 Web 服务器端进行交互，因此本节我们就来讲解安装 PHP 的运行环境——AppServ，它是 PHP 网页建站工具组合包，可以方便初学者快速完成建站，AppServ 所包含的软件有 Apache、PHP、MySQL、phpMyadmin 等。

首先下载 AppServ，本书以 AppServ 2.5.10 为例，其他版本步骤类似。

应用 AppServ 集成化安装包搭建 PHP 开发环境的操作步骤如下。

（1）双击 appserv-win32-2.5.10.exe 文件，打开图 7-3 所示的 AppServ 启动页面。

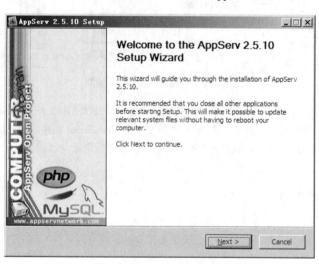

图 7-3　AppServ 启动页面

（2）单击"Next"按钮，打开图 7-4 所示的 AppServ 安装协议页面。

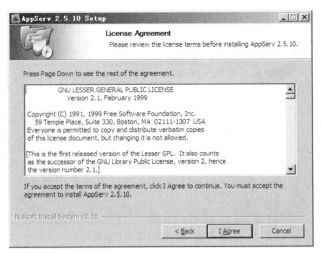

图 7-4　AppServ 安装协议

（3）单击"I Agree"按钮，打开图 7-5 所示的页面，在该页面中可以设置 AppServ 的安装路径（默认安装路径一般为 C:\AppServ，建议读者改为其他盘）。AppServ 安装完成后，Apache、MySQL、PHP 都将以子目录的形式存储到该目录下。

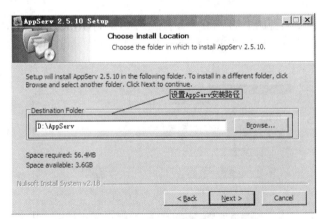

图 7-5　AppServ 安装路径选择

（4）单击"Next"按钮，打开图 7-6 所示的页面，在该页面中可以选择要安装的程序和组件（默认为全选状态）。

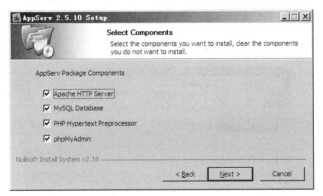

图 7-6　AppServ 安装选项

（5）单击"Next"按钮，打开图 7-7 所示的页面，该页面主要设置 Apache 的端口号。

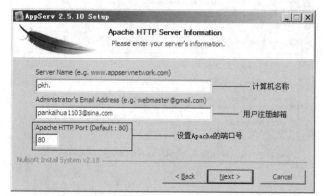

图 7-7　Apache 端口号设置

服务器端口号的设置至关重要，它直接关系到 Apache 服务器是否能够启动成功。如果本机中的 80 端口被 IIS 或者迅雷占用，那么这里仍然使用 80 端口就不能完成服务器的配置。可通过修改这里的端口（如改为 82），或者将 IIS 或迅雷的端口进行修改来解决该问题。

（6）单击"Next"按钮，打开图 7-8 所示的页面，该页面主要对 MySQL 数据库的 root 用户的登录密码及字符集进行设置，这里将字符集设置为"GB2312 Simplified Chinese"，表示 MySQL 数据库的字符集将采用简体中文形式。

图 7-8　MySQL 设置

（7）单击"Install"按钮后开始安装，如图 7-9 所示。

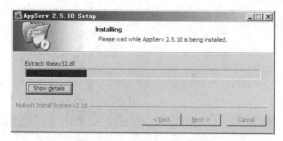

图 7-9　AppServ 安装页面

（8）至此，AppServ 安装成功，如图 7-10 所示。

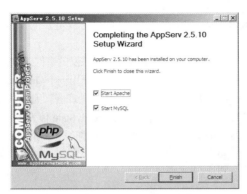

图 7-10　AppServ 安装完成页面

（9）安装好 AppServ 之后，整个目录默认安装在"D:\AppServ"路径下，此目录下包含 4 个子目录，如图
7-11 所示，用户可以将所有网页文件存放到"www"目录下。

（10）打开浏览器，在地址栏中输入"http://localhost/"或者"http://127.0.0.1/"，如果打开图 7-12 所示的页
面，则说明 AppServ 安装成功。

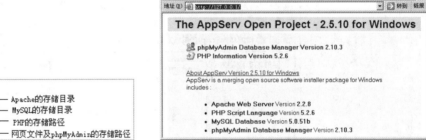

图 7-11　AppServ 目录结构　　　　　　　图 7-12　AppServ 测试页

7.3　通过 JavaScript 应用 Ajax

通过 JavaScript
应用 Ajax

本节我们来讲解一个用传统的 JavaScript 方式实现的 Ajax 实例，主要实现从服务器端
获取文本的功能。

【例 7-1】 通过传统 JavaScript 的 Ajax 方式从服务器端获取文本（实例位置：
源码\第 7 章\7-1）。

（1）声明一个空对象来保存 XMLHttpRequest 对象，代码如下：

```
var xmlhttp = null;
```

（2）创建 XMLHttpRequest 对象，代码如下：

```
function createXMLHttpRequest(){
    if(window.ActiveXObject){                              // IE浏览器
        xmlhttp = new ActiveXObject("Microsoft.XMLHTTP");
    }else if(window.XMLHttpRequest){                       // 非IE浏览器
        xmlhttp = new XMLHttpRequest();
    }
}
```

（3）编写 startRequest()方法，使用 open()方法初始化 XMLHttpRequest 对象，指定 HTTP 方法和要使用的

服务器 URL。代码如下：

```
var url = "index.php";   // 要使用的服务器URL
```

默认情况下，使用 XMLHttpRequest 对象发送的 HTTP 请求是异步的，但是可以显式地把 async 参数设置为 true。

（4）XMLHttpRequest 对象提供了用于指定状态改变时所触发的事件处理器的属性 onreadystatechange。在 Ajax 中，每个状态改变时都会触发这个事件处理器，通常会调用一个 JavaScript 函数。当请求状态改变时，XMLHttpRequest 对象调用 onreadystatechange 属性注册的事件处理器。因此，在处理该响应之前，事件处理器应该首先检查 readyState 的值和 HTTP 状态。当请求完成（readyState 值为 4）并且响应已经成功（HTTP 状态值为 200）时，就可以调用一个 JavaScript 函数来处理该响应内容。代码如下：

```
xmlhttp.onreadystatechange = function(){
    if(xmlhttp.readyState == 4 && xmlhttp.status == 200){
        alert(xmlhttp.responseText);
    }
}
```

（5）使用 send()方法提交请求，因为请求使用的是 HTTP 的 get 方式，因此可以在不指定参数或使用 null 参数的情况下调用 send()方法。代码如下：

```
xmlhttp.send(null);
```

（6）单击"获取服务端文本"按钮，可以看到网页上出现"我的第一个 Ajax 实例!"，运行效果如图 7-13 所示。

图 7-13　通过 JavaScript 应用 Ajax

以上就是使用传统的 JavaScript 的 Ajax 方式的所有细节，它不必将页面的全部内容发送给服务器，只需要将用到的部分发送即可。显然这种无刷新模式能给用户带来更好的浏览体验。但是 XMLHttpRequest 对象的很多属性和方法对于想快速对 Ajax 技术入门的开发人员来说并不容易，而 jQuery 提供了一些日常开发中经常需要用到的快捷操作，例如 load、ajax、get、post、getJSON 等，它们可以使简单的工作变得更简单，复杂的工作变得不再复杂。

7.4　jQuery 中的 Ajax 应用

使用 jQuery 会使得 Ajax 变得简单，下面我们就开始介绍 jQuery 中的 Ajax。

jQuery 的 Ajax 工具包封装有 3 个层次，分别如下：

❑　最底层是 Ajax，封装了基础 Ajax 的一些操作，$.ajax()方法就是最底层的方法。

❑　第 2 层是 load()、$.get()、$.post()方法。

❑　第 3 层是$.getScript()和$.getJSON()方法。

jQuery 中的 Ajax
应用

7.4.1　load()方法

在传统的 JavaScript 中，需要使用 XMLHttpRequest 对象异步加载数据，而在 jQuery 中，使用 load()方法可以方便快捷地实现获取异步数据的功能。它的语法格式为：

```
load(url[,data][,callback])
```

参数说明如下。

❑　url：请求 HTML 页面的 URL 地址。

❑　data：可选参数。发送至服务器的 key/value 数据。

❑　callback：可选参数。请求完成时的回调函数，无论请求是否成功。

1. 载入 HTML 文档

【例 7-2】　使用 load()方法载入页面（实例位置：源码\第 7 章\7-2）。

（1）首先创建要载入的文档 mofun.html，代码如下：

```
<div>
<p>莫凡魔方科技</p>
<p>莫凡图书</p>
<p>jQuery基础开发教程</p>
</div>
```

（2）创建 index.html 页面，在页面上添加按钮以及 id 为 "loadhtml" 的<div>元素。代码如下：

```
<input type="button" id="btn" value="载入页面"/>
<div id="loadhtml"></div>
```

（3）引入 jQuery 库并且在下方编写 jQuery 代码，使用 load()方法载入之前创建的 mr.html 页面。代码如下：

```
<script type="text/javascript" src="../js/jquery-3.3.1.min.js"></script>
<script type="text/javascript">
$(document).ready(function(){
    $("#btn").click(function(){
        $("#loadhtml").load("mofun.html");
    })
})
</script>
```

单击 "载入页面" 按钮，运行效果如图 7-14 所示。

图 7-14　使用 load 方法载入页面

可以看到，mofun.html 页面的内容被成功载入到 index.html 中来。load()方法完成了本来很烦琐的工作，开发人员只要使用 jQuery 选择器指定 HTML 代码的目标位置，之后将要加载页面的 URL 传递给 load()方法即可。

2. 载入 HTML 文档中的指定元素

例 7-2 是载入整个 html 页面，如果只想加载某个页面中的部分元素，可以使用 load()方法的 URL 参数。load()方法的 URL 参数的语法结构为 "url selector"。

【例 7-3】　载入 class 为 mofun365 的元素（实例位置：源码\第 7 章\7-3）。

（1）首先创建要载入的文档 mofun.html，代码如下：

```
<div>
<p class="mofun365">莫凡魔方科技</p>
<p class="mofun365">莫凡图书</p>
<p class="mofun">jQuery基础开发教程</p>
</div>
```

（2）第（2）步同例 7-2 第（2）步。

（3）在引入 jQuery 库的下方编写 jQuery 代码，使用 load()方法载入 mofun.html 页面中 class 为 mofun365 的元素。代码如下：

```
<script type="text/javascript" src="../js/jquery-3.3.1.min.js"></script>
<script type="text/javascript">
$(document).ready(function(){
    $("#btn").click(function(){
        $("#loadhtml").load("mofun.html .mofun365");
    })
})
</script>
```

单击"载入页面"按钮，运行效果如图 7-15 所示。

图 7-15　载入特定元素

3．传递方式和回调参数

load()方法的传递方式是根据传递的参数 data 来指定的。如果没有传递参数，默认采用 get 方式传递，否则将自动转换为 post 方式。例如下面的代码，无参数传递，是 get 方式。

```
$("#loadhtml").load("mr.php",function(responseText,status,XMLHttpRequest){
    // 省略部分代码
});
```

而下面的代码有参数传递，因此是 post 方式。

```
$("#loadhtml").load("mr.php",{name: "轻鸿",age: "30"},function(responseText,status,XMLHttp Request){
    // 省略部分代码
});
```

7.4.2　使用$.get()方法请求数据

$.get()方法使用 get 方式进行异步请求，它的语法格式为：

```
$.get(url[,data][,callback][,type])
```

参数说明如下。

- ❑　url：请求的 HTML 页面的 URL 地址。
- ❑　data：可选参数，发送到服务器的数据。
- ❑　callback：可选参数。规定当请求成功时运行的函数。
- ❑　type：可选参数。预计的服务器响应的数据类型。默认地，jQuery 将智能判断。

【例 7-4】 使用$.get()方法请求数据（实例位置：源码\第 7 章\7-4）。

（1）创建 index.html，构建 form 表单。主要代码如下：

```
<form name="form" action="">
```

```
        用户名：<input type="text" id="username" /><br/><br/>
        内容：<textarea id="content"></textarea><br/><br/>
        <input type="button" id="button" value="提交"/><br/><br/>
        <div id="responseText"></div>
</form>
```

（2）给按钮添加 click 事件，确定请求页面的 URL 地址，获取姓名与年龄的内容作为参数传递到 index.php 页面。代码如下：

```
$("#button").click(function(){    $.get("index.php",{username:$("#username").val(),age:$("#age").val()},回调函数);
    })
```

（3）如果服务器端成功返回数据，那么可以通过回调函数将返回的数据显示到页面上。其中，回调函数有两个参数。代码格式如下：

```
function(data, status){
        // data：服务端返回的内容，可以是XML、JSON、HTML文档等
        // status：请求状态
    });
```

需要注意的是，与 load()方法不同，回调函数只有当数据成功返回时才能被调用。

（4）创建 index.php 文件，获取页面传递过来的数据，保存到$dataArray 数组中，之后使用 json_encode() 方法将数组转换为 json 对象并返回。具体代码如下：

```
<?php
if(!empty($_GET['username']) && !empty($_GET['content'])){
        $username = $_GET['username'];
        $content = $_GET['content'];
        $dataArray = array("username"=>$username,"content"=>$content);
        $jsonStr = json_encode($dataArray);
        echo $jsonStr;
    }
?>
```

（5）由于服务端返回的是 JSON 格式，因此需要对返回的数据进行处理，在上面的代码中，将$.get()方法的第 4 个参数（type）设置为"json"，表示服务器返回的数据格式，之后编写回调函数，将页面上 id 为 "responseText"的<div>元素内容设置为提交的用户名以及用户留言的内容。具体代码如下：

```
function(data,textStatus){
// 将用户提交的用户名与留言内容显示
    $("#responseText").html("用户名："+data.username+"<br/>留言内容："+data.content);              }
```

在页面输入用户名与留言内容，之后单击"提交"按钮，运行效果如图 7-16 所示。

图 7-16　运行结果

7.4.3　使用$.post()方法请求数据

$.post()方法的使用方式与$.get()方法是相同的，不过它们之间仍有以下区别。

　　❑　get 方式：用 get 方式可以传送简单数据，一般大小限制在 2KB 以下，数据追加到 URL 中发送。也就是说，get 请求会将参数跟在 URL 后面进行传递。最重要的是，它会被客户端浏览器缓存起来，这样，别人就可以从浏览器的历史记录中读取到客户数据，例如账号、密码等。因此，某些情况下，get 方法会带来严重隐患。

　　❑　post 方式：使用 post 方式时，浏览器将表单字段元素以及数据作为 HTTP 消息实体内容发送给 Web 服务器，而不是作为 URL 地址参数进行传递，可以避免数据被浏览器缓存起来，比 get 方式更加安全。而且使用 post 方式传递的数据量要比使用 get 方式传送的数据量大得多。

【例 7-5】 使用$.post()方法请求数据（实例位置：源码\第 7 章\7-5）。

本实例的<form>表单内容与例 7-4 相同，不同的是提交 Ajax 请求使用的是$.post 方法，即：

```
$.post("index.php",{username:$("#username").val(),content:$("#content").val()},function(data,textStatus){
// 将用户提交的用户名与留言内容显示
$("#responseText").html("用户名："+data.username+"<br/>留言内容："+data.content);
        },"json");
```

在 index.php 文件中，获取页面传递过来的数据使用$_POST 方法，具体代码如下：

```php
<?php
    if(!empty($_POST['username']) && !empty($_POST['content'])){
        $username = $_POST['username'];
        $content = $_POST['content'];
        $dataArray = array("username"=>$username,"content"=>$content);
        $jsonStr = json_encode($dataArray);
        echo $jsonStr;
    }
?>
```

7.4.4　使用$.getScript()方法加载 JS 文件

在页面中获取 JS 文件的内容有很多种方法，例如：

```
<script type="text/javascript" src="js/jquery.js"></script>
```

或者：

```
$("<script type='text/javascript' src='js/jquery.js'>").appendTo("head");
```

但这样的调用方法都不是最理想的。在 jQuery 中，通过全局函数 getScript()加载 JS 文件后，不仅可以像加载 HTML 片段一样简单方便，而且 JavaScript 文件会自动执行，大大提高了页面的执行效率。具体代码如下：

```
$("#btn").click(function(){
    $.getScript("js/jquery.js");
})
```

与其他 Ajax 方法相同，$.getScript()方法也有回调函数，它会在 JS 文件成功载入后执行。

【例 7-6】 使用$.getScript()方法加载 JS 文件（实例位置：源码\第 7 章\7-6）。

（1）创建 index.html 页面，在页面中加入一个 button 按钮和两个<div>元素。主要代码如下：

```
<input type="button" id="btn" value="改变背景色"/>
<div class="mofun">莫凡魔方科技</div>
<div class="mofun">莫凡图书</div>
```

（2）创建 test.js 文件，内容为

```
alert("test.js加载成功！");
```

（3）在 index.html 中加载 test.js 文件，加载完毕后，执行回调函数，给 button 按钮添加 click 事件，使得单击按钮时，改变 class 为 "mr" 的<div>元素的背景色。具体代码如下：

```
$(document).ready(function(){
    $.getScript("test.js",function(){
        $("#btn").click(function(){
            $(".mofun").css("backgroundColor","lightblue");
        })
    })
})
```

运行本实例，可以看到页面弹出"test.js 文件加载成功！"对话框，如图 7-17 所示，之后单击"改变背景色"按钮，可以看到，class 为"mofun"的<div>元素的背景颜色发生了改变，效果如图 7-18 所示。

图 7-17　加载 JS 文件

图 7-18　改变背景颜色

7.4.5　使用$.getJSON()方法加载 JSON 文件

JSON 可以将 JavaScript 对象中表示的一组数据转换为字符串，然后就可以在函数之间轻松地传递这个字符串，这种格式很方便计算机的读取，因此受到开发者的青睐。在 jQuery 中，$.getJSON()方法用于加载 JSON 文件，它与$.getScript()方法的用法相同。

例如，要加载 test.json 文件，具体代码如下：

```
$("#btn").click(function(){
    $.getJSON("test.json",回调函数);
})
```

【例 7-7】　使用$.getJSON()方法加载 JSON 文件（实例位置：源码\第 7 章\7-7）。

（1）创建 index.html 页面，在页面中加入一个 id 为 json 的<div>空元素。代码如下：

```
<div id="json"></div>
```

（2）创建 test.json 文件，内容为：

```
[
    {
        "name":"轻鸿",
        "sex":"女",
        "email":"xiaoyuan@mofun.com"
    },
    {
        "name":"无语",
        "sex":"女",
        "email":"mxxx@163.com"
    }
]
```

 说明　Test.json 文件中的数据，首尾用"["和"]"括起来，表示这是一个含有两个对象的数组。

（3）在 index.html 中加载 test.json 文件，加载完毕后，执行回调函数，首选定义一个空的字符串 htmlStr，使用$.each()方法遍历返回的数据 data，以一个回调函数作为第 2 个参数，回调函数有两个参数，第 1 个是对象的成员或数组的索引，第 2 个为对应的变量或内容，将拼接结果保存在 htmlStr 字符串当中。最后，将该 HTML 片段作为 div 元素的内容。具体代码如下：

```
$.getJSON("test.json",function(data){
            var htmlStr = "";
            $.each(data,function(index,info){
                htmlStr+="姓名："+info['name']+"<br/>";
                htmlStr+="性别："+info['sex']+"<br/>";
                htmlStr+="邮箱："+info['email']+"<br/><br/>";

            })
```

```
                    $("#json").html(htmlStr);
            })
```

运行本实例，最终效果如图 7-19 所示。

图 7-19　加载 JSON 文件

7.4.6　使用$.ajax()方法请求数据

除了可以使用全局性函数 load()、$.get()、$.post()实现页面的异步调用和与服务器交互数据外，在 jQuery 中还有一个功能更为强大的最底层的方法$.ajax()，该方法不仅可以方便地实现上述 3 个全局函数完成的功能，而且可以更多地关注实现过程中的细节。它的结构为：

```
$.ajax(options);
```

其中，参数 options 为$.ajax()方法中的请求设置，格式为 key/value，既包含发送请求的参数，也含有服务器响应后回调的数据。常用的参数如表 7-1 所示。

表 7-1　$.ajax()方法中的参数列表

参数名称	类型	说明
url	String	发送请求的地址（默认为当前页面）
type	String	数据请求方式（post 或 get），默认为 get
data	String 或 Object	发送到服务器的数据。如果不是字符串则自动转换成字符串格式，如果是 get 请求方式，那么该字符串将附在 url 之后
dataType	String	服务器返回的数据类型。如果没有指定，jQuery 将自动根据 HTTP 包 MIME 信息自动判断，服务器返回的数据根据自动判断结果进行解析，传递给回调函数。可用类型如下： html：返回纯文本的 HTML 信息，包含的 Script 标记会在插入页面时被执行。 script：返回纯文本 JavaScript 代码。 text：返回纯文本字符串。 xml：返回可被 jQuery 处理的 XML 文档。 json：返回 JSON 格式的数据

beforeSend	Function	该函数用于在发送请求前修改 XMLHttpRequest 对象，其中参数就是 XMLHttpRequest 对象，由于该函数本身是 jQuery 事件，因此如果函数返回 false，则表示取消本次事件。
		function(XMLHttpRequest){
		　　this; // 调用本次 Ajax 请求时传递的 options 参数
		}

续表

参数名称	类型	说明

complete	Function	请求完成后调用的回调函数，该函数无论数据发送成功或失败都会调用，其中有两个参数，一个是 XMLHttpRequest 对象，另一个是 textStatus，用来描述成功请求类型的字符串。
		function(XMLHttpRequest,textStatus){
		　　this; // 调用本次 Ajax 请求时传递的 options 参数
		}

success	Function	请求成功后调用的回调函数，该函数有两个参数，一个是根据 dataType 处理后服务器返回的数据，另一个是 textStatus，用来描述状态的字符串。
		function(data,textStatus){
		　　// data 可能是 xmlDoc、jsonObj、html、text 等
		　　this; // 调用本次 Ajax 请求时传递的 options 参数
		}

error	Function	请求失败后调用的回调函数，该函数有 3 个参数，第 1 个是 XMLHttpRequest 对象，第 2 个是出错信息 strError，第 3 个是捕捉到的错误对象 strObject。
		function(XMLHttpRequest, strError,strObject){
		　　// 通常情况下 strError 和 strObject 只有一个包含信息
		　　this; // 调用本次 Ajax 请求时传递的 options 参数
		}

global	Boolean	是否响应全局事件，默认是 true，表示响应，如果设置成 false，表示不响应，全局事件$.ajaxStart 等将不响应
timeout	Number	请求超时的时间（毫秒），该设置将覆盖$.ajaxSetup()方法的全局设置

【例 7-8】 使用$.get()方法请求数据（实例位置：源码\第 7 章\7-8）。

本实例的<form>表单内容与例 7-4 相同，不同的是提交 Ajax 请求使用的是$.ajax 方法，即：

```
$.ajax({type:"GET",
 url:"index.php",
    data:{username:$("#username").val(),content:$("#content").val()},
    dataType:"json",
    success:function(data,textStatus){
    // 将用户提交的用户名与留言内容显示
    $("#responseText").html("用户名："+data.username+"<br/>留言内容："+data.content);        }
});
```

7.4.7 使用 serialize()方法序列化表单

通过前面内容的讲解，我们可以看到，在实际项目应用中经常需要使用表单来提供数据，例如注册、登录、评论等。常规方法是将表单内容提交到指定页面，这个过程中，整个浏览器都会被刷新。而使用 Ajax 技术能够实现异步提交表单。

在使用全局函数$.get()和$.post()向服务器传递参数时，其中的参数是通过名称属性逐个搜索输入字段的方式进行传输的，例如：

```
$.post("index.php",{username:$("#username").val(),content:$("#content").val()},function(data,textStatus){
// 省略部分代码
})
```

如果表单的输入字段过多，那么显然这种方式就比较麻烦。为了解决这个问题，jQuery 引入 serialize()方法，与其他方法一样，serialize()方法也是作用于一个 jQuery 对象，它可以将 DOM 元素内容序列化为字符串，用于 Ajax 请求。

【例 7-9】 使用 serialize()方法序列化表单（实例位置：源码\第 7 章\7-9）。

（1）创建 index.html，构建 form 表单，在此处给表单控件加入 name 属性，并给<form>元素赋予一个 id 值。主要代码如下：

```
<form id="testForm" action="">
    用户名：<input type="text"  name="username"/><br/><br/>
    性别：<input type="text"  name="sex"/><br/><br/>
    年龄：<input type="text"  name="age"/><br/><br/>
    邮箱：<input type="text"  name="email"/><br/><br/>
    地址：<input type="text"  name="address"/><br/><br/>
    内容：<textarea id="content" name="content"></textarea><br/><br/>
    <input type="button" id="button" name="button" value="提交"/><br/><br/>
    <div id="responseText"></div>
</form>
```

（2）引入 jquery 文件，并且在下方编写 jQuery 代码，使用$.post()方法提交表单、传值。具体代码如下：

```
$(document).ready(function(){
    $("#button").click(function(){
        $.post("index.php",$("#testForm").serialize(),          // 序列化表单
        function(data){
        var html = "";
        html+="用户名："+data.username+"<br/>";
        html+="性别："+data.sex+"<br/>";
        html+="年龄："+data.age+"<br/>";
        html+="邮箱："+data.email+"<br/>";
        html+="地址："+data.address+"<br/>";
        html+="内容："+data.content+"<br/>";
         $("#responseText").html(html);                  // 将用户提交的用户名与留言内容显示
        },"json");
    })
})
```

在页面填入信息，单击提交按钮，运行效果如图 7-20 所示。

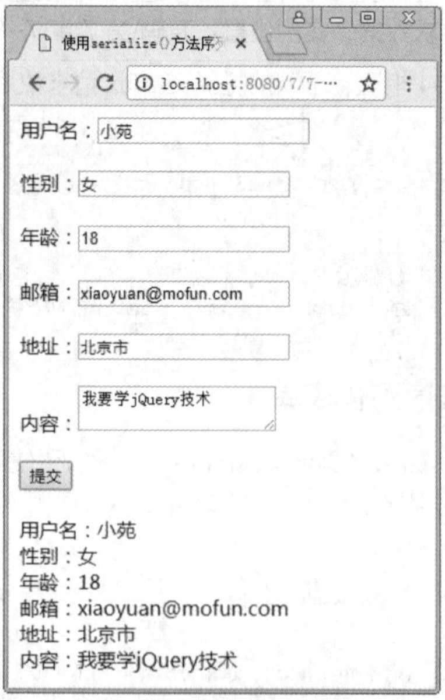

图 7-20　序列化表单

由此可以看出，使用 serialize()方法非常便捷，不用手动书写传入参数。其中，给<form>元素加上 id 值是便于获取 form 表单对象，进而调用该对象的 serialize()方法。

7.5 Ajax 的全局事件

7.5.1 Ajax 全局事件的参数及功能

在 jQuery 当中，存在 6 个全局性事件。详细说明如表 7-2 所示。

表 7-2 Ajax 的全局事件

事件名称	参数	说明
ajaxComplete(callback)	callback	Ajax 请求完成时执行的函数
ajaxError(callback)	callback	Ajax 请求发生错误时执行的函数，其中捕捉到的错误可以作为最后一个参数进行传递
ajaxSend(callback)	callback	Ajax 请求发送前执行的函数
ajaxStart(callback)	callback	Ajax 请求开始时执行的函数
ajaxStop(callback)	callback	Ajax 请求结束时执行的函数
ajaxSuccess(callback)	callback	Ajax 请求成功时执行的函数

说明　在 jQuery 中，所有的全局事件都是以 XMLHttpRequest 对象和其设置作为参数传递给回调函数的，在处理回调函数时，只要分析其传回的参数值即可。

7.5.2 ajaxStart 与 ajaxStop 全局事件

在 jQuery 当中使用 Ajax 获取异步数据时，会经常使用到 ajaxStart 和 ajaxStop 这两个全局事件。当请求开始时，会触发 ajaxStart()方法的回调函数，往往用于编写一些准备性工作，例如，提示 "数据正在获取中……"；当请求结束时会触发 ajaxStop()方法的回调函数，这一事件往往与前者相配合，说明请求的最后进展状态，例如，网站中获取图片的速度较慢，在图片加载过程中可以给用户提供一些友好的提示和反馈信息，常用的提示信息为 "图片加载中……"，待图片加载完毕后隐藏该提示。

【例 7-10】 使用 ajaxStart 与 ajaxStop 全局事件添加提示信息（实例位置：源码\第 7 章\7-10）。

（1）在例 7-9 的页面中加入一个<div>元素作为信息提示，具体代码为：

```
<div id="msg">数据正在发送……</div>
```

（2）为 document 元素绑定 ajaxStart 事件，在 ajax 请求开始时，提示用户 "数据正在发送……"，之后为 document 元素绑定 ajaxStop 事件，在请求结束后，修改提示信息为 "数据获取成功" 并将提示信息隐藏。具体代码如下：

```
$(document).ajaxStart(function(){
    $("#msg").show();    // 显示数据
})
$(document).ajaxStop(function(){
    $("#msg").html("数据获取成功").slideUp(200);    // 改变提示信息并隐藏提示信息
})
```

运行程序，效果如图 7-21 所示。

图 7-21　Ajax 的全局事件

 由于 Ajax 执行速度较快，为了便于查看，提示信息的隐藏使用了滑动隐藏方法 slideUp()而没有使用 hide()方法。

 自 jQuery 1.8 版本开始，ajaxStart 和 ajaxStop 事件都只能绑定到 document 对象上。

7.6　综合实例：使用 Ajax 实现留言板即时更新

在实际应用中，我们经常会使用到留言板功能，本实例实现留言板即时更新功能，具体要求如下。

（1）创建留言页面，使用户留言可以异步提交。

（2）将用户提交的留言即时显示出来。

运行本实例，在图 7-22 所示页面中输入留言信息，单击"填写留言"按钮，可以看到提交的评论即时显示到了当前页面。

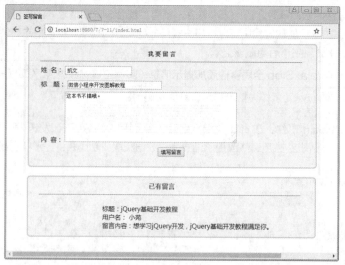

综合实例：使用 Ajax 实现留言板即时更新

图 7-22　留言板留言即使更新显示

程序开发步骤如下。

（1）创建一个名称为 index.html 的文件，在该文件的<head>标记中应用下面的语句引入 jQuery 库。

```
<script type="text/javascript" src="../js/jquery-3.3.1.min.js"></script>
```

（2）编写 CSS 样式，用于控制导航菜单的显示样式，具体代码请参见源代码。

（3）在页面的<body>标记中，首先添加一个 form 表单，让用户填写用户名、标题以及留言内容。之后创建一个显示用户提交留言的 id 为 ddiv 的<div>元素。代码如下：

```
<form action="" method="post" name="form1" id="form1">
    <tr>
        <td width="761" align="center" bgcolor="#F9F8EF"><table width="749" border="0" align="center" cellpadding="0" cellspacing="0" style="BORDER-COLLAPSE: collapse">
        <tr>
            <td width="749" height="57" background="images/a_03.jpg">  </td>
        </tr>
        <tr>
            <td height="36" colspan="3" align="left" background="images/a_05.jpg" bgcolor= "#F9F8EF" scope= "col">        姓  名：
                <input name="username" id="username" value=" maxlength="64" type="text" />
                </td>
        </tr>
        <tr>
            <td height="36" colspan="3" align="left" background="images/a_05.jpg" bgcolor= "#F9F8EF">        标  题：
                <input maxlength="64" size="30" name="title" type="text"/>
                </td>
        </tr>
        <tr>
            <td height="126" colspan="3" align="left" background="images/a_05.jpg" bgcolor= "#F9F8EF">        内  容：
                <textarea name="content" cols="60" rows="8" id="content" style="background: url(./images/mrbccd.gif)"></textarea>

                        <table width="734" border="0" align="center" cellpadding="0" cellspacing="0">
            <tr>
                <td width="703" height="40" align="center"><input name="button" type= "button" id="button" value="填写留言"/>
                </tr>
            </table>
                </td>
        </tr>
        <tr>
            <td height="35" background="images/a_07.jpg">  </td>
        </tr>
    </table>
        </td>
    </tr>
    </form>
<div class="dhead"></div>
<div id="ddiv"></div>
<div class="dfoot"></div>
```

（4）在引入 jQuery 库的代码下方编写 jQuery 代码，为按钮增加 click 事件，使其被单击时通过 Ajax 方式发送请求，待服务器端成功返回内容后，在回调函数中，将用户提交的信息保存到一个新的<div>元素中，将该<div>元素追加到 id 为 ddiv 的<div>元素中。具体代码如下：

```
$(document).ready(function(){
    $("#button").click(function(){
        $.post("index.php",$("#form1").serialize(),function(data){
            $("#ddiv").append("<div class='dcon'>标题："+data.title+"<br/>用户名："+data.username+"<br/>留言内容："+data.content);    // 将用户提交的用户名与留言内容显示
            },"json");
```

```
        })
    })
```

知识点提炼

（1）Ajax 是 Asynchronous JavaScript and XML 的缩写，意思是异步的 JavaScript 和 XML。

（2）使用 load()方法可以方便快捷地实现获取异步数据的功能。

（3）在 jQuery 中，$.get()方法能够使用 get 方式进行异步请求。

（4）在 jQuery 中，$.post()方法能够使用 post 方式进行异步请求。

（5）在 jQuery 中，$.geScript()方法用于加载 JS 文件。

（6）在 jQuery 中，$.getJSON()方法用于加载 JSON 文件。

（7）在 jQuery 中，$.ajax()方法是最底层的方法，它不仅可以方便地实现 load()、$.get()和$.post()方法完成的功能，而且可以更多地关注实现过程中的细节。

（8）在 jQuery 中，使用 serialize()方法可以将 DOM 元素内容序列化为字符串，用于 Ajax 请求。

习题

7-1　Ajax 相对于传统开发模式有哪些优点?

7-2　如何使用传统 JavaScript 从服务器端获取文本?

7-3　如何载入 HTML 文档?

7-4　请描述使用$.post()方法请求数据的具体过程。

7-5　在提交 Ajax 请求时，如果表单字段过多，应该使用什么方式进行处理?

7-6　ajaxStart 事件和 ajaxStop 事件分别在什么情况下被触发?

第8章

使用jQuery UI插件

■ jQuery UI是一个以jQuery为基础的用户体验与交互库,它是由jQuery官方维护的一类提高网站开发效率的插件库。本章将对 jQuery UI 插件的使用进行详细讲解。

8.1 初识 jQuery UI 插件

jQuery UI 是一个建立在 jQuery JavaScript 库上的插件和交互库，开发人员可以使用它创建高度交互的 Web 应用程序。本节将对 jQuery UI 及其插件进行简单的介绍。

8.1.1 jQuery UI 概述

jQuery UI 是以 jQuery 为基础的开源 JavaScript 网页用户界面代码库，它包含底层用户交互、动画、特效和可更换主题的可视控件，其主要特点如下。

（1）简单易用。继承 jQuery 简易使用特性，提供高度抽象接口，短期改善网站易用性。

（2）开源免费。采用 MIT & GPL 双协议授权，轻松满足自由产品至企业产品各种授权需求。

（3）广泛兼容。兼容各主流桌面浏览器。包括 IE 6+、Firefox 2+、Safari 3+、Opera 9+、Chrome 1+。

（4）轻便快捷。组件间相对独立，可按需加载，避免浪费带宽，拖慢网页打开速度。

（5）美观多变。提供近 20 种预设主题，并可自定义多达 60 项可配置样式规则，提供 24 种背景纹理选择。

（6）开放公开。从结构规划到代码编写全程开放，文档、代码编写与讨论人人均可参与。

（7）强力支持。Google 为发布代码提供 CDN 内容分发网络支持。

（8）完整汉化。开发包内置包含中文在内的 40 多种语言包。

8.1.2 jQuery UI 的下载

使用 jQuery UI 之前，首先需要进行下载。下载步骤如下。

（1）打开 jQuery user interface 主页，进入图 8-1 所示的页面。

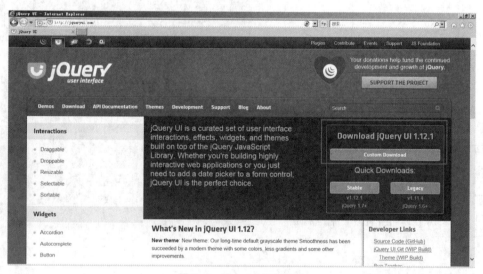

图 8-1　jQuery UI 主页面

（2）单击 Custom Download 按钮，进入 jQuery UI 的 Download Builder 页面，如图 8-2 所示。在 Download Builder 页面中可供下载的有 jQuery UI 版本、核心（UI Core）、交互部件（Interactions）、小部件（Widgets）和效果库（Effects）。

说明　jQuery UI 中的一些组件依赖于其他组件，当选中这些组件时，它所依赖的其他组件也都会自动被选中。

图 8-2　Download Builder 页面

在 Download Builder 页面中提供的 jQuery UI 版本有以下几种。

❏　jQuery UI 1.12.1：要求 jQuery 1.7 及以上版本。

❏　jQuery UI 3.3.1：要求 jQuery 1.6 及以上版本。

❏　jQuery UI 1.10.4：要求 jQuery 1.6 及以上版本。

❏　jQuery UI 1.9.2：要求 jQuery 1.6 及以上版本。

（3）在 Download Builder 页面的最底部，可以看到一个下拉列表框，列出了一系列为 jQuery UI 插件预先设计的主题，可以从这些提供的主题中选择一个，如图 8-3 所示。

图 8-3　选择 jQuery UI 主题

（4）单击"Download"按钮，即可下载选择的 jQuery UI。

8.1.3　jQuery UI 的使用

jQuery UI 下载完成后，将得到一个包含所选组件的自定义 zip 文件（jquery-ui-1.12.1.custom.zip），解压该文件，效果如图 8-4 所示。

在 HTML 网页中使用 jQuery UI 插件时，需要将图 8-4 所示的所有文件及文件夹（即解压之后的 jquery-ui-1.12.1.custom 文件夹）复制到 HTML 网页所在的文件夹下，然后在 HTML 网页的<head>区域添加 jquery-ui.css 文件、jquery-ui.js 文件及 external/jquery 文件夹下 jquery.js 文件的引用。代码如下：

```
<link rel="stylesheet" href="jquery-ui-1.12.1.custom/jquery-ui.css" />
<script src="jquery-ui-1.12.1.custom/external/jquery/jquery.js"></script>
<script src="jquery-ui-1.12.1.custom/jquery-ui.js"></script>
```

图 8-4　jQuery UI 包含的文件

一旦引用了上面 3 个文件，开发人员即可向 HTML 网页中添加 jQuery UI 插件。例如，要在 HTML 网页中添加一个滑块插件，可使用下面代码实现。

HTML 代码如下：

```
<div id="slider"></div>
```

调用滑块插件的 JavaScript 代码如下：

```
<script>
$(function(){
    $("#slider").slider();
});
</script>
```

8.1.4　jQuery UI 的工作原理

jQuery UI 包含了许多维持状态的插件，因此，它与典型的 jQuery 插件使用模式略有不同。jQuery UI 的插件提供了通用的 API，因此，只要学会了使用其中一个插件，即可知道如何使用其他的插件。本节以进度条（progressbar）插件为例，介绍 jQuery UI 插件的工作原理。

1. 安装

为了跟踪插件的状态，首先我们来介绍一下插件的生命周期。当插件安装时，生命周期开始，只需要在一个或多个元素上调用插件，即安装了插件。例如，下面的代码开始 progressbar 插件的生命周期：

```
$("#elem").progressbar();
```

另外，在安装时，jQuery UI 还可以传递一组选项，这样即可重写默认选项。代码如下：

```
$("#elem").progressbar({ value: 20 });
```

 安装时传递的选项数目多少可根据自身的需要而定，选项是插件状态的组成部分，所以也可以在安装后再进行选项设置。

2. 方法

既然插件已经初始化，开发人员就可以查询它的状态，或者在插件上执行动作。所有初始化后的动作都以方法调用的形式进行。为了在插件上调用一个方法，我们可以向 jQuery 插件传递方法的名称。例如，为了在进度条（progressbar）插件上调用 value 方法，我们可以使用下面的代码：

```
$("#elem").progressbar("value");
```

如果方法接受参数，可以在方法名后传递参数。例如，下面的代码将参数 40 传递给 value 方法：

```
$( "#elem" ).progressbar( "value", 40 );
```

每个 jQuery UI 插件都有它自己的一套基于插件所提供功能的方法，然而，有些方法是所有插件都共同具有的，下面分别进行讲解。

（1）option 方法。option 方法主要用来在插件初始化之后改变选项。例如，通过调用 option 方法改变 progressbar（进度条）的 value 为 30，代码如下：

```
$( "#elem" ).progressbar( "option", "value", 30 );
```

上面的代码与初始化插件时调用 value 方法设置选项的方法（ $("#elem"). progressbar("value", 40);）有所不同，这里是调用 option 方法将 value 选项修改为 30。

另外，也可以通过给 option 方法传递一个对象，一次更新多个选项。代码如下：

```
$( "#elem" ).progressbar( "option", {
    value: 100,
    disabled: true
});
```

option 方法有着与 jQuery 代码中取值器和设置器相同的标志，就像.css()和.attr()，唯一的不同就是必须传递字符串"option"作为第 1 个参数。

（2）disable 方法。disable 方法用来禁用插件，它等同于将 disabled 选项设置为 true。例如，下面的代码用来将进度条设置为禁用状态：

```
$( "#elem" ).progressbar( "disable" );
```

（3）enable 方法。enable 方法用来启用插件，它等同于将 disabled 选项设置为 false。例如，下面的代码用来将进度条设置为启用状态：

```
$( "#elem" ).progressbar( "enable" );
```

（4）destroy 方法。destroy 方法用来销毁插件，使插件返回到最初的标记，这意味着插件生命周期的终止。例如，下面的代码用来销毁进度条插件：

```
$( "#elem" ).progressbar( "destroy" );
```

一旦销毁了一个插件，就不能在该插件上调用任何方法，除非再次初始化这个插件。

（5）widget 方法。widget 方法用来生成包装器元素，或与原始元素断开连接的元素。例如，下面的代码中，widget 将返回生成的元素，因为，在进度条（progressbar）实例中，没有生成的包装器，widget 方法返回原始的元素。

```
$( "#elem" ).progressbar( "widget" );
```

3. 事件

所有的 jQuery UI 插件都有跟它们各种行为相关的事件，用于在状态改变时通知用户。对于大多数的插件，当事件被触发时，名称以插件名称为前缀。例如，可以绑定进度条（progressbar）的 change 事件，一旦值发生变化时就触发。代码如下：

```
$( "#elem" ).bind( "progressbarchange", function() {
    alert( "进度条的值发生了改变!" );
});
```

每个事件都有一个相对应的回调，作为选项进行呈现，开发人员可以使用进度条（progressbar）的 change 选项进行回调，这等同于绑定 progressbarchange 事件。代码如下：

```
$( "#elem" ).progressbar({
    change: function() {
        alert( "进度条的值发生了改变!" );
```

```
    }
  });
```

8.1.5 jQuery UI 中的插件

jQuery UI 包含了许多维持状态的插件（Widget），通常称为 jQuery UI 插件，它是专门由 jQuery 官方维护的 UI 方向的插件，主要包括折叠面板（Accordion）、自动完成（Autocomplete）、按钮（Button）、日期选择器（Datepicker）、对话框（Dialog）、菜单（Menu）、进度条（Progressbar）、滑块（Slider）、旋转器（Spinner）、标签页（Tabs）、工具提示框（Tooltip）、复选框单选按钮（Checkboxradio）、组件控制组（Controlgroup）、鼠标（Mouse）、选择菜单（Selectmenu）等。

jQuery UI 与 jQuery 的主要区别如下。

（1）jQuery 是一个 JS 库，主要提供的功能是选择器、属性修改和事件绑定等。

（2）jQuery UI 是在 jQuery 的基础上，利用 jQuery 的扩展性设计的插件，提供了一些常用的界面元素，诸如对话框、拖动行为、改变大小行为等。

8.2 jQuery UI 的常用插件

jQuery UI 中提供了很多实用性的插件，包括大家常用的按钮、日期选择器、进度条等。本节将对 jQuery UI 中的常用插件及其使用进行详细讲解。

jQuery UI 的
常用插件

8.2.1 折叠面板（Accordion）的使用

折叠面板用来在一个有限的空间内显示用于呈现信息的可折叠的内容面板，单击头部，展开或者折叠被分为各个逻辑部分的内容；另外，开发人员可以选择性地设置当鼠标指针悬停时是否切换各部分的打开或者折叠状态。

折叠面板标记需要一对标题和内容面板，例如，可以是一系列的标题（H3 标签）和内容 DIV。代码如下：

```
<div id="accordion">
  <h3>First header</h3>
  <div>First content panel</div>
  <h3>Second header</h3>
  <div>Second content panel</div>
</div>
```

在使用折叠面板时，如果焦点在标题（header）上，则下面的键盘命令可用。

（1）Up/Left：移动焦点到上一个标题（header）。如果在第一个标题（header）上，则移动焦点到最后一个标题（header）上。

（2）Down/Right：移动焦点到下一个标题（header），如果在最后一个标题（header）上，则移动焦点到第一个标题（header）上。

（3）Home：移动焦点到第一个标题（header）上。

（4）End：移动焦点到最后一个标题（header）上。

（5）Space/Enter：激活与获得焦点的标题（header）相关的面板（panel）。

当焦点在面板（panel）中时，下面的键盘命令可用。

（6）Ctrl+Up：移动焦点到相关的标题（header）。

jQuery UI 插件使用时，要求一些功能性的 CSS，否则将无法工作。如果创建了一个自定义的主题，请使用插件指定的 CSS 文件作为起点，下面将不再说明。

折叠面板的常用选项及说明如表 8-1 所示。

表 8-1　折叠面板的常用选项及说明

选项	类型	说明
active	Boolean 或 Integer	当前打开哪一个面板
animate	Boolean 或 Number 或 String 或 Object	是否使用动画改变面板，且如何使用动画改变面板
collapsible	Boolean	所有部分是否都可以马上关闭，允许折叠激活的部分
disabled	Boolean	如果设置为 true，则禁用该 accordion
event	String	accordion 头部会做出反应的事件，用以激活相关的面板。可以指定多个事件，用空格间隔
header	Selector	标题元素的选择器，通过主要 accordion 元素上的.find()进行应用。内容面板必须是紧跟在与其相关的标题后的同级元素
heightStyle	String	控制 accordion 和每个面板的高度
icons	Object	标题要使用的图标，与 jQuery UI CSS 框架提供的图标（Icons）匹配。设置为 false 则不显示图标

折叠面板的常用方法及说明如表 8-2 所示。

表 8-2　折叠面板的常用方法及说明

方法	说明
destroy()	完全移除 accordion 功能。这会把元素返回到它的预初始化状态
disable()	禁用 accordion
enable()	启用 accordion
option(optionName)	获取当前与指定的 optionName 关联的值
option()	获取一个包含键/值对的对象，键/值对表示当前 accordion 选项为哈希
option(optionName, value)	设置与指定的 optionName 关联的 accordion 选项的值
option(options)	为 accordion 设置一个或多个选项
refresh()	处理任何在 DOM 中直接添加或移除的标题和面板，并重新计算 accordion 的高度。结果取决于内容和 heightStyle 选项
widget()	返回一个包含 accordion 的 jQuery 对象

折叠面板（Accordion）的常用事件及说明如表 8-3 所示。

表 8-3　折叠面板的常用事件及说明

事件	说明
activate(event, ui)	面板被激活后触发（在动画完成之后）。如果 accordion 之前是折叠的，则 ui.oldHeader 和 ui.oldPanel 将是空的 jQuery 对象。如果 accordion 正在折叠，则 ui.newHeader 和 ui.newPanel 将是空的 jQuery 对象
beforeActivate(event, ui)	面板被激活前直接触发。可以取消以防止面板被激活。如果 accordion 当前是折叠的，则 ui.oldHeader 和 ui.oldPanel 将是空的 jQuery 对象。如果 accordion 正在折叠，则 ui.newHeader 和 ui.newPanel 将是空的 jQuery 对象
create(event, ui)	当创建 accordion 时触发。如果 accordion 是折叠的，ui.header 和 ui.panel 将是空的 jQuery 对象

【例 8-1】使用 Accordion 实现一个折叠面板，默认第 1 个面板为展开状态（实例位置：源码\第 8 章\8-1）。程序开发步骤如下。

（1）新建一个 index.html 文件，将其放到 8-1 文件夹中。

（2）将 jQuery UI 文件夹 jquery-ui-1.12.1.custom 复制到 8-1 文件夹中。

（3）使用 Dreamweaver 打开 index.html 文件，在 index.html 文件中编写如下代码，实现在网页中显示折叠面板的功能。代码如下：

```
<!DOCTYPE html PUBLIC "-//W3C//DTD XHTML 1.0 Transitional//EN" "http://www.w3.org/
TR/xhtml1/DTD/xhtml1-transitional.dtd">
<html xmlns="http://www.w3.org/1999/xhtml">
<head>
<meta http-equiv="Content-Type" content="text/html; charset=utf-8" />
<link rel="stylesheet" href="jquery-ui-1.12.1.custom/jquery-ui.css" />
<script src="jquery-ui-1.12.1.custom/external/jquery/jquery.js"></script>
<script src="jquery-ui-1.12.1.custom/jquery-ui.js"></script>
<title>折叠面板（Accordion）的使用</title>
  <script>
  $(function() {
    $( "#accordion" ).accordion({
      heightStyle: "fill"
    });
  });
    $(function() {
    $( "#accordion-resizer" ).resizable({
      minHeight: 140,
      minWidth: 200,
      resize: function() {
        $( "#accordion" ).accordion( "refresh" );
      }
    });
  });
  </script>
</head>
<body>
<h3 class="docs">折叠面板（Accordion）的使用</h3>
<div class="ui-widget-content" style="width:350px;">
  <div id="accordion">
    <h3>教材</h3>
    <div>
      <p>jQuery基础开发教程</p>
      <p>MySQL程序设计</p>
      <p>JavaScript程序设计</p>
    </div>
    <h3>微信小程序</h3>
    <div>
      <p>微信小程序开发图解教程</p>
      <p>微信小程序开发全案精讲</p>
      <p>微信小程序开发图解教程（第二版）</p>
    </div>
    <h3>编程语言</h3>
    <div>
    <p>高级开发语言</p>
      <ul>
        <li>ASP.NET</li>
        <li>PHP</li>
        <li>Java Web</li>
      </ul>
    </div>
  </div></div>
```

```
</body>
</html>
```
使用 Chrome 浏览器运行 index.html，效果如图 8-5 所示。

图 8-5　折叠面板效果

8.2.2　自动完成（Autocomplete）插件的使用

自动完成插件用来根据用户输入的值进行搜索和过滤，让用户快速找到并从预设值列表中选择。自动完成插件类似"百度"的搜索框，当用户在输入框中输入时，自动完成插件提供相应的建议。

自动完成插件的数据源，可以是一个简单的 JavaScript 数组，使用 source 选项提供给自动完成插件即可；也可以是从数据库中动态获取到的数据。

自动完成部件使用 jQuery UI CSS 框架来定义它的外观和感观的样式。如果需要使用自动完成部件指定的样式，则可以使用下面的 CSS class 名称。

❏　ui-autocomplete：用于显示匹配用户的菜单（menu）。

❏　ui-autocomplete-input：自动完成部件（Autocomplete Widget）实例化的 input 元素。

自动完成的常用选项及说明如表 8-4 所示。

表 8-4　自动完成的常用选项及说明

选项	类型	说明
appendTo	Selector	菜单应该被附加到哪一个元素。当该值为 null 时，输入域的父元素将检查 ui-front class。如果找到带有 ui-front class 的元素，菜单将被附加到该元素；如果未找到带有 ui-front class 的元素，不管值为多少，菜单将被附加到 body
autoFocus	Boolean	如果设置为 true，当菜单显示时，第 1 个条目将自动获得焦点
delay	Integer	按键和执行搜索之间的延迟，以毫秒计。对于本地数据，采用零延迟是有意义的（更具响应性），但对于远程数据会产生大量的负荷，同时降低了响应性

续表

选项	类型	说明
disabled	Boolean	如果设置为 true，则禁用该 autocomplete
minLength	Integer	执行搜索前用户必须输入的最小字符数。对于仅带有几项条目的本地数据，通常设置为零，但是当单个字符搜索会匹配几千项条目时，设置个高数值是很有必要的
position	Object	标识建议菜单的位置与相关的 input 元素有关系。of 选项默认为 input 元素，但是可以指定另一个定位元素
source	Array 或 String 或 Function（Object request, Function response(Object data))	定义要使用的数据，必须指定

自动完成的常用方法及说明如表 8-5 所示。

表 8-5　自动完成的常用方法及说明

方法	说明
close()	关闭 Autocomplete 菜单。当与 search 方法结合使用时，可用于关闭打开的菜单
destroy()	完全移除 autocomplete 功能。这会把元素返回到它的预初始化状态
disable()	禁用 autocomplete
enable()	启用 autocomplete
option(optionName)	获取当前与指定的 optionName 关联的值
option()	获取一个包含键/值对的对象，键/值对表示当前 autocomplete 选项为哈希
option(optionName, value)	设置与指定的 optionName 关联的 autocomplete 选项的值
option(options)	为 autocomplete 设置一个或多个选项
search([value])	触发 search 事件，如果该事件未被取消则调用数据源。当被单击时，可被类似选择框按钮用来打开建议。当不带参数调用该方法时，则使用当前输入的值。可带一个空字符串和 minLength: 0 进行调用，来显示所有的条目
widget()	返回一个包含菜单元素的 jQuery 对象。虽然菜单项不断地被创建和销毁。菜单元素本身会在初始化时创建，并不断地重复使用

自动完成的常用事件及说明如表 8-6 所示。

表 8-6　自动完成的常用事件及说明

事件	说明
change(event, ui)	如果输入域的值改变则触发该事件
close(event, ui)	当菜单隐藏时触发。不是每一个 close 事件都伴随着 change 事件
create(event, ui)	当创建 autocomplete 时触发
focus(event, ui)	当焦点移动到一个条目上（未选择）时触发。默认的动作是把文本域中的值替换为获得焦点的条目的值，即使该事件是通过键盘交互触发的。取消该事件会阻止值被更新，但不会阻止菜单项获得焦点
open(event, ui)	当打开建议菜单或者更新建议菜单时触发
response(event, ui)	在搜索完成后菜单显示前触发。该事件用于建议数据的本地操作，其中自定义的 source 选项回调不是必需的。该事件总是在搜索完成时触发，如果搜索无结果或者禁用了 Autocomplete，导致菜单未显示，该事件一样会被触发

续表

事件	说明
search(event, ui)	在搜索执行前满足 minLength 和 delay 后触发。如果取消该事件，则不会提交请求，也不会提供建议条目
select(event, ui)	当从菜单中选择条目时触发。默认的动作是把文本域中的值替换为被选中的条目的值。取消该事件会阻止值被更新，但不会阻止菜单关闭

【例 8-2】 本实例使用自动完成插件实现根据用户的输入，智能显示查询列表的功能，如果查询列表过长，可以通过为 Autocomplete 设置 max-height 来防止菜单显示太长（实例位置：源码\第 8 章\8-2）。程序开发步骤如下。

（1）新建一个 index.html 文件，将其放到 8-2 文件夹中。

（2）将 jQuery UI 文件夹 jquery-ui-1.12.1.custom 复制到 8-2 文件夹中。

（3）使用 Dreamweaver 打开 index.html 文件，在 index.html 文件中编写代码，实现根据用户输入显示智能提示列表的功能。代码如下：

```
<!DOCTYPE html PUBLIC "-//W3C//DTD XHTML 1.0 Transitional//EN" "http://www.w3.org/TR/xhtml1/DTD/xhtml1-transitional.dtd">
<html xmlns="http://www.w3.org/1999/xhtml">
<head>
<meta http-equiv="Content-Type" content="text/html; charset=utf-8" />
<link rel="stylesheet" href="jquery-ui-1.12.1.custom/jquery-ui.css" />
<script src="jquery-ui-1.12.1.custom/external/jquery/jquery.js"></script>
<script src="jquery-ui-1.12.1.custom/jquery-ui.js"></script>
<title>自动完成（Autocomplete）插件的使用</title>
  <style>
  .ui-autocomplete {
    max-height: 100px;
    overflow-y: auto;
    /* 防止水平滚动条 */
    overflow-x: hidden;
  }
  * html .ui-autocomplete {
    max-height: 200px;
  }
  </style>
  <script>
  $(function() {
    var datas = [
      "iPhone 4",
      "iPhone 4S",
      "iPhone 5",
      "iPhone 5S",
      "iPhone 6",
      "iPhone 6p",
      "iPhone 7",
      "iPhone 7p",
      "iPhone 8",
      "iPhone 8p",
      "iPhone x",
      "华为Mate 8",
      "华为Mate 9",
      "华为Mate 10",
      "华为 P9",
```

```
        "华为 P10",
        "三星Galaxy S8",
        "三星Galaxy S9",
        "三星Galaxy Note 8",
        "三星Galaxy Note 9"
      ];
      $( "#tags" ).autocomplete({
        source: datas
      });
    });
  </script>
</head>
<body>
<div class="ui-widget">
  <label for="tags">输入查询关键字：</label>
  <input id="tags">
</div>
</body>
</html>
```

使用 Chrome 浏览器运行 index.html，在文本框中输入一个要查询的手机品牌，即可将该品牌旗下的热门机型以滚动列表的形式显示出来，效果如图 8-6 所示。

图 8-6　自动完成插件应用实例

8.2.3　按钮（Button）的使用

可以使用带有适当悬停（hover）和激活（active）样式的可主题化按钮来加强标准表单元素（例如按钮、输入框等）。可用于按钮的标记实例主要有 button 元素或者类型为 submit 的 input 元素。

除了基本的按钮，单选按钮和复选框（input 类型为 radio 和 checkbox）也可以转换为按钮。为了将单选按钮分组，Button 也提供了一个额外的小部件，名为 Buttonset。Buttonset 通过选择一个容器元素（包含单选按钮）并调用.buttonset()来使用。Buttonset 也提供了可视化分组，因此当有一组按钮时可以考虑使用它。

按钮部件（Button Widget）使用 jQuery UI CSS 框架来定义它的外观和感观的样式。如果需要使用按钮指定的样式，则可以使用下面的 CSS class 名称。

❑　ui-button：表示按钮的 DOM 元素。该元素会根据 text 和 icons 选项添加下列 class 之一：ui-button-text-only、ui-button-icon-only、ui-button-icons-only、ui-button-text-icons。

❑　ui-button-icon-primary：用于显示按钮主要图标的元素。只有当主要图标在 icons 选项中提供时才呈现。

❑　ui-button-text：在按钮的文本内容周围的容器。

❑　ui-button-icon-secondary：用于显示按钮的次要图标。只有当次要图标在 icons 选项中提供时才呈现。

❑　ui-buttonset：Buttonset 的外层容器。

按钮的常用选项及说明如表 8-7 所示。

表 8-7　按钮的常用选项及说明

选项	类型	说明
disabled	Boolean	如果设置为 true，则禁用该 button
icons	Object	要显示的图标，包括带有文本的图标和不带有文本的图标。默认情况下，主图标显示在标签文本的左边，副图标显示在右边
label	String	要显示在按钮中的文本。当未指定时（null），则使用元素的 HTML 内容。如果元素是一个 submit 或 reset 类型的 input 元素，则使用它的 value 属性，如果元素是一个 radio 或 checkbox 类型的 input 元素，则使用相关的 label 元素的 HTML 内容
text	Boolean	是否显示标签。当设置为 false 时，不显示文本，但是此时必须启用 icons 选项，否则 text 选项将被忽略

按钮的常用方法及说明如表 8-8 所示。

表 8-8　按钮的常用方法及说明

方法	说明
destroy()	完全移除 button 功能。这会把元素返回到它的初始化状态
disable()	禁用 Button
enable()	启用 Button
option(optionName)	获取当前与指定的 optionName 关联的值
option()	获取一个包含键/值对的对象，键/值对表示当前 Button 选项为哈希
option(optionName, value)	设置与指定的 optionName 关联的 Button 选项的值
option(options)	为 Button 设置一个或多个选项
refresh()	刷新按钮的视觉状态。用于在以编程方式改变原生元素的选中状态或禁用状态后更新按钮状态
widget()	返回一个包含 Button 的 jQuery 对象

按钮的常用事件及说明如表 8-9 所示。

表 8-9　按钮的常用事件及说明

事件	说明
create(event, ui)	当创建按钮 Button 时触发

【例 8-3】 本实例分别使用 Button 元素和类型为 submit 的 input 元素制作按钮（实例位置：源码\第 8 章\8-3 ）。程序开发步骤如下。

（1）新建一个 index.html 文件，将其放到 8-3 文件夹中。

（2）将 jQuery UI 文件夹 jquery-ui-1.12.1.custom 复制到 8-3 文件夹中。

（3）使用 Dreamweaver 打开 index.html 文件，在 index.html 文件中编写如下代码：

```
<!DOCTYPE html PUBLIC "-//W3C//DTD XHTML 1.0 Transitional//EN" "http://www.w3.org/TR/xhtml1/DTD/xhtml1-transitional.dtd">
<html xmlns="http://www.w3.org/1999/xhtml">
```

```
<head>
<meta http-equiv="Content-Type" content="text/html; charset=utf-8" />
<link rel="stylesheet" href="jquery-ui-1.12.1.custom/jquery-ui.css" />
<script src="jquery-ui-1.12.1.custom/external/jquery/jquery.js"></script>
<script src="jquery-ui-1.12.1.custom/jquery-ui.js"></script>
<title>按钮（Button）的使用</title>
 <script>
   $(function() {
     $( "input[type=submit], a, button" )
       .button()
       .click(function( event ) {
         event.preventDefault();
       });
   });
   </script>
</head>
<body>
<button>一个 button 元素</button>
<input type="submit" value="一个提交按钮">
</body>
</html>
```

使用 Chrome 浏览器运行 index.html，效果如图 8-7 所示。

图 8-7　按钮的应用实例

8.2.4　日期选择器（Datepicker）的使用

日期选择器主要用来从弹出框或在线日历中选择一个日期。使用该插件时，可以自定义日期的格式和语言，也可以限制可选择的日期范围等。

默认情况下，当相关的文本域获得焦点时，在一个小的覆盖层打开日期选择器。对于一个内联的日历，我们只需要简单地将日期选择器附加到 DIV 或者 span 上即可。

当日期选择器打开时，则下面的键盘命令可用。

❑ Page Up：移到上一个月。

❑ Page Down：移到下一个月。

❑ Ctrl+Page Up：移到上一年。

❑ Ctrl+Page Down：移到下一年。

❑ Ctrl+Home：移到当前月份。如果日期选择器是关闭的则打开。

❑ Ctrl+Left：移到上一天。

❑ Ctrl+Right：移到下一天。

❑ Ctrl+Up：移到上一周。

❑ Ctrl+Down：移到下一周。

❑ Enter：选择聚焦的日期。

❑ Ctrl+End：关闭日期选择器，并清除日期。

❑ Escape：关闭日期选择器，不做任何选择。

日期选择器的常用方法及说明如表 8-10 所示。

表 8-10 日期选择器的常用方法及说明

方法	说明
$.datepicker.setDefaults(settings)	为所有的日期选择器改变默认设置
$.datepicker.formatDate(format, date, settings)	格式化日期为一个带有指定格式的字符串值
$.datepicker.parseDate(format, value, settings)	从一个指定格式的字符串值中提取日期
$.datepicker.iso8601Week(date)	确定一个给定的日期在一年中的第几周：1 到 53
$.datepicker.noWeekends	设置如 beforeShowDay 函数，防止选择周末

日期选择器部件（Datepicker）使用 jQuery UI CSS 框架来定义它的外观和感观的样式。如果需要使用日期选择器指定的样式，则可以使用下面的 CSS class 名称。

❑ ui-datepicker：日期选择器的外层容器。如果日期选择器是内联的，该元素会另外带有一个 ui-datepicker-inline class。如果设置了 isRTL 选项，该元素会另外带有一个 ui-datepicker-rtl class。

❑ ui-datepicker-header：日期选择器的头部容器。

❑ ui-datepicker-prev：用于选择上一月的控件。

❑ ui-datepicker-next：用于选择下一月的控件。

❑ ui-datepicker-title：日期选择器包含月和年的标题容器。

❑ ui-datepicker-month：月的文本显示，如果设置了 changeMonth 选项则显示<select>元素。

❑ ui-datepicker-year：年的文本显示，如果设置了 changeYear 选项则显示<select>元素。

❑ ui-datepicker-calendar：包含日历的表格。

❑ ui-datepicker-week-end：周末的单元格。

❑ ui-datepicker-other-month：发生在某月但不是当前月天数的单元格。

❑ ui-datepicker-unselectable：用户不可选择的单元格。

❑ ui-datepicker-current-day：已选中日期的单元格。

❑ ui-datepicker-today：当天日期的单元格。

❑ ui-datepicker-buttonpane：当设置 showButtonPanel 选项时使用按钮面板（buttonpane）。

❑ ui-datepicker-current：用于选择当天日期的按钮。

如果 numberOfMonths 选项用于显示多个月份，则使用一些额外的 class。

❑ ui-datepicker-multi：一个多月份日期选择器的最外层容器。该元素会根据要显示的月份个数另外带有 ui-datepicker-multi-2、ui-datepicker-multi-3 或 ui-datepicker-multi-4 class 名称。

❑ ui-datepicker-group：分组内单独的选择器。该元素会根据它在分组中的位置另外带有 ui-datepicker-group-first、ui-datepicker-group-middle 或 ui-datepicker-group-last class 名称。

jQuery UI 不支持在 <input type="date"> 上创建日期选择器，因为会造成与本地选择器的 UI 冲突。

【例 8-4】 本实例使用日期选择器选择日期并格式化，显示在文本框中，在选择日期时，同时提供两个月的日期供选择，而且在选择时，可以修改年份信息和月份信息（实例位置：源码\第 8 章\8-4）。程序开发步骤如下。

（1）新建一个 index.html 文件，将其放到 8-4 文件夹中。

（2）将 jQuery UI 文件夹 jquery-ui-1.12.1.custom 复制到 8-4 文件夹中。

（3）使用 Dreamweaver 打开 index.html 文件，在 index.html 文件中编写如下代码实现选择日期并格式化的功能。代码如下：

```html
<!DOCTYPE html PUBLIC "-//W3C//DTD XHTML 1.0 Transitional//EN" "http://www.w3.org/TR/xhtml1/DTD/xhtml1-transitional.dtd">
<html xmlns="http://www.w3.org/1999/xhtml">
<head>
<meta http-equiv="Content-Type" content="text/html; charset=utf-8" />
<link rel="stylesheet" href="jquery-ui-1.12.1.custom/jquery-ui.css" />
<script src="jquery-ui-1.12.1.custom/external/jquery/jquery.js"></script>
<script src="jquery-ui-1.12.1.custom/jquery-ui.js"></script>
<title>日期选择器（Datepicker）</title>
    <script>
  $(function() {
    $( "#datepicker" ).datepicker({
      showButtonPanel: true,
      numberOfMonths: 2,
      changeMonth: true,
      changeYear: true,
      showWeek: true,
      firstDay: 1
    });
    $( "#format" ).change(function() {
      $( "#datepicker" ).datepicker( "option", "dateFormat", $( this ).val() );
    });
  });
    </script>
</head>
<body>
<p>日期：<input type="text" id="datepicker"></p>
<p>格式选项：<br>
  <select id="format">
    <option value="mm/dd/yy">mm/dd/yyyy格式</option>
    <option value="yy-mm-dd">yyyy-mm-dd格式</option>
    <option value="d M, y">短日期格式 - d M, y</option>
    <option value="DD, d MM, yy">长日期格式 - DD, d MM, yy</option>
  </select>
</p>
</body>
</html>
```

使用 Chrome 浏览器运行 index.html，在"日期"文本框中单击鼠标，弹出日期选择器，效果如图 8-8 所示。

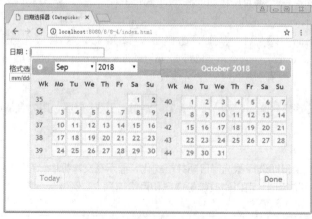

图 8-8　日期选择器的应用实例

选择某个日期之后，在"格式选项"下拉列表中选择所选日期的显示格式，即可以将选中格式的日期显示在"日期"文本框中，效果如图 8-9 所示。

图 8-9　以指定格式显示日期

8.2.5　对话框（Dialog）的使用

对话框是一个悬浮窗口，包括一个标题栏和一个内容区域。对话框窗口可以移动，重新调整大小，默认情况下通过单击"×"图标关闭。

（1）如果内容长度超过最大高度，滚动条会自动出现。
（2）使用对话框插件（Dialog）时，底部按钮栏和半透明的模式覆盖层是最常见的添加选项。

对话框部件（Dialog）使用 jQuery UI CSS 框架来定义它的外观和感观的样式。如果需要使用对话框指定的样式，则可以使用下面的 CSS class 名称。

- ❑　ui-dialog：对话框的外层容器。
- ❑　ui-dialog-titlebar：包含对话框标题和关闭按钮的标题栏。
- ❑　ui-dialog-title：对话框文本标题周围的容器。
- ❑　ui-dialog-titlebar-close：对话框的关闭按钮。
- ❑　ui-dialog-content：对话框内容周围的容器。这也是部件被实例化的元素。
- ❑　ui-dialog-buttonpane：包含对话按钮的面板。只有当设置了 buttons 选项时才呈现。
- ❑　ui-dialog-buttonset：按钮周围的容器。

【例 8-5】　本实例使用模态对话框演示创建新用户的过程，具体实现时，在内容区域嵌入 form 标记，设置 modal 选项为 true，并通过 buttons 选项来指定主要的和次要的用户动作（实例位置：源码\第 8 章\8-5）。程序开发步骤如下。

（1）新建一个 index.html 文件，将其放到 8-5 文件夹中。

（2）将 jQuery UI 文件夹 jquery-ui-1.12.1.custom 复制到 8-5 文件夹中。

（3）使用 Dreamweaver 打开 index.html 文件，在 index.html 文件中编写如下代码，实现在网页中显示折叠面板的功能。代码如下：

```
<!DOCTYPE html PUBLIC "-//W3C//DTD XHTML 1.0 Transitional//EN" "http://www.w3.org/
TR/xhtml1/DTD/xhtml1-transitional.dtd">
<html xmlns="http://www.w3.org/1999/xhtml">
<head>
<meta http-equiv="Content-Type" content="text/html; charset=utf-8" />
<link rel="stylesheet" href="jquery-ui-1.12.1.custom/jquery-ui.css" />
<script src="jquery-ui-1.12.1.custom/external/jquery/jquery.js"></script>
<script src="jquery-ui-1.12.1.custom/jquery-ui.js"></script>
<title>对话框（Dialog）的使用</title>
```

```
    <style>
        body { font-size: 62.5%; }
        label, input { display:block; }
        input.text { margin-bottom:12px; width:95%; padding: .4em; }
        fieldset { padding:0; border:0; margin-top:25px; }
        h1 { font-size: 1.2em; margin: .6em 0; }
        div#users-contain { width: 350px; margin: 20px 0; }
        div#users-contain table { margin: 1em 0; border-collapse: collapse; width: 100%; }
        div#users-contain table td, div#users-contain table th { border: 1px solid #eee; padding: .6em 10px;
text-align: left; }
        .ui-dialog .ui-state-error { padding: .3em; }
        .validateTips { border: 1px solid transparent; padding: 0.3em; }
    </style>
    <script>
    $(function() {
        var $name = $( "#name" );                    // id为 "name" 的input对象
         $email = $( "#email" );                     // id为 "email" 的input对象
         $password = $( "#password" );               // id为 "password" 的input对象
         allFields = $( [] ).add( $name ).add( $email ).add( $password );          // 将以上3个jquery对象添加到
allFields中
         $tips = $( ".validateTips" );               // class为 validateTips的对象，即提示信息文本所在的对象
        // 更新提示信息
        function updateTips( t ) {
            $tips
                .text( t )
                .addClass( "ui-state-highlight" );
            setTimeout(function() {
                $tips.removeClass( "ui-state-highlight", 1500 );
            }, 500 );
        }
        /*
        检测输入信息的长度
        o为要检测的input对象
        n为提示信息中文本框字段的名称
        min为所需长度的最小值
        max为所需长度的最大值
        */
        function checkLength( o, n, min, max ) {
            if ( o.val().length > max || o.val().length < min ) {
                o.addClass( "ui-state-error" );
                updateTips("" + n + " 的长度必须在 " +
                    min + " 和 " + max + " 之间。" );
                return false;
            } else {
                return true;
            }
        }
        /*
        使用正则表达式检测输入内容
        o为要检测的input对象
        regexp为要使用的正则表达式
        n为要修改的提示信息
        */
        function checkRegexp( o, regexp, n ) {
            if ( !( regexp.test( o.val() ) ) ) {
                o.addClass( "ui-state-error" );
                updateTips( n );
                return false;
            } else {
                return true;
            }
```

```
        }
        $( "#dialog-form" ).dialog({
            autoOpen: false,              // 不自动显示对话框
            height: 300,                  // 设置对话框的高度为300
            width: 350,                   // 设置对话框的宽度为350
            modal: true,                  // 以模式方式打开对话框，即页面背景变灰
            buttons: {                    // 设置按钮
                "创建一个账户": function() {
                    var bValid = true;
                    allFields.removeClass( "ui-state-error" );
                    bValid = bValid && checkLength( $name, "用户名", 3, 16 );   // 用户名为3~16位
                    bValid = bValid && checkLength( $email, "邮箱", 6, 80 );     // 邮箱为6~80位
                    bValid = bValid && checkLength( $password, "密码", 5, 16 ); // 密码为5~16位
                    bValid = bValid && checkRegexp( $name, /^[a-z]([0-9a-z_])+$/i, "用户名必须由 a~z、0~9、下划线组
成，且必须以字母开头。" );
                    if ( bValid ) {
                        $( "#users tbody" ).append( "<tr>" +
                        "<td>" + $name.val() + "</td>" +
                        "<td>" + $email.val() + "</td>" +
                        "<td>" + $password.val() + "</td>" +
                        "</tr>" );
                        $( this ).dialog( "close" );          // 关闭对话框
                    }
                },
                "取消": function() {                           // 点击取消时
                    $( this ).dialog( "close" );              // 关闭对话框
                }
            },
            close: function() {
                allFields.val( "" ).removeClass( "ui-state-error" );
            }
        });
        // 点击按钮时打开对话框
        $( "#create-user" )
            .button()
            .click(function() {
                $( "#dialog-form" ).dialog( "open" );
            });
    });
    </script>
</head>
<body>
<div id="dialog-form" title="创建新用户">
    <p class="validateTips">所有的表单字段都是必填的。</p>
    <form>
    <fieldset>
        <label for="name">名字</label>
        <input type="text" name="name" id="name" class="text ui-widget-content ui-corner-all">
        <label for="email">邮箱</label>
        <input type="text" name="email" id="email" value="" class="text ui-widget-content ui-corner-all">
        <label for="password">密码</label>
        <input type="password" name="password" id="password" value="" class="text ui-widget-content
ui-corner-all">
    </fieldset>
    </form>
</div>
<div id="users-contain" class="ui-widget">
    <h1>已有的用户：</h1>
    <table id="users" class="ui-widget ui-widget-content">
        <thead>
            <tr class="ui-widget-header ">
```

```
            <th>名字</th>
            <th>邮箱</th>
            <th>密码</th>
          </tr>
        </thead>
        <tbody>
          <tr>
            <td>mofunmofangkeji</td>
            <td> mofunmofangkeji @mofun.com</td>
            <td> mofunmofangkeji </td>
          </tr>
        </tbody>
      </table>
    </div>
    <button id="create-user">创建新用户</button>
  </body>
</html>
```

使用 Chrome 浏览器运行 index.html，在页面中显示已经有的用户，效果如图 8-10 所示。

图 8-10　对话框应用实例

单击图 8-10 中的"创建新用户"按钮，弹出一个"创建新用户"模态对话框。该对话框中实现的是创建新用户的功能，效果如图 8-11 所示。

图 8-11　"创建新用户"模态对话框

8.2.6　菜单（Menu）的使用

菜单可以用任何有效的标记创建，只要元素有严格的父/子关系且每个条目都有一个锚。最常用的元素是无序列表（<ul>），例如：

```
<ul id="menu">
  <li><a href="#">菜单1</a></li>
  <li><a href="#">菜单2</a></li>
  <li><a href="#">菜单3</a>
    <ul>
      <li><a href="#">二级菜单1</a></li>
      <li><a href="#">二级菜单2</a></li>
      <li><a href="#">二级菜单3</a></li>
    </ul>
  </li>
  <li><a href="#">菜单4</a></li>
</ul>
```

（1）如果使用一个非<ul>/<li>的结构，为菜单和菜单条目使用相同的元素，请使用 menus 选项来区分两个元素，例如，menus: "div.menuElement"。

（2）可以通过向元素添加 ui-state-disabled class 来禁用任何菜单条目。

（3）分隔符元素可通过包含未链接的菜单条目来创建，菜单条目只能是空格、破折号。

菜单部件（Menu）使用 jQuery UI CSS 框架来定义它的外观和感观的样式。如果需要使用菜单指定的样式，则可以使用下面的 CSS class 名称。

❏ ui-menu：菜单的外层容器。如果菜单包含图标，该元素会另外带有一个 ui-menu-icons class。

❏ ui-menu-item：单个菜单项的容器。

❏ ui-menu-icon：通过 icons 选项进行子菜单图标设置。

❏ ui-menu-divider：菜单项之间的分隔符元素。

【例 8-6】 本实例使用菜单（Menu）插件制作一个带有默认配置、禁用条目和嵌套菜单的菜单（实例位置：源码\第 8 章\8-6）。程序开发步骤如下。

（1）新建一个 index.html 文件，将其放到 8-6 文件夹中。

（2）将 jQuery UI 文件夹 jquery-ui-1.12.1.custom 复制到 8-6 文件夹中。

（3）使用 Dreamweaver 打开 index.html 文件，在 index.html 文件中编写如下代码，实现在网页中显示 3 级菜单的功能。代码如下：

```
<!DOCTYPE html PUBLIC "-//W3C//DTD XHTML 1.0 Transitional//EN" "http://www.w3.org/TR/xhtml1/DTD/xhtml1-transitional.dtd">
<html xmlns="http://www.w3.org/1999/xhtml">
<head>
<meta http-equiv="Content-Type" content="text/html; charset=utf-8" />
<link rel="stylesheet" href="jquery-ui-1.12.1.custom/jquery-ui.css" />
<script src="jquery-ui-1.12.1.custom/external/jquery/jquery.js"></script>
<script src="jquery-ui-1.12.1.custom/jquery-ui.js"></script>
<title>菜单（Menu）的使用</title>
<script>
  $(function() {
    $( "#menu" ).menu();
  });
</script>
<style>
.ui-menu { width: 250px; }
</style>
</head>
<body>
<ul id="menu">
  <li>
    <a href="#">源代码</a>
```

```
    <ul>
        <li class="ui-state-disabled"><a href="#">源代码使用说明</a></li>
        <li><a href="#">源码</a></li>
        <li><a href="#">PPT课件</a></li>
    </ul>
</li>
<li>
    <a href="#">文档</a>
    <ul>
        <li>
            <a href="#">第1章</a>
            <ul>
                <li><a href="#">1.1　JavaScript简述</a></li>
                <li><a href="#">1.2　编写JavaScript的工具</a></li>
                <li><a href="#">1.3　编写第一个JavaScript程序</a></li>
            </ul>
        </li>
        <li>
            <a href="#">第2章</a>
            <ul>
                <li><a href="#">2.1　jQuery简介</a></li>
                <li><a href="#">2.2　jQuery的下载与配置</a></li>
                <li><a href="#">2.3　实战模拟：我的第一个jQuery脚本</a></li>
            </ul>
        </li>
    </ul>
</li>
</ul>
</body>
</html>
```

使用 Chrome 浏览器运行 index.html，效果如图 8-12 所示。

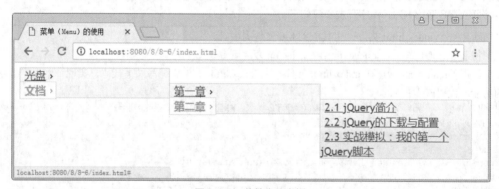

图 8-12　菜单应用实例

8.2.7　进度条（Progressbar）的使用

进度条被设计用来显示进度的当前完成百分比，它通过 CSS 编码灵活调整大小，默认会缩放到适应父容器的大小。

一个确定的进度条只能在系统可以准确更新当前状态的情况下使用。一个确定的进度条不会从左向右填充，然后循环回到空；如果不能计算实际状态，则使用不确定的进度条以便提供用户反馈。

进度条部件（Progressbar）使用 jQuery UI CSS 框架来定义它的外观和感观的样式。如果需要使用进度条指定的样式，则可以使用下面的 CSS class 名称。

❑　ui-progressbar：进度条的外层容器。该元素会为不确定的进度条另外添加一个 ui-progressbar-indeterminate class。

❑ ui-progressbar-value：该元素代表进度条的填充部分。

❑ ui-progressbar-overlay：用于为不确定的进度条显示动画的覆盖层。

【例 8-7】 本实例使用进度条制作一个自定义更新的进度条（实例位置：源码\第 8 章\8-7）。程序开发步骤如下。

（1）新建一个 index.html 文件，将其放到 8-7 文件夹中。

（2）将 jQuery UI 文件夹 jquery-ui-1.12.1.custom 复制到 8-7 文件夹中。

（3）使用 Dreamweaver 打开 index.html 文件，在 index.html 文件中编写如下代码，实现在网页中自动加载的进度条。代码如下：

```html
<!DOCTYPE html PUBLIC "-//W3C//DTD XHTML 1.0 Transitional//EN" "http://www.w3.org/TR/xhtml1/DTD/xhtml1-transitional.dtd">
<html xmlns="http://www.w3.org/1999/xhtml">
<head>
<meta http-equiv="Content-Type" content="text/html; charset=utf-8" />
<link rel="stylesheet" href="jquery-ui-1.12.1.custom/jquery-ui.css" />
<script src="jquery-ui-1.12.1.custom/external/jquery/jquery.js"></script>
<script src="jquery-ui-1.12.1.custom/jquery-ui.js"></script>
<title>进度条（Progressbar）的使用</title>
<style>
  .ui-progressbar {
    position: relative;
  }
  .progress-label {
    position: absolute;
    left: 50%;
    top: 4px;
    font-weight: bold;
    text-shadow: 1px 1px 0 #fff;
  }
</style>
<script>
$(function() {
  var progressbar = $( "#progressbar" ),
    progressLabel = $( ".progress-label" );
  progressbar.progressbar({
    value: false,
    change: function() {
      progressLabel.text( progressbar.progressbar( "value" ) + "%" );
    },
    complete: function() {
      progressLabel.text("完成！ ");
    }
  });
  function progress() {
    var val = progressbar.progressbar( "value" ) || 0;
    progressbar.progressbar( "value", val + 1 );
    if ( val < 99 ) {
      setTimeout( progress, 100 );
    }
  }
  setTimeout( progress, 3000 );
});
</script>
</head>
<body>
<div id="progressbar"><div class="progress-label">加载…</div></div>
</body>
</html>
```

使用 Chrome 浏览器运行 index.html，进度条自动进行加载，效果如图 8-13 所示。

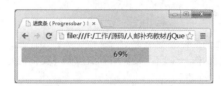

图 8-13　进度条的应用实例

8.2.8　滑块（Slider）的使用

滑块主要用来拖动手柄选择一个数值，基本的滑块是水平的，有一个单一的手柄，可以用鼠标或箭头键进行左右移动。

滑块部件（Slider Widget）会在初始化时创建带有 class ui-slider-handle 的手柄元素，用户可以通过在初始化之前创建并追加元素，同时向元素添加 ui-slider-handle class 来指定自定义的手柄元素。它只会创建匹配 value/values 长度所需的数量的手柄。例如，如果指定 values: [1, 5, 18]，且创建了一个自定义手柄，则插件将创建其他两个。

滑块部件（Slider）使用 jQuery UI CSS 框架来定义它的外观和感观的样式。如果需要使用滑块指定的样式，则可以使用下面的 CSS class 名称。

❑　ui-slider：滑块控件的轨道。该元素会根据滑块的 orientation 另外带有一个 ui-slider-horizontal 或 ui-slider-vertical class。

❑　ui-slider-handle：滑块手柄。

❑　ui-slider-range：当设置 range 选项时使用的已选范围。如果 range 选项设置为"min"或"max"，则该元素会分别另外带有一个 ui-slider-range-min 或 ui-slider-range-max class。

【例 8-8】本实例通过组合 3 个滑块实现一个简单的 RGB 颜色选择器（实例位置：源码\第 8 章\8-8）。程序开发步骤如下。

（1）新建一个 index.html 文件，将其放到 8-8 文件夹中。

（2）将 jQuery UI 文件夹 jquery-ui-1.12.1.custom 复制到 8-8 文件夹中。

（3）使用 Dreamweaver 打开 index.html 文件，在 index.html 文件中编写如下代码，实现通过拖动滑块改变 R、G、B 的值，从而改变总体颜色的功能。代码如下：

```
<!DOCTYPE html PUBLIC "-//W3C//DTD XHTML 1.0 Transitional//EN" "http://www.w3.org/
TR/xhtml1/DTD/xhtml1-transitional.dtd">
<html xmlns="http://www.w3.org/1999/xhtml">
<head>
<meta http-equiv="Content-Type" content="text/html; charset=utf-8" />
<link rel="stylesheet" href="jquery-ui-1.12.1.custom/jquery-ui.css" />
<script src="jquery-ui-1.12.1.custom/external/jquery/jquery.js"></script>
<script src="jquery-ui-1.12.1.custom/jquery-ui.js"></script>
<title>滑块（Slider）的使用</title>
<style>
  #red, #green, #blue {
    float: left;
    clear: left;
    width: 300px;
    margin: 15px;
  }
  #swatch {
    width: 120px;
    height: 100px;
    margin-top: 18px;
    margin-left: 350px;
    background-image: none;
  }
```

```
#red .ui-slider-range { background: #ef2929; }
#red .ui-slider-handle { border-color: #ef2929; }
#green .ui-slider-range { background: #8ae234; }
#green .ui-slider-handle { border-color: #8ae234; }
#blue .ui-slider-range { background: #729fcf; }
#blue .ui-slider-handle { border-color: #729fcf; }
</style>
<script>
function hexFromRGB(r, g, b) {
  var hex = [
    r.toString( 16 ),
    g.toString( 16 ),
    b.toString( 16 )
  ];
  $.each( hex, function( nr, val ) {
    if ( val.length === 1 ) {
      hex[ nr ] = "0" + val;
    }
  });
  return hex.join( "" ).toUpperCase();
}
function refreshSwatch() {
  var red = $( "#red" ).slider( "value" ),
    green = $( "#green" ).slider( "value" ),
    blue = $( "#blue" ).slider( "value" ),
    hex = hexFromRGB( red, green, blue );
  $( "#swatch" ).css( "background-color", "#" + hex );
}
$(function() {
  $( "#red, #green, #blue" ).slider({
    orientation: "horizontal",
    range: "min",
    max: 255,
    value: 127,
    slide: refreshSwatch,
    change: refreshSwatch
  });
  $( "#red" ).slider( "value", 255 );
  $( "#green" ).slider( "value", 140 );
  $( "#blue" ).slider( "value", 60 );
});
</script>
</head>
<body class="ui-widget-content" style="border:0;">
<p class="ui-state-default ui-corner-all ui-helper-clearfix" style="padding:4px;">
  <span class="ui-icon ui-icon-pencil" style="float:left; margin:-2px 5px 0 0;"></span>
  颜色选择器
</p>
<div id="red"></div>
<div id="green"></div>
<div id="blue"></div>
<div id="swatch" class="ui-widget-content ui-corner-all"></div>
</body>
</html>
```

使用 Chrome 浏览器运行 index.html，在网页中拖动表示红色、绿色和蓝色的 3 个滑块，右侧的颜色会实时变化，效果如图 8-14 所示。

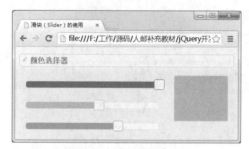

图 8-14　滑块的应用实例

8.2.9　旋转器（Spinner）的使用

旋转器的主要作用是通过向上或者向下的按钮和箭头键，为输入数值增强文本输入功能。它允许用户直接输入一个值，或通过键盘、鼠标、滚轮旋转改变一个已有的值。当与全球化（Globalize）结合时，用户甚至可以旋转显示不同地区的货币和日期。

旋转器使用两个按钮将文本输入覆盖为当前值的递增值和递减值。旋转器增加了按键事件，以便可以用键盘完成相同的递增和递减。旋转器代表全球化（Globalize）的数字格式和解析。

旋转器部件（Spinner Widget）使用 jQuery UI CSS 框架来定义它的外观和感观的样式。如果需要使用旋转器指定的样式，则可以使用下面的 CSS class 名称。

❑　ui-spinner：旋转器的外层容器。

❑　ui-spinner-input：旋转器部件实例化的<input>元素。

❑　ui-spinner-button：用于递增或递减旋转器值的按钮控件。向上按钮会另外带有一个 ui-spinner-up class，向下按钮会另外带有一个 ui-spinner-down class。

说明　jQuery UI 不支持在<input type="number">上创建选择器，因为会造成与本地旋转器的 UI 冲突。

【例 8-9】　本实例是制作一个捐款表格，其中可以选择要捐款的货币形式和捐款额，其中，捐款额使用旋转器实现（实例位置：源码\第 8 章\8-9）。程序开发步骤如下。

（1）新建一个 index.html 文件，将其放到 8-9 文件夹中。

（2）将 jQuery UI 文件夹 jquery-ui-1.12.1.custom 复制到 8-9 文件夹中。

（3）使用 Dreamweaver 打开 index.html 文件，在 index.html 文件中编写如下代码，实现通过旋转器选择捐款额的功能。代码如下：

```
<!DOCTYPE html PUBLIC "-//W3C//DTD XHTML 1.0 Transitional//EN" "http://www.w3.org/
TR/xhtml1/DTD/xhtml1-transitional.dtd">
<html xmlns="http://www.w3.org/1999/xhtml">
<head>
<meta http-equiv="Content-Type" content="text/html; charset=utf-8" />
<link rel="stylesheet" href="jquery-ui-1.12.1.custom/jquery-ui.css" />
<script src="jquery-ui-1.12.1.custom/external/jquery/jquery.js"></script>
<script src="jquery-ui-1.12.1.custom/jquery-ui.js"></script>
<title>旋转器（Spinner）的使用</title>
<script>
  $(function() {
    $( "#spinner" ).spinner({
      min: 10,
      max: 2500,
      step: 10,
```

```
        start: 1000,
        numberFormat: "C"
      });
    });
  </script>
</head>
<body>
<p>
  <label for="currency">选择捐款币种：</label>
  <select id="currency" name="currency">
    <option value="en-US">美元 $</option>
    <option value="ja-JP">人民币 ¥</option>
  </select>
</p>
<p>
  <label for="spinner">设置捐款额：</label>
  <input id="spinner" name="spinner" value="10">
</p>
</body>
</html>
```

使用 Chrome 浏览器运行 index.html，单击捐款额后面的上下箭头，可以改变捐款的额度，效果如图 8-15 所示。

8.2.10　标签页（Tabs）的使用

标签页是一种多面板的单内容区，每个面板与列表中的标题相关，单击标签页，可以切换显示不同的逻辑内容。

标签页有一组必须使用的特定标记，以便标签能正常工作，分别如下。

图 8-15　旋转器（Spinner）的应用实例

❏　标签页必须在一个有序的（<ol>）或无序的（<ul>）列表中。

❏　每个标签页的"title"必须在一个列表项（<li>）的内部，且必须用一个带有 href 属性的锚（<a>）包裹。

❏　每个标签页面板可以是任意有效的元素，但是它必须带有一个 id，该 id 与相关标签页的锚中的哈希相对应。

使用标签页时，当焦点在标签页上时，下面的键盘命令可用。

❏　Up/Left：移动焦点到上一个标签页。如果在第一个标签页上，则移动焦点到最后一个标签页。在一个短暂的延迟后激活获得焦点的标签页。

❏　Down/Right：移动焦点到下一个标签页。如果在最后一个标签页上，则移动焦点到第一个标签页。在一个短暂的延迟后激活获得焦点的标签页。

❏　Home：移动焦点到第一个标签页。在一个短暂的延迟后激活获得焦点的标签页。

❏　End：移动焦点到最后一个标签页。在一个短暂的延迟后激活获得焦点的标签页。

❏　Space：激活与获得焦点的标签页相关的面板。

❏　Enter：激活或切换与获得焦点的标签页相关的面板。

❏　Alt+Page Up：移动焦点到上一个标签页，并立即激活。

❏　Alt+Page Down：移动焦点到下一个标签页，并立即激活。

当焦点在面板上时，下面的键盘命令可用。

❏　Ctrl+Up：移动焦点到相关的标签页。

❏　Alt+Page Up：移动焦点到上一个标签页，并立即激活。

❏　Alt+Page Down：移动焦点到下一个标签页，并立即激活。

标签页部件（Tabs）使用 jQuery UI CSS 框架来定义它的外观和感观的样式。如果需要使用标签页指定的样式，则可以使用下面的 CSS class 名称。

❑ ui-tabs：标签页的外层容器。当设置了 collapsible 选项时，该元素会另外带有一个 ui-tabs-collapsible class。

❑ ui-tabs-nav：标签页列表。

❑ 导航中激活的列表项会带有一个 ui-tabs-active class。内容通过 Ajax 调用加载的列表项会带有一个 ui-tabs-loading class。

❑ ui-tabs-anchor：用于切换面板的锚。

❑ ui-tabs-panel：与标签页相关的面板，只有与其对应的标签页激活时才可见。

> 【例 8-10】 本实例使用标签页制作一个关于各种网页语言介绍的标签页，用户可以通过单击选中的标签页来切换内容的关闭/打开状态，另外，当鼠标指针在标签页上悬停时，也可以切换各部分的打开/关闭状态（实例位置：源码\第 8 章\8-10）。程序开发步骤如下。

（1）新建一个 index.html 文件，将其放到 8-10 文件夹中。

（2）将 jQuery UI 文件夹 jquery-ui-1.12.1.custom 复制到 8-10 文件夹中。

（3）使用 Dreamweaver 打开 index.html 文件，在 index.html 文件中编写如下代码，实现使用标签页显示各种网页语言介绍的功能。代码如下：

```
<!DOCTYPE html PUBLIC "-//W3C//DTD XHTML 1.0 Transitional//EN" "http://www.w3.org/
TR/xhtml1/DTD/xhtml1-transitional.dtd">
<html xmlns="http://www.w3.org/1999/xhtml">
<head>
<meta http-equiv="Content-Type" content="text/html; charset=utf-8" />
<link rel="stylesheet" href="jquery-ui-1.12.1.custom/jquery-ui.css" />
<script src="jquery-ui-1.12.1.custom/external/jquery/jquery.js"></script>
<script src="jquery-ui-1.12.1.custom/jquery-ui.js"></script>
<title>标签页（Tabs）的使用</title>
 <script>
   $(function() {
     $( "#tabs" ).tabs({
       collapsible: true,
       event: "mouseover"
     });
   });
 </script>
</head>
<body>
<div id="tabs">
 <ul>
   <li><a href="#tabs-1">ASP.NET</a></li>
   <li><a href="#tabs-2">PHP</a></li>
   <li><a href="#tabs-3">Java Web</a></li>
 </ul>
 <div id="tabs-1">
   <p><strong>二次单击标签页可以隐藏内容</strong></p>
   <p>ASP.NET是Microsoft公司推出的新一代建立动态Web应用程序的开发平台，可以把程序开发人员的工作效率
提升到其他技术无法比拟的程度。与Java、PHP、ASP 3.0、Perl等相比，ASP.NET具有方便性、灵活性、性能优、生产效
率高、安全性高、完整性强及面向对象等特性，是目前主流的网站编程技术之一。</p>
   </div>
   <div id="tabs-2">
   <p><strong>二次单击标签页可以隐藏内容</strong></p>
   <p>PHP是全球最普及、应用最广泛的互联网开发语言之一。PHP语言具有简单、易学、源码开放、可操纵多种主
流与非主流的数据库、支持面向对象的编程、支持跨平台的操作以及完全免费等特点，越来越受到广大程序员的青睐和认同。
</p>
   </div>
   <div id="tabs-3">
```

```
            <p><strong>二次单击标签页可以隐藏内容</strong></p>
            <p>Java是Sun公司推出的能够跨越多平台的、可移植性最高的一种面向对象的编程语言。也是目前最先进、特征
最丰富、功能最强大的计算机语言。利用Java可以编写桌面应用程序、Web应用程序、分布式系统、嵌入式系统应用程序等，
从而使其成为应用范围最广泛的开发语言，特别是在Web程序开发方面。</p>
        </div>
    </div>
    </body>
    </html>
```

使用 Chrome 浏览器运行 index.html，效果如图 8-16 所示。

图 8-16　标签页的应用实例

8.2.11　工具提示框（Tooltip）的使用

在 jQuery UI 中，Tooltip 替代了原生的工具提示框，让它们可主题化，也允许进行各种自定义。

同时 Tooltip 显示的不仅仅是标题以外的内容，还包括内联的脚注或者通过 Ajax 检索的内容。

❏　自定义定位，例如，在元素上让工具提示框居中；

❏　添加额外的样式来定制警告或错误区域的外观。

Tooltip 默认使用一个渐变的动画来显示和隐藏工具提示框，这种外观与简单地切换可见度相比更具灵活性，这可以通过 show 和 hide 选项进行定制。

工具提示框插件使用 jQuery UI CSS 框架来定义外观样式。如果需要使用工具提示框指定的样式，则可以使用下面的 CSS class 名称。

❏　ui-tooltip：工具提示框的外层容器。

❏　ui-tooltip-content：工具提示框的内容。

【例 8-11】　本实例是制作一个虚拟的视频播放器，该视频播放器带有"喜欢""分享""统计"等常用按钮，每个按钮都带有一个自定义样式的工具提示框（实例位置：源码\第 8 章\8-11）。程序开发步骤如下。

（1）新建一个 index.html 文件，将其放到 8-11 文件夹中。

（2）将 jQuery UI 文件夹 jquery-ui-1.12.1.custom 复制到 8-11 文件夹中。

（3）使用 Dreamweaver 打开 index.html 文件，在 index.html 文件中编写如下代码，实现在视频播放器的"喜欢""分享""统计"等按钮上显示自定义工具提示框的功能。代码如下：

```
<!DOCTYPE html PUBLIC "-//W3C//DTD XHTML 1.0 Transitional//EN" "http://www.w3.org/
TR/xhtml1/DTD/xhtml1-transitional.dtd">
<html xmlns="http://www.w3.org/1999/xhtml">
<head>
<meta http-equiv="Content-Type" content="text/html; charset=utf-8" />
<link rel="stylesheet" href="jquery-ui-1.12.1.custom/jquery-ui.css" />
```

```
<script src="jquery-ui-1.12.1.custom/external/jquery/jquery.js"></script>
<script src="jquery-ui-1.12.1.custom/jquery-ui.js"></script>
<title>工具提示框（Tooltip）的使用</title>
<style>
  .player {
    width: 450px;
    height: 300px;
    border: 2px groove gray;
    text-align: center;
    line-height: 300px;
  }
  .ui-tooltip {
    border: 1px solid white;
    background: rgba(20, 20, 20, 1);
    color: white;
  }
  .set {
    display: inline-block;
  }
</style>
<script>
$(function() {
  $( "button" ).each(function() {                      // 遍历<button>元素
    var button = $(this).button({
      icons: {
        primary: $(this).data("icon")                  // 带图标
      },
      text: $(this).attr("title")?$( this ).attr("title"):""    // 按钮的title存在，文本为title值；否则为空
    });

  });
  $( document ).tooltip({
    show: {
      duration: "fast"                                 // 快速显示提示信息
    }
  });
});
</script>
</head>
<body>
<div class="player" style="background-image:url(back.jpg)"></div>
<div class="tools">
  <span class="set">
    <button data-icon="ui-icon-circle-arrow-n" title="我喜欢这个视频">喜欢</button>
    <button data-icon="ui-icon-circle-arrow-s">我不喜欢这个视频</button>
  </span>
  <div class="set">
    <button data-icon="ui-icon-circle-plus" title="添加到播放列表">添加到</button>
    <button class="menu" data-icon="ui-icon-triangle-1-s">添加到收藏夹</button>
  </div>
  <button title="分享这个视频">分享</button>
  <button data-icon="ui-icon-alert">标记为不恰当</button>
</div>
</body>
</html>
```

使用 Chrome 浏览器运行 index.html，将鼠标指针悬停到网页下方的某一个按钮上，即可显示提示信息，效

果如图 8-17 所示。

图 8-17 工具提示框的应用实例

8.3 jQuery UI 的特效

jQuery UI 的特效

jQuery UI 中提供了很多实用的特效，包括拖动特效、放置特效、缩放特效、选择特效、排序特效、显示特效、隐藏特效、切换特效等，本节将对 jQuery UI 中的常用特效及其使用进行详细讲解。

8.3.1 拖动特效（Draggable）的使用

使用拖动特效可以在 DOM 元素上启用拖动效果，通过鼠标点击可以移动到指定的区域。

【例 8-12】 使用 Draggable 实现移动到指定区域（实例位置：源码\第 8 章\8-12）。程序开发步骤如下。

（1）新建一个 index.html 文件，将其放到 8-12 文件夹中。

（2）将 jQuery UI 文件夹 jquery-ui-1.12.1.custom 复制到 8-12 文件夹中。

（3）使用 Dreamweaver 打开 index.html 文件，在 index.html 文件中编写如下代码，实现拖动特效。代码如下：

```
<!DOCTYPE html PUBLIC "-//W3C//DTD XHTML 1.0 Transitional//EN" "http://www.w3.org/TR/xhtml1/
DTD/xhtml1-transitional.dtd">
<html xmlns="http://www.w3.org/1999/xhtml">
<head>
<meta http-equiv="Content-Type" content="text/html; charset=utf-8" />
<link rel="stylesheet" href="jquery-ui-1.12.1.custom/jquery-ui.css" />
<script src="jquery-ui-1.12.1.custom/external/jquery/jquery.js"></script>
<script src="jquery-ui-1.12.1.custom/jquery-ui.js"></script>
<title>拖动特效（Draggable）的使用</title>
 <style>
 #draggable { width: 150px; height: 150px; padding: 0.5em; }
 </style>
 <script>
 $(function() {
   $( "#draggable" ).draggable();
 });
 </script>
```

```
</head>
<body>
<div id="draggable" class="ui-widget-content">
  <p>请拖动我！</p>
</div>
</body>
</html>
```

使用 Chrome 浏览器运行 index.html，效果如图 8-18、图 8-19 所示。

图 8-18　拖动前

图 8-19　拖动后

8.3.2　放置特效（Droppable）的使用

放置特效可以在任意 DOM 元素上启用，可以将指定元素放置在指定区域。

> 【例 8-13】 使用 Droppable 实现将指定元素放置在指定区域里（实例位置：源码\第 8 章\8-13）。程序开发步骤如下。

（1）新建一个 index.html 文件，将其放到 8-13 文件夹中。

（2）将 jQuery UI 文件夹 jquery-ui-1.12.1.custom 复制到 8-13 文件夹中。

（3）使用 Dreamweaver 打开 index.html 文件，在 index.html 文件中编写如下代码，实现放置特效。代码如下：

```
<!DOCTYPE html PUBLIC "-//W3C//DTD XHTML 1.0 Transitional//EN" "http://www.w3.org/TR/xhtml1/DTD/xhtml1-transitional.dtd">
<html xmlns="http://www.w3.org/1999/xhtml">
<head>
<meta http-equiv="Content-Type" content="text/html; charset=utf-8" />
<link rel="stylesheet" href="jquery-ui-1.12.1.custom/jquery-ui.css" />
<script src="jquery-ui-1.12.1.custom/external/jquery/jquery.js"></script>
<script src="jquery-ui-1.12.1.custom/jquery-ui.js"></script>
<title>放置特效（Droppable）的使用</title>
<style>
#draggable { width: 100px; height: 100px; padding: 0.5em; float: left; margin: 10px 10px 10px 0; }
#droppable { width: 150px; height: 150px; padding: 0.5em; float: left; margin: 10px; }
</style>
<script>
$(function() {
  $( "#draggable" ).draggable();
  $( "#droppable" ).droppable({
    drop: function( event, ui ) {
```

```
              $( this )
                 .addClass( "ui-state-highlight" )
                 .find( "p" )
                    .html( "Dropped!" );
           }
       });
    });
    </script>
</head>
<body>

<div id="draggable" class="ui-widget-content">
   <p>请把我拖曳到目标处! </p>
</div>

<div id="droppable" class="ui-widget-header">
   <p>请放置在这里! </p>
</div>
</body>
</html>
```

使用 Chrome 浏览器运行 index.html，效果如图 8-20、图 8-21 所示。

图 8-20　放置前　　　　　　　　　　　　　　图 8-21　放置后

8.3.3　缩放特效（Resizable）的使用

缩放特效可以在任意 DOM 元素上启用，通过拖动边框可以实现放大缩小效果。

【例 8-14】 使用 Resizable 实现指定区域放大缩小效果（实例位置：源码\第 8 章\8-14）。程序开发步骤如下。

（1）新建一个 index.html 文件，将其放到 8-14 文件夹中。

（2）将 jQuery UI 文件夹 jquery-ui-1.12.1.custom 复制到 8-14 文件夹中。

（3）使用 Dreamweaver 打开 index.html 文件，在 index.html 文件中编写如下代码，实现缩放特效。代码如下：

```
<!DOCTYPE html PUBLIC "-//W3C//DTD XHTML 1.0 Transitional//EN" "http://www.w3.org/TR/xhtml1/
DTD/xhtml1-transitional.dtd">
<html xmlns="http://www.w3.org/1999/xhtml">
<head>
<meta http-equiv="Content-Type" content="text/html; charset=utf-8" />
<link rel="stylesheet" href="jquery-ui-1.12.1.custom/jquery-ui.css" />
<script src="jquery-ui-1.12.1.custom/external/jquery/jquery.js"></script>
<script src="jquery-ui-1.12.1.custom/jquery-ui.js"></script>
```

```
<title>缩放特效（Resizable）的使用</title>
  <style>
  #resizable { width: 150px; height: 150px; padding: 0.5em; }
  #resizable h3 { text-align: center; margin: 0; }
  </style>
  <script>
  $(function() {
    $( "#resizable" ).resizable();
  });
  </script>
</head>
<body>

<div id="resizable" class="ui-widget-content">
  <h3 class="ui-widget-header">缩放（Resizable）</h3>
</div>
</body>
</html>
```

使用 Chrome 浏览器运行 index.html，效果如图 8-22、图 8-23 所示。

图 8-22　缩放前

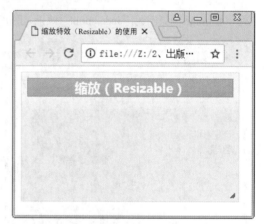

图 8-23　缩放后

8.3.4　选择特效（Selectable）的使用

使用选择特效可以在某个 DOM 元素或者一组元素上启用 selectable 功能，即可以通过鼠标拖曳来选择条目或者按住 Ctrl 键来选择多个不相邻的条目。

【例 8-15】　使用 Selectable 实现菜单选中效果（实例位置：源码\第 8 章\8-15）。程序开发步骤如下。

（1）新建一个 index.html 文件，将其放到 8-15 文件夹中。

（2）将 jQuery UI 文件夹 jquery-ui-1.12.1.custom 复制到 8-15 文件夹中。

（3）使用 Dreamweaver 打开 index.html 文件，在 index.html 文件中编写如下代码，实现选择特效。代码如下：

```
<!DOCTYPE html PUBLIC "-//W3C//DTD XHTML 1.0 Transitional//EN" "http://www.w3.org/TR/xhtml1/
DTD/xhtml1-transitional.dtd">
<html xmlns="http://www.w3.org/1999/xhtml">
<head>
<meta http-equiv="Content-Type" content="text/html; charset=utf-8" />
<link rel="stylesheet" href="jquery-ui-1.12.1.custom/jquery-ui.css" />
<script src="jquery-ui-1.12.1.custom/external/jquery/jquery.js"></script>
<script src="jquery-ui-1.12.1.custom/jquery-ui.js"></script>
  <style>
  #feedback { font-size: 1.4em; }
```

```
    #selectable .ui-selecting { background: #FECA40; }
    #selectable .ui-selected { background: #F39814; color: white; }
    #selectable { list-style-type: none; margin: 0; padding: 0; width: 60%; }
    #selectable li { margin: 3px; padding: 0.4em; font-size: 1.4em; height: 18px; }
    </style>
    <script>
    $(function() {
      $( "#selectable" ).selectable();
    });
    </script>
</head>
<body>

<ol id="selectable">
  <li class="ui-widget-content">Item 1</li>
  <li class="ui-widget-content">Item 2</li>
  <li class="ui-widget-content">Item 3</li>
  <li class="ui-widget-content">Item 4</li>
  <li class="ui-widget-content">Item 5</li>
</ol>
</body>
</html>
```

使用 Chrome 浏览器运行 index.html，效果如图 8-24、图 8-25 所示。

图 8-24　选择前

图 8-25　选择后

8.3.5　排序特效（Sortable）的使用

排序特效可以在任意 Dom 元素上启用，它可以通过鼠标点击来拖曳元素到任意位置，以实现排序效果。

【例 8-16】 使用 Sortable 实现菜单的排序效果（实例位置：源码\第 8 章\8-16）。程序开发步骤如下。

（1）新建一个 index.html 文件，将其放到 8-16 文件夹中。

（2）将 jQuery UI 文件夹 jquery-ui-1.12.1.custom 复制到 8-16 文件夹中。

（3）使用 Dreamweaver 打开 index.html 文件，在 index.html 文件中编写如下代码，实现排序特效。代码如下：

```
<!DOCTYPE    html    PUBLIC    "-//W3C//DTD    XHTML    1.0    Transitional//EN"
"http://www.w3.org/TR/xhtml1/DTD/xhtml1-transitional.dtd">
  <html xmlns="http://www.w3.org/1999/xhtml">
  <head>
  <meta http-equiv="Content-Type" content="text/html; charset=utf-8" />
  <link rel="stylesheet" href="jquery-ui-1.12.1.custom/jquery-ui.css" />
  <script src="jquery-ui-1.12.1.custom/external/jquery/jquery.js"></script>
  <script src="jquery-ui-1.12.1.custom/jquery-ui.js"></script>
   <style>
   #feedback { font-size: 1.4em; }
```

```
#selectable .ui-selecting { background: #FECA40; }
#selectable .ui-selected { background: #F39814; color: white; }
#selectable { list-style-type: none; margin: 0; padding: 0; width: 60%; }
#selectable li { margin: 3px; padding: 0.4em; font-size: 1.4em; height: 18px; }
</style>
<script>
$(function() {
  $( "#selectable" ).selectable();
});
</script>
</head>
<body>

<ol id="selectable">
  <li class="ui-widget-content">Item 1</li>
  <li class="ui-widget-content">Item 2</li>
  <li class="ui-widget-content">Item 3</li>
  <li class="ui-widget-content">Item 4</li>
  <li class="ui-widget-content">Item 5</li>
</ol>
</body>
</html>
```

使用 Chrome 浏览器运行 index.html，效果如图 8-26、图 8-27 所示。

图 8-26　排序前

图 8-27　排序后

8.3.6 显示特效（show）的使用

显示特效可以控制 DOM 元素上的显示。

【例 8-17】 使用 show 实现 DOM 元素上显示的效果（实例位置：源码\第 8 章\8-17）。程序开发步骤如下。

（1）新建一个 index.html 文件，将其放到 8-17 文件夹中。

（2）将 jQuery UI 文件夹 jquery-ui-1.12.1.custom 复制到 8-17 文件夹中。

（3）使用 Dreamweaver 打开 index.html 文件，在 index.html 文件中编写如下代码，实现显示特效。代码如下：

```
<!DOCTYPE html PUBLIC "-//W3C//DTD XHTML 1.0 Transitional//EN" "http://www.w3.org/TR/xhtml1/
DTD/xhtml1-transitional.dtd">
<html xmlns="http://www.w3.org/1999/xhtml">
<head>
<meta http-equiv="Content-Type" content="text/html; charset=utf-8" />
<link rel="stylesheet" href="jquery-ui-1.12.1.custom/jquery-ui.css" />
<script src="jquery-ui-1.12.1.custom/external/jquery/jquery.js"></script>
```

```
<script src="jquery-ui-1.12.1.custom/jquery-ui.js"></script>

<style>
    .toggler { width: 200px; height: 200px; }
    #button { padding: .5em 1em; text-decoration: none; }
    #effect { width: 240px; height: 160px; padding: 0.4em; position: relative; }
    #effect h3 { margin: 0; padding: 0.4em; text-align: center; }
</style>
<script>
$(function() {
    // 运行当前选中的特效
    function runEffect() {
        // 从中获取特效类型
        var selectedEffect = $( "#effectTypes" ).val();

        // 大多数的特效类型默认不需要传递选项
        var options = {};
        // 一些特效带有必需的参数
        if ( selectedEffect === "scale" ) {
            options = { percent: 100 };
        } else if ( selectedEffect === "size" ) {
            options = { to: { width: 280, height: 185 } };
        }

        // 运行特效
        $( "#effect" ).show( selectedEffect, options, 500, callback );
    };

    // 回调函数
    function callback() {
        setTimeout(function() {
            $( "#effect:visible" ).removeAttr( "style" ).fadeOut();
        }, 1000 );
    };

    // 根据选择菜单值设置特效
    $( "#button" ).click(function() {
        runEffect();
        return false;
    });

    $( "#effect" ).hide();
});
</script>
</head>
<body>

<div class="toggler">
    <div id="effect" class="ui-widget-content ui-corner-all">
        <h3 class="ui-widget-header ui-corner-all">显示（Show）</h3>
        <p>
        Etiam libero neque, luctus a, eleifend nec, semper at, lorem. Sed pede. Nulla lorem metus, adipiscing ut,
luctus sed, hendrerit vitae, mi.
        </p>
    </div>
</div>

<select name="effects" id="effectTypes">
    <option value="blind">百叶窗特效（Blind Effect）</option>
    <option value="bounce">反弹特效（Bounce Effect）</option>
    <option value="clip">剪辑特效（Clip Effect）</option>
```

```
        <option value="drop">降落特效（Drop Effect）</option>
        <option value="explode">爆炸特效（Explode Effect）</option>
        <option value="fold">折叠特效（Fold Effect）</option>
        <option value="highlight">突出特效（Highlight Effect）</option>
        <option value="puff">膨胀特效（Puff Effect）</option>
        <option value="pulsate">跳动特效（Pulsate Effect）</option>
        <option value="scale">缩放特效（Scale Effect）</option>
        <option value="shake">震动特效（Shake Effect）</option>
        <option value="size">尺寸特效（Size Effect）</option>
        <option value="slide">滑动特效（Slide Effect）</option>
    </select>

    <a href="#" id="button" class="ui-state-default ui-corner-all">运行特效</a>
    </body>
</html>
```

使用 Chrome 浏览器运行 index.html，效果如图 8-28、图 8-29 所示。

图 8-28　百叶窗特效显示

图 8-29　滑动特效显示

8.3.7　隐藏特效（hide）的使用

隐藏特效可以控制 DOM 元素上的隐藏。

> 【例 8-18】　使用 hide 实现 DOM 元素上隐藏的效果（实例位置：源码\第 8 章\8-18）。程序开发步骤如下。

（1）新建一个 index.html 文件，将其放到 8-18 文件夹中。

（2）将 jQuery UI 文件夹 jquery-ui-1.12.1.custom 复制到 8-18 文件夹中。

（3）使用 Dreamweaver 打开 index.html 文件，在 index.html 文件中编写如下代码，实现隐藏特效。代码如下：

```
<!DOCTYPE html PUBLIC "-//W3C//DTD XHTML 1.0 Transitional//EN" "http://www.w3.org/
TR/xhtml1/DTD/xhtml1-transitional.dtd">
<html xmlns="http://www.w3.org/1999/xhtml">
<head>
<meta http-equiv="Content-Type" content="text/html; charset=utf-8" />
<link rel="stylesheet" href="jquery-ui-1.12.1.custom/jquery-ui.css" />
<script src="jquery-ui-1.12.1.custom/external/jquery/jquery.js"></script>
<script src="jquery-ui-1.12.1.custom/jquery-ui.js"></script>
    <style>
    .toggler { width: 200px; height: 200px; }
    #button { padding: .5em 1em; text-decoration: none; }
    #effect { width: 240px; height: 160px; padding: 0.4em; position: relative; }
    #effect h3 { margin: 0; padding: 0.4em; text-align: center; }
    </style>
    <script>
```

```
$(function() {
    // 运行当前选中的特效
    function runEffect() {
        // 从中获取特效类型
        var selectedEffect = $( "#effectTypes" ).val();

        // 大多数的特效类型默认不需要传递选项
        var options = {};
        // 一些特效带有必需的参数
        if ( selectedEffect === "scale" ) {
            options = { percent: 0 };
        } else if ( selectedEffect === "size" ) {
            options = { to: { width: 200, height: 60 } };
        }

        // 运行特效
        $( "#effect" ).hide( selectedEffect, options, 1000, callback );
    };

    // 回调函数
    function callback() {
        setTimeout(function() {
            $( "#effect" ).removeAttr( "style" ).hide().fadeIn();
        }, 1000 );
    };

    // 根据选择菜单值设置特效
    $( "#button" ).click(function() {
        runEffect();
        return false;
    });
});
</script>
</head>
<body>

<div class="toggler">
    <div id="effect" class="ui-widget-content ui-corner-all">
        <h3 class="ui-widget-header ui-corner-all">隐藏（Hide）</h3>
        <p>
            Etiam libero neque, luctus a, eleifend nec, semper at, lorem. Sed pede. Nulla lorem metus, adipiscing ut,
luctus sed, hendrerit vitae, mi.
        </p>
    </div>
</div>

<select name="effects" id="effectTypes">
    <option value="blind">百叶窗特效（Blind Effect）</option>
    <option value="bounce">反弹特效（Bounce Effect）</option>
    <option value="clip">剪辑特效（Clip Effect）</option>
    <option value="drop">降落特效（Drop Effect）</option>
    <option value="explode">爆炸特效（Explode Effect）</option>
    <option value="fold">折叠特效（Fold Effect）</option>
    <option value="highlight">突出特效（Highlight Effect）</option>
    <option value="puff">膨胀特效（Puff Effect）</option>
    <option value="pulsate">跳动特效（Pulsate Effect）</option>
    <option value="scale">缩放特效（Scale Effect）</option>
    <option value="shake">震动特效（Shake Effect）</option>
    <option value="size">尺寸特效（Size Effect）</option>
    <option value="slide">滑动特效（Slide Effect）</option>
</select>
```

```
<a href="#" id="button" class="ui-state-default ui-corner-all">运行特效</a>
 </body>
</html>
```

使用 Chrome 浏览器运行 index.html，效果如图 8-30、图 8-31 所示。

图 8-30　隐藏前

图 8-31　隐藏后

8.3.8　切换特效（toggle）的使用

切换特效可以控制 DOM 元素上的显示与隐藏。

【例 8-19】　使用 toggle 实现 DOM 元素上显示与隐藏的效果（实例位置：源码\第 8 章\8-19）。程序开发步骤如下。

（1）新建一个 index.html 文件，将其放到 8-19 文件夹中。

（2）将 jQuery UI 文件夹 jquery-ui-1.12.1.custom 复制到 8-19 文件夹中。

（3）使用 Dreamweaver 打开 index.html 文件，在 index.html 文件中编写如下代码，实现切换特效。代码如下：

```
<!DOCTYPE html PUBLIC "-//W3C//DTD XHTML 1.0 Transitional//EN" "http://www.w3.org/TR/
xhtml1/DTD/xhtml1-transitional.dtd">
<html xmlns="http://www.w3.org/1999/xhtml">
<head>
<meta http-equiv="Content-Type" content="text/html; charset=utf-8" />
<link rel="stylesheet" href="jquery-ui-1.12.1.custom/jquery-ui.css" />
<script src="jquery-ui-1.12.1.custom/external/jquery/jquery.js"></script>
<script src="jquery-ui-1.12.1.custom/jquery-ui.js"></script>
  <style>
  .toggler {
    width: 200px;
    height: 200px;
  }
  #button {
    padding: .5em 1em;
    text-decoration: none;
  }
  #effect {
    position: relative;
    width: 240px;
    height: 160px;
    padding: 0.4em;
  }
  #effect h3 {
    margin: 0;
```

```
          padding: 0.4em;
          text-align: center;
       }
     </style>
     <script>
     $(function() {
         // 运行当前选中的特效
         function runEffect() {
             // 从中获取特效类型
             var selectedEffect = $( "#effectTypes" ).val();

             // 大多数的特效类型默认不需要传递选项
             var options = {};
             // 一些特效带有必需的参数
             if ( selectedEffect === "scale" ) {
                options = { percent: 0 };
             } else if ( selectedEffect === "size" ) {
                options = { to: { width: 200, height: 60 } };
             }

             // 运行特效
             $( "#effect" ).toggle( selectedEffect, options, 500 );
         };

         // 根据选择菜单值设置特效
         $( "#button" ).click(function() {
             runEffect();
             return false;
         });
     });
     </script>
</head>
<body>

<div class="toggler">
   <div id="effect" class="ui-widget-content ui-corner-all">
      <h3 class="ui-widget-header ui-corner-all">切换（Toggle）</h3>
      <p>
         Etiam libero neque, luctus a, eleifend nec, semper at, lorem. Sed pede. Nulla lorem metus, adipiscing ut,
luctus sed, hendrerit vitae, mi.
      </p>
   </div>
</div>

<select name="effects" id="effectTypes">
   <option value="blind">百叶窗特效（Blind Effect）</option>
   <option value="bounce">反弹特效（Bounce Effect）</option>
   <option value="clip">剪辑特效（Clip Effect）</option>
   <option value="drop">降落特效（Drop Effect）</option>
   <option value="explode">爆炸特效（Explode Effect）</option>
   <option value="fold">折叠特效（Fold Effect）</option>
   <option value="highlight">突出特效（Highlight Effect）</option>
   <option value="puff">膨胀特效（Puff Effect）</option>
   <option value="pulsate">跳动特效（Pulsate Effect）</option>
   <option value="scale">缩放特效（Scale Effect）</option>
   <option value="shake">震动特效（Shake Effect）</option>
   <option value="size">尺寸特效（Size Effect）</option>
   <option value="slide">滑动特效（Slide Effect）</option>
</select>

<a href="#" id="button" class="ui-state-default ui-corner-all">运行特效</a>
```

```
</body>
</html>>
```

使用 Chrome 浏览器运行 index.html，效果如图 8-32、图 8-33 所示。

图 8-32　切换前

图 8-33　切换后

8.4　综合实例：使用 jQuery 实现许愿墙

本实例使用 jQuery，并结合 jQuery UI 制作一个简单的许愿墙页面，运行程序，在网页中随机显示字条，而且可以通过鼠标拖曳改变字条的位置。许愿墙页面运行效果如图 8-34 所示。

综合实例：使用
jQuery 实现许愿墙

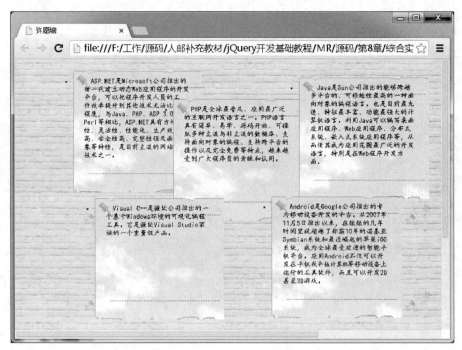

图 8-34　使用 jQuery 实现许愿墙

程序开发步骤如下。

（1）新建一个 index.html 文件，将其放到"综合案例"文件夹中。

（2）将 jQuery 的脚本文件 jquery-3.3.1.min.js、jQuery UI 的脚本文件 jquery-ui.min.js 复制到"综合案例"文件夹中。

（3）创建一个 wish.js 脚本文件，该脚本文件中主要使用 jQuery 库实现许愿墙中的字体随机显示的功能。代码如下：

```
(function($){
    $.fn.wish = function() {
        var _this = this;
        var _wish = _this.children();
        var _wishs = _wish.length;
        var wish = {
            area:{
                left:0,
                top:0,
                right: _this.width(),
                bottom: _this.height()
            },
            skin:{
                width: 233,
                height: 213
            }
        };
        $.extend(wish);
        var _left = wish.area.left;
        var _right = wish.area.right;
        var _top = wish.area.top;
        var _bottom = wish.area.bottom;
        _right = _right - _left > wish.skin.width ? _right : _left + wish.skin.width;
        _bottom = _bottom - _top > wish.skin.height ? _bottom : _top + wish.skin.height;
        _right = _right - wish.skin.width;
        _bottom = _bottom - wish.skin.height;
        var methods = {
            rans : function(v1,v2){
                var ran = parseInt(Math.random() * (v2 - v1) + v1);
                return ran;
            },
            pos : function(){
                return {left:methods.rans(_left, _right), top:methods.rans(_top, _bottom)}
            },
            css : function(){
                return methods.rans(1,5);
            }
        }
        _wish.each(function(i){
            var _p = methods.pos();
            var _s = methods.css();
            var _self = $(this);
            _self.prepend('<a href="javascript:;" class="wish-close"></a>');
            _self.addClass('wish').addClass('s'+_s).css({'position':'absolute', 'left':_p.left + 'px', 'top':_p.top + 'px'});
            _self.hover(function(){
            _self.css({'z-index':'9999','border':'none'}).children('.wish-close').show().bind('click',function(){_self.effect('scale',{percent: 0},200,function(){_self.remove()})});
            },function(){
            _self.css({'z-index':'','border':'none'}).children('.wish-close').hide();
            });
        });
    };
})(jQuery);
```

（4）使用 Dreamweaver 打开 index.html 文件，该文件中首先引用 jquery-3.3.1.min.js、jquery-ui.min.js 和

wish.js 这 3 个脚本文件，并使用$('#wish').wish()加载 wish.js 脚本文件，即随机显示字条，然后使用 jQuery UI 中的 draggable 方法实现字条的拖动。代码如下：

```
<!doctype html>
<html lang="en">
<head>
    <meta charset="UTF-8"/>
    <title>许愿墙</title>
    <script src="jquery-3.3.1.min.js"></script>
    <script src="jquery-ui.min.js"></script>
    <script src="wish.js"></script>
    <style>
    li{ font-size:11px; font-family:楷体;}
    #wish{height:650px;margin:20px;position:relative;width:960px;}
    .wish{background:url(wish.png)  no-repeat  0  0;color:#000;height:166px;padding:10px  20px  30px
20px;width:185px;}
    .wish-close{background:url(close.png) no-repeat 0 0;display:none;position:absolute;right: 5px;top:-5px;
width:17px;height:17px;}
    </style>
    <script>
    $(function(){
        $('#wish').wish();
        $('.wish').draggable({containment:'#wish',scroll:false});
    });
    </script>
</head>
<body background="bg.jpg">
    <ul id="wish">
        <li>  ASP.NET是Microsoft公司推出的新一代建立动态Web应用程序的开发平台，可以把程
序开发人员的工作效率提升到其他技术无法比拟的程度，与Java、PHP、ASP 3.0、Perl等相比，ASP.NET具有方便性、灵
活性、性能优、生产效率高、安全性高、完整性强及面向对象等特性，是目前主流的网站编程技术之一。</li>
        <li>  PHP是全球最普及、应用最广泛的互联网开发语言之一。PHP语言具有简单、易学、源
码开放、可操纵多种主流与非主流的数据库、支持面向对象的编程、支持跨平台的操作以及完全免费等特点，越来越受到广
大程序员的青睐和认同。</li>
        <li>  Java是Sun公司推出的能够跨越多平台的、可移植性最高的一种面向对象的编程语言。也
是目前最先进、特征最丰富、功能最强大的计算机语言。利用Java可以编写桌面应用程序、Web应用程序、分布式系统、嵌
入式系统应用程序等，从而使其成为应用范围最广泛的开发语言，特别是在Web程序开发方面。</li>
        <li>  Android是Google公司推出的专为移动设备开发的平台。从2007年11月5日推出以来，在
短短的几年时间里就超越了称霸10年的诺基亚Symbian系统和最近崛起的苹果iOS系统，成为全球最受欢迎的智能手机平台。
应用Android不仅可以开发在手机或平板电脑等移动设备上运行的工具软件，而且可以开发2D甚至3D游戏。</li>
        <li>  Visual  C++是微软公司推出的一个基于Windows环境的可视化编程工具。它是微软
Visual Studio家族的一个重量级产品。</li>
    </ul>
</body>
</html>
```

知识点提炼

（1）jQuery UI 是以 jQuery 为基础的开源 JavaScript 网页用户界面代码库，它包含底层用户交互、动画、特效和可更换主题的可视控件。

（2）折叠面板（Accordion）用来在一个有限的空间内显示用于呈现信息的可折叠的内容面板。

（3）自动完成（Autocomplete）插件用来根据用户输入的值进行搜索和过滤，让用户快速找到并从预设值列表中选择。

（4）按钮（Button）用来使用带有适当悬停（hover）和激活（active）样式的可主题化按钮来加强标准表单元素（例如按钮、输入框等）。

（5）日期选择器（Datepicker）主要用来从弹出框或在线日历中选择一个日期。

（6）对话框（Dialog）是一个悬浮窗口，包括一个标题栏和一个内容区域。

（7）菜单（Menu）可以用任何有效的标记创建，只要元素有严格的父/子关系且每个条目都有一个锚。

（8）进度条（Progressbar）被设计用来显示进度的当前完成百分比。

（9）滑块（Slider）被设计用来拖动手柄选择一个数值，基本的滑块是水平的。

（10）旋转器（Spinner）的主要作用是通过向上或者向下的按钮和箭头键，为输入数值增强文本输入功能。

（11）标签页（Tabs）是一种多面板的单内容区，每个面板与列表中的标题相关，单击标签页，可以切换显示不同的逻辑内容。

（12）在 jQuery UI 中，使用 Tooltip 替代了原生的工具提示框，让它们可主题化，也允许进行各种自定义。

（13）jQuery UI 特效有拖动特效、放置特效、缩放特效、选择特效、排序特效、显示特效、隐藏特效、切换特效。

习题

8-1　如何在程序中使用 jQuery UI？

8-2　请简单描述 jQuery UI 插件的工作原理。

8-3　请列举 jQuery UI 中包含的 5 种插件名称。

8-4　如果要在网页中显示一个日期选择器，需要使用 jQuery UI 中的哪种插件？

8-5　要实现一个类似百度的搜索框，需要使用何种插件？

8-6　jQuery UI 中的工具提示框相对于传统的工具提示框有何优点？

PART09

第9章

常用的第三方jQuery插件

■ 虽然使用 jQuery 自身的脚本库可以满足大部分的开发需求，但是由于它的开源性，现在很多的开发人员都基于 jQuery 本身的脚本库开发了更多、更实用的 jQuery 插件，本章我们将对常用的一些第三方 jQuery 插件的使用进行详细讲解。

本章要点：

jQuery插件的基本概念及常用的
一些第三方jQuery插件 ■
如何在网页中使用第三方jQuery
插件 ■
使用uploadify插件实现多文件上传 ■
使用zTree插件实现树菜单 ■
使用Nivo Slider插件实现图片的切换
显示 ■
使用Pagination插件实现数据的分页
显示 ■
使用jQZoom插件实现图片放大镜 ■
使用ColorPicker插件制作颜色
选择器 ■

9.1 jQuery 插件概述

jQuery 插件是一种建立在 jQuery 库上的 JavaScript 脚本库，开发人员可以使用它创建高度交互的 Web 应用程序。本节我们将对 jQuery 插件进行介绍。

jQuery 插件概述

9.1.1 什么是 jQuery 插件

jQuery 插件是一种用来提高网站开发效率的、已经封装好的 JavaScript 脚本库，由于 jQuery 的开源特性，现在有很多第三方的 jQuery 插件可供开发人员直接使用。jQuery 插件的主要特点如下。

- ❏ 提高 Web 网站的开发效率。
- ❏ 高度集成，使用方便。
- ❏ 根据自身需求进行修改，增强扩展性。
- ❏ 界面美观。

9.1.2 常用的第三方 jQuery 插件

现在市面上的第三方 jQuery 插件有很多种，我们可能在逛论坛或者技术网站时经常看到"**个最值得收藏的 jQuery 插件""严重推荐**个 jQuery 插件""最实用的 jQuery 插件下载"等帖子，这些帖子中都包含了很多种第三方的 jQuery 插件，而且还会提供简单的使用示例。表 9-1 中列出了一些笔者常用的第三方 jQuery 插件。

表 9-1 常用的 jQuery 插件

插件	说明
uploadify	带进度条的文件上传
zTree	树菜单插件
Nivo Slider	网页中的图片切换
Pagination	对网页中的数据进行分页显示
Bootstrap Star Rating	星星评分插件
EasyZoom	图片缩放插件
lazyload	图片延迟加载插件
NotesForLightBox	图片灯箱插件
jCarousel	图片幻灯片显示
Password-Strength	密码强度检测插件
ColorPicker	颜色拾取器插件
jQZoom	图片放大镜

说明 上面列出的是笔者常用的一些 jQuery 插件，当然，还有很多其他提高网站开发效率的 jQuery 插件，读者可以到各大技术论坛上搜索。

9.1.3 如何调用第三方 jQuery 插件

调用第三方 jQuery 插件的步骤如下。

（1）第三方 jQuery 插件是基于 jQuery 开发的，因此，在使用时，首先需要添加相应版本的 jQuery 库。例如，添加版本 3.3.1 的 jQuery 库，先将版本 3.3.1 的 jQuery 库 jquery-3.3.1.min.js 复制到网页文件夹中，然后在 HTML 网页中编写如下代码：

```
<script type="text/javascript" src="jquery-3.3.1.min.js"></script>
```

（2）然后需要添加要使用的第三方 jQuery 插件的 JS 库及 CSS 样式文件。例如，添加 uploadify 插件的 JS 脚本文件及 CSS 样式文件，先将 uploadify 插件的 JS 脚本文件及 CSS 样式文件复制到网页文件夹中，然后在 HTML 网页中编写如下代码：

```
<link href="css/default.css" rel="stylesheet" type="text/css" />
<link href="css/uploadify.css" rel="stylesheet" type="text/css" />
<script type="text/javascript" src="scripts/swfobject.js"></script>
<script type="text/javascript" src="scripts/jquery.uploadify.v2.0.2.min.js"></script>
```

（3）完成以上步骤之后，即可通过定义 JavaScript 函数使用第三方 jQuery 插件。例如，在网页中初始化 uploadify 插件，并设置其属性，代码如下：

```
<script type="text/javascript">
    $(document).ready(function() {
        $("#uploadify").uploadify({
            'uploader': 'scripts/uploadify.swf',          // 上传所需的Flash文件
            'script': 'scripts/upload.ashx',              // 后台处理文件
            'folder': '/uploads',                         // 上传文件夹
            'queueSizeLimit': 4,                          // 限制每次选择文件的个数
            'sizeLimit': 6291456,                         // 上传文件限制的最大值
            'fileDesc': '图片文件',                       // 文件类型的描述信息
            'fileExt': '*.jpg;*.png;*.bmp;*.gif' ,        // 设置文件类型
        });
    });
```

9.2 常用 jQuery 插件的使用

常用 jQuery
插件的使用

本节我们将对常用的一些第三方 jQuery 插件及其使用进行详细讲解。

9.2.1 uploadify 插件（文件上传）

uploadify 插件是一款来自国外的优秀 jQuery 插件，它是基于 JS 里面的 jQuery 库编写的，结合了 Ajax 和 Flash，实现了多线程上传的功能。

uploadify 插件提供的功能主要包括：能够一次性选择多个文件上传、查看上传进度、控制文件上传类型和大小、为每一步操作添加回调函数等；另外，uploadify 插件还自带一个 PHP 文件，用于服务器端处理上传文件。下面我们就简单介绍一下 uploadify 插件的属性、方法和事件。

1. 属性

uploadify 插件的常用属性及说明如表 9-2 所示。

表 9-2 uploadify 插件的常用属性及说明

属性	说明
uploader	指定上传文件所需的 Flash 文件
script	后台处理文件
cancelImg	取消按钮的图片
buttonImg	选择文件按钮的图片
folder	服务器中存放上传文件的文件夹
queueID	显示上传文件进度的 DIV 标签的 ID
queueSizeLimit	限制每次选择文件的个数
auto	是否自动上传
multi	是否多选

属性	说明
sizeLimit	上传文件限制的最大值
simUploadLimit	同时上传的文件个数
fileDesc	文件类型的描述信息
fileExt	设置文件类型
width	按钮宽度
height	按钮高度
wmode	设置按钮背景透明

可以根据列出的属性列表对插件进行相应的设置，代码如下：

```
$(document).ready(function() {
    $("#uploadify").uploadify({
        'uploader': 'scripts/uploadify.swf',            // 上传所需的Flash文件
        'script': 'scripts/upload.ashx',                // 后台处理文件
        'cancelImg': 'cancel.png',                      // 取消按钮的图片
        'buttonImg': 'images/select.gif',               // 按钮图片
        'folder': '/uploads',                           // 上传文件夹
        'queueID': 'fileQueue',
        'queueSizeLimit': 4,                            // 限制每次选择文件的个数
        'auto': false,                                  // 是否自动上传
        'multi': true,                                  // 是否多选
        'sizeLimit': 6291456,                           // 上传文件限制的最大值
        'simUploadLimit': 1,                            // 同时上传的文件个数
        'fileDesc': '图片文件',                          // 文件类型的描述信息
        'fileExt': '*.jpg;*.png;*.bmp;*.gif',           // 设置文件类型
        'onQueueFull': function(event, queueSizeLimit) { alert("只允许上传" + queueSize Limit + "个文件");
event.data.action(event, queueSizeLimit) = false; },
        'width':77,                                     // 按钮宽度
        'height':23,                                    // 按钮高度
        'wmode':'transparent'                           // 设置按钮背景透明
    });
});
```

2. 方法

uploadify 插件的常用方法及说明如表 9-3 所示。

表 9-3　uploadify 插件的常用方法及说明

方法	说明
uploadifySettings	设置插件某个属性
uploadifyUpload	上传选择的文件
uploadifyClearQueue	清空所有上传队列

❑　uploadifySettings 方法。

该方法主要用于设置插件的属性。例如，在本实例中通过 uploadifySettings 方法设置文件上传的文件夹，代码如下：

```
jQuery('#uploadify').uploadifySettings('folder',        '/uploads/'      +      document.getElementById("ddlDir").
options[document.getElementById("ddlDir").selectedIndex]. value);
```

❑　uploadifyUpload 方法。

该方法用于将选择的文件上传给服务器文件处理程序，代码如下：

```
jQuery('#uploadify').uploadifyUpload();
```

❑　uploadifyClearQueue 方法。

该方法用于清空所有上传队列，执行此方法后可以取消文件上传，代码如下：

```
jQuery('#uploadify').uploadifyClearQueue();
```

3. 事件

uploadify 插件的常用事件及说明如表 9-4 所示。

表 9-4　uploadify 插件的常用事件及说明

事件	说明	事件	说明
onSelect	当选择所有文件之后触发	onQueueFull	队列达到最大容量时触发
onSelectOnce	当选择单个文件后触发	onError	上传过程中出现错误时触发
onCancel	文件上传被取消或从队列中删除时触发	onComplete	单个文件上传完毕后触发
onClearQueue	清空上传队列时触发	onAllComplete	所有文件上传完毕后触发

【例 9-1】 使用 uploadify 插件实现文件批量上传的功能，程序开发（实例位置：源码\第 9 章\9-1）步骤如下。

 说明 由于使用 uploadify 插件上传文件时，需要一个服务器端文件来接收上传的文件，因此，需要使用网页编程语言编写一个服务器端文件，本实例中使用 PHP 作为编写服务器文件的网页语言。

（1）在文件夹 9 下创建新项目，命名为 9-1，默认主页为 index.php。

（2）创建 js 文件夹，将要用到的 uploadify 插件的相应 JS 脚本文件复制到 js 文件夹中，并且将 CSS 样式文件、swf 文件和图片文件复制到 js 文件夹下。

（3）index.html 的 HTML 代码中首先要引入 jQuery 框架和 uploadify 插件所需的 js 文件及 CSS 样式，代码如下：

```
<script type="text/javascript" src="js/jquery-3.3.1.min.js"></script>
<script type="text/javascript" src="js/jquery.uploadify-3.1.min.js"></script>
<link rel="stylesheet" type="text/css" href="uploadify.css"/>
```

（4）在 index.php 页面中添加一个 file 控件，id 设为 file_upload，用于选择文件。代码如下：

```
<input type="file" name="file_upload" id="file_upload" />
```

（5）在 file 控件下面还需要添加一个上传按钮，一个重置按钮，用于上传文件以及重置文件。代码如下：

```
<input type="button" id="upload" name="upload" value="上传" />
<input type="button" name="reset" id="reset" value="重置"/>
```

（6）在<head></head>中编写代码，实现当页面加载后初始化 uploadify 插件，并设置插件的相关属性，其中包括上传类型、上传大小、是否可以选择多个文件以及是否自动上传等，通过设置这些属性就可以非常灵活地控件文件的上传。代码如下：

```
$('#file_upload').uploadify({
        'auto' : false,                          // 关闭自动上传
        'removeTimeout' : 1,                     // 文件队列上传完成1秒后删除
        'swf': 'uploadify.swf',                  // 指明swf文件路径
        'script' : 'uploadify.php',              // 指明后台处理文件路径
        'method' : 'post',                       // 方法，服务端可以用$_POST数组获取数据
        'buttonText' : '选择图片',                // 设置按钮文本
        'multi' : true,                          // 允许同时上传多张图片
        'uploadLimit' : 10,                      // 一次最多只允许上传10张图片
        'fileTypeDesc' : 'Image Files',          // 只允许上传图像
        'fileTypeExts' : '*.gif; *.jpg; *.png',  // 限制允许上传的图片后缀
        'fileSizeLimit' : '200KB',               // 限制上传的图片不得超过200KB
        'onUploadSuccess' : function(file, data, response) {
        //每次成功上传后执行的回调函数，从服务端返回数据到前端
                img_id_upload[i]=data;
                i++;
```

```
                    alert(data);
            }
    });
```

（7）设置上传按钮以及重置按钮的 click 事件，使其上传或重置全部文件。代码如下：

```
$("#upload").click(function(){
        $('#file_upload').uploadify('upload','*');      // 上传全部文件
});
    $("#reset").click(function(){
        $('#file_upload').uploadify('cancel','*');      // 取消全部文件上传
});
```

（8）处理文件上传的 uploadify 的 PHP 文件代码如下：

```php
<?php
//设置上传目录
$path = "uploads/";

if (!empty($_FILES)) {

    //得到上传的临时文件流
    $tempFile = $_FILES['Filedata']['tmp_name'];

    //允许的文件后缀
    $fileTypes = array('jpg','gif','png');

    //得到文件原名
    $fileName = iconv("UTF-8","GB2312",$_FILES["Filedata"]["name"]);
    $fileParts = pathinfo($_FILES['Filedata']['name']);

    //最后保存服务器地址
    if(!is_dir($path))
        mkdir($path);
    if (move_uploaded_file($tempFile, $path.$fileName)){
        echo $fileName."上传成功！";
    }else{
        echo $fileName."上传失败！";
    }
}
?>
```

实例运行效果如图 9-1 所示。

图 9-1　uploadify 插件的使用

9.2.2 zTree 插件（树菜单）

zTree 插件是一款基于 jQuery 实现的多功能"树插件"，优异的性能、灵活的配置、多种功能的组合是 zTree 最大的优点。

 说明　zTree 插件专门适合项目开发，尤其是树状菜单、树状数据的 Web 显示及权限管理等。

zTree 插件的主要特点如下。

❑ zTree 将核心代码按照功能进行了分割，不需要的代码可以不用加载。
❑ 采用了延迟加载技术，上万节点轻松加载，即使在 IE 6 下也能基本做到"秒杀"。
❑ 兼容 IE、FireFox、Chrome、Opera、Safari 等浏览器。
❑ 支持 JSON 数据。
❑ 支持静态和 Ajax 异步加载节点数据。
❑ 支持任意更换皮肤、自定义图标。
❑ 支持极其灵活的 checkbox 或 radio 选择功能。
❑ 提供多种事件响应回调。

1. 属性

zTree 插件的常用属性及说明如表 9-5 所示。

表 9-5　zTree 插件的常用属性及说明

属性	说明
setting.treeId	zTree 的唯一标识，初始化后，等于用户定义的 zTree 容器的 id 属性值
async.autoParam	异步加载时需要自动提交父节点属性的参数
async.dataFilter	用于对 Ajax 返回数据进行预处理的函数
async.dataType	Ajax 获取的数据类型
async.enable	设置 zTree 是否开启异步加载模式
async.type	Ajax 的 http 请求模式
async.url	Ajax 获取数据的 URL 地址
check.enable	设置 zTree 的节点上是否显示 checkbox / radio
data.key.title	zTree 节点数据保存节点提示信息的属性名称
data.key.url	zTree 节点数据保存节点链接的目标 URL 的属性名称
data.simpleData.enable	确定 zTree 初始化时的节点数据、异步加载时的节点数据或 addNodes 方法中输入的 newNodes 数据是否采用简单数据模式（Array）
data.simpleData.idKey	节点数据中保存唯一标识的属性名称
data.simpleData.pIdKey	节点数据中保存其父节点唯一标识的属性名称
view.expandSpeed	zTree 节点展开、折叠时的动画速度，设置方法同 jQuery 动画效果中 speed 参数
view.selectedMulti	设置是否允许同时选中多个节点
view.showIcon	设置 zTree 是否显示节点的图标

2. 方法

zTree 插件的常用方法及说明如表 9-6 所示。

表 9-6　zTree 插件的常用方法及说明

方法	说明
$.fn.zTree.init	zTree 初始化方法
$.fn.zTree.destroy	从 zTree v3.4 开始提供销毁 zTree 的方法
$.fn.zTree.getZTreeObj	zTree v3.x 专门提供的根据 treeId 获取 zTree 对象的方法
callback.beforeAsync	用于捕获异步加载之前的事件回调函数，zTree 根据返回值确定是否允许进行异步加载
callback.beforeExpand	用于捕获父节点展开之前的事件回调函数，并且根据返回值确定是否允许展开操作
callback.beforeDblClick	用于捕获 zTree 上鼠标双击之前的事件回调函数，并且根据返回值确定触发 onDblClick 事件回调函数
callback.onAsyncError	用于捕获异步加载出现异常错误的事件回调函数
callback.onAsyncSuccess	用于捕获异步加载正常结束的事件回调函数
callback.onClick	用于捕获节点被单击的事件回调函数
callback.onDblClick	用于捕获 zTree 上鼠标双击之后的事件回调函数
zTreeObj.getNodes	获取 zTree 的全部节点数据
zTreeObj.refresh	刷新 zTree
treeNode.getNextNode	获取与 treeNode 节点相邻的后一个节点
treeNode.getPreNode	获取与 treeNode 节点相邻的前一个节点

【例 9-2】 本例使用 zTree 插件异步加载大数据。程序开发（实例位置：源码\第 9 章\9-2）步骤如下。

（1）将 zTree 插件中的 css 文件夹复制到实例文件夹 9-2 中。创建 js 文件夹，将 jquery-3.3.1.min.js 文件以及 jquery.ztree.core-3.5.js 文件复制到 js 文件夹中。

（2）创建一个名称为 index.html 的文件，在该文件的\<head>标记中引入 jQuery 文件、zTree 的核心脚本文件以及 zTree 的 CSS 样式文件。代码如下：

```
<link rel="stylesheet" href="css/demo.css" type="text/css">
    <link rel="stylesheet" href="css/zTreeStyle/zTreeStyle.css" type="text/css">
    <script type="text/javascript" src="js/jquery-3.3.1.min.js"></script>
    <script type="text/javascript" src="js/jquery.ztree.core-3.5.js"></script>
```

（3）在页面的\<body>标记中创建两个\<ul>元素，一个用来显示树状菜单，另一个用来显示操作日志。代码如下：

```
<div class="content_wrap">
    <div class="zTreeDemoBackground left">
        <ul id="treeDemo" class="ztree"></ul>
    </div>
    <ul id="log"></ul>
</div>
```

（4）编写 jQuery 代码，首先，开启异步加载模式，显示节点上的复选框，使用简单数据模式以及设置父节点展开之前、加载成功、加载失败时的回调函数。具体代码如下：

```
var setting = {
        async: {

            enable: true,          // 开启异步加载模式
            url: getUrl            // 获取数据的URL地址
```

```
        },
        check: {
            enable: true                    // 设置zTree上节点显示checkbox
        },
        data: {
            simpleData: {
                enable: true                // 使用简单数据模式
            }
        },
        view: {
            expandSpeed: ""                 // zTree展开折叠时的动画速度，" "表示不显示动画效果
        },
        callback: {
            beforeExpand: beforeExpand,     // 捕获父节点展开之前的事件回调函数
            onAsyncSuccess: onAsyncSuccess, // 捕获异步加载正常结束的事件回调函数
            onAsyncError: onAsyncError      // 捕获异步加载出现异常错误的事件回调函数
        }
    };
```

（5）设置父节点对象。代码如下：

```
var zNodes =[
            {name:"10个节点", id:"1", count:10, times:1, isParent:true},
            {name:"100个节点", id:"2", count:100, times:1, isParent:true},
            {name:"1000个节点", id:"3", count:1000, times:1, isParent:true}
        ];
var log, className = "dark",
        startTime = 0, endTime = 0, perCount = 100, perTime = 100;
```

（6）编写函数 **getUrl()** 用来获取接收页面请求的 URL 地址。代码如下：

```
function getUrl(treeId, treeNode) {
        var curCount = (treeNode.children) ? treeNode.children.length : 0;
        var getCount = (curCount + perCount) > treeNode.count ? (treeNode.count − curCount) : perCount;
        var param = "id="+treeNode.id+"_"+(treeNode.times++) +"&count="+getCount;
        return "getBigData.php?" + param;
}
```

（7）编写父节点展开之前、加载成功、加载失败时的回调函数以及显示日志函数。具体代码如下：

```
// 父节点展开之前执行
        function beforeExpand(treeId, treeNode) {
            if (!treeNode.isAjaxing) {
                startTime = new Date();
                treeNode.times = 1;
                ajaxGetNodes(treeNode, "refresh");
                return true;
            } else {
                alert("zTree 正在下载数据中，请稍后展开节点……");
                return false;
            }
        }
        // 异步加载成功时执行
        function onAsyncSuccess(event, treeId, treeNode, msg) {
            if (!msg || msg.length == 0) {
                return;
            }
            var zTree = $.fn.zTree.getZTreeObj("treeDemo"), // 获取zTree对象
            totalCount = treeNode.count;                    // 节点数
            if (treeNode.children.length < totalCount) {    // 子节点数没到最大值时
                setTimeout(function() {ajaxGetNodes(treeNode);}, perTime);
                // 继续执行ajaxGetNodes
            } else {                                        // 达到节点数最大值
                treeNode.icon = "";
                zTree.updateNode(treeNode);                 // 更新节点数据
                zTree.selectNode(treeNode.children[0]);     // 选中第1个节点
```

```
                    endTime = new Date();                           // 结束时间
                    var usedTime = (endTime.getTime() – startTime.getTime())/1000;
                    // 加载完毕消耗的时间
                    className = (className === "dark" ? "":"dark");
                    showLog("[ "+getTime()+" ]  treeNode:" + treeNode.name );
                showLog("加载完毕，共进行 "+ (treeNode.times-1) +" 次异步加载，耗时："+ usedTime + " 秒");
                }
            }
            // 异步加载失败时执行
            function onAsyncError(event, treeId, treeNode, XMLHttpRequest, textStatus, error Thrown) {
                    var zTree = $.fn.zTree.getZTreeObj("treeDemo"); // 根据id获取zTree对象
                    alert("异步获取数据出现异常。");                    // 弹出消息提示
                    treeNode.icon = "";                               // 清空图标
                    zTree.updateNode(treeNode);                       // 更新节点数据
            }
            function ajaxGetNodes(treeNode, reloadType) {
                    var zTree = $.fn.zTree.getZTreeObj("treeDemo"); // 根据id获取zTree对象
                    if (reloadType == "refresh") {                    // 如果加载类型为刷新
                            treeNode.icon = "css/zTreeStyle/img/loading.gif"; // 加载时对应的图片
                            zTree.updateNode(treeNode);               // 更新节点数据
                    }
                    zTree.reAsyncChildNodes(treeNode, reloadType, true);
                    // 强行异步加载父节点的子节点
            }
            // 显示日志
            function showLog(str) {
                    if (!log) log = $("#log");                        // 获取log对象
                    log.append("<li class='"+className+"'>"+str+"</li>"); // 添加log内容
                    if(log.children("li").length > 4) {               // 如果子节点大于4
                            log.get(0).removeChild(log.children("li")[0]); // 移除第1个节点
                    }
            }
            // 获取时间的时分秒毫秒
            function getTime() {
                    var now= new Date(),                              // 当前时间
                    h=now.getHours(),                                 // 当前时间的小时数
                    m=now.getMinutes(),                               // 当前时间的分钟数
                    s=now.getSeconds(),                               // 当前时间的秒数
                    ms=now.getMilliseconds();                         // 当前时间的毫秒数
                    return (h+":"+m+":"+s+ " " +ms);                  // 返回时分秒毫秒值
            }
```

（8）初始化 **zTree**。代码如下：

```
$(document).ready(function(){
        $.fn.zTree.init($("#treeDemo"), setting, zNodes);

});
```

（9）编写 **getBigData.php** 文件，用来返回存放子节点的 **JSON** 对象。具体代码如下：

```
[<?php
$pId = "-1";
if(array_key_exists( 'id',$_REQUEST)) {                // 如果提交的数据中存在参数id
        $pId=$_REQUEST['id'];
}
$pCount = "10";
if(array_key_exists( 'count',$_REQUEST)) {             // 如果提交的数据中存在参数count
        $pCount=$_REQUEST['count'];
}
if ($pId==null || $pId=="") $pId = "0";
if ($pCount==null || $pCount=="") $pCount = "10";      // 如果count不存在，则默认为10

$max = (int)$pCount;                  // 设置最大值为$pCount
```

```
for ($i=1; $i<=$max; $i++) {          // 进行max次循环
    $nId = $pId."_".$i;                // 设置节点的name值
    $nName = "tree".$nId;
    echo "{ id:'".$nId."', name:'".$nName."'}";   // 一个节点的JSON数据
    if ($i<$max) {                     // 如果i的值小于max，则输出逗号
        echo ",";                      // 目的是组合成多组JSON数据
    }
}
?>]
```

运行本实例，可以看到，页面左侧显示树状结构，右边显示日志操作，效果如图 9-2 所示。

图 9-2　zTree 插件异步加载大数据

9.2.3　Nivo Slider 插件（图片切换）

Nivo Slider 插件是一款基于 jQuery 的多图片切换插件，它支持多种图片切换时的动画效果，而且支持键盘导航和连接影像功能。

1. 属性

Nivo Slider 插件的常用属性及说明如表 9-7 所示。

表 9-7　Nivo Slider 插件的常用属性及说明

属性	说明
effect	过渡效果
slices	effect 为切片效果时的数量
boxCols	effect 为格子效果时的列
boxRows	effect 为格子效果时的行
animSpeed	动画速度

续表

属性	说明
pauseTime	图片切换速度
startSlide	从第几张开始
directionNav	是否显示图片切换按钮（上/下页）
directionNavHide	是否鼠标指针经过才显示
controlNav	显示序列导航
controlNavThumbs	显示图片导航
controlNavThumbsFromRel	使用 img 的 rel 属性作为缩略图地址
controlNavThumbsSearch	查找特定字符串（controlNavThumbs 必须为 true）
controlNavThumbsReplace	替换成这个字符（controlNavThumbs 必须为 true）
keyboardNav	键盘控制（左、右箭头）
pauseOnHover	鼠标指针经过时暂停播放
manualAdvance	是否手动播放（false 为自动播放幻灯片）
captionOpacity	字幕透明度
prevText	上一张图片
nextText	下一张图片
randomStart	是否从随机图片开始

2. 方法

Nivo Slider 插件的常用方法及说明如表 9-8 所示。

表 9-8 Nivo Slider 插件的常用方法及说明

方法	说明
beforeChange	动画开始前触发
afterChange	动画结束后触发
slideshowEnd	本轮循环结束触发
lastSlide	最后一张图片播放结束触发
afterLoad	加载完毕时触发

> 【例 9-3】 本实例使用 Nivo Slider 插件实现仿淘宝首页的广告切换效果（实例位置：源代码\ MR\源码 \第 9 章\9-3）。程序开发步骤如下。

（1）新建一个 index.html 文件，将其放到 9-3 文件夹中。

（2）将 Nivo Slider 插件的 themes 文件夹、jquery.nivo.slider.js 脚本文件、nivo-slider.css 样式文件以及 jQuery 的脚本文件复制到 9-3 文件夹中；另外，新建一个 images 文件夹，将要进行切换的图片文件复制到该文件夹中。

（3）使用 Dreamweaver 打开 index.html 文件，该文件中使用 Nivo Slider 插件实现图片的切换效果，进行图片切换时，可以通过单击网页下方的缩略图导航进行切换。代码如下：

```
<!DOCTYPE html PUBLIC "-//W3C//DTD XHTML 1.0 Transitional//EN" "http://www.w3.org/ TR/xhtml1/
DTD/xhtml1-transitional.dtd">
<html xmlns="http://www.w3.org/1999/xhtml">
<head>
<meta http-equiv="Content-Type" content="text/html; charset=utf-8" />
<title>使用Nivo Slider插件实现图片的切换</title>
    <link rel="stylesheet" href="nivo-slider/themes/default/default.css" type="text/css" media=" screen" />
    <link rel="stylesheet" href="nivo-slider/themes/light/light.css" type="text/css" media="screen" />
    <link rel="stylesheet" href="nivo-slider/themes/dark/dark.css" type="text/css" media="screen" />
```

```
<link rel="stylesheet" href="nivo-slider/themes/bar/bar.css" type="text/css" media="screen" />
<link rel="stylesheet" href="nivo-slider/nivo-slider.css" type="text/css" media="screen" />
<link rel="stylesheet" href="style.css" type="text/css" media="screen" />
<script type="text/javascript" src="scripts/jquery-1.11.1.min.js"></script>
<script type="text/javascript" src="nivo-slider/jquery.nivo.slider.js"></script>
<script type="text/javascript">
$(window).load(function() {
    $('#slider').nivoSlider(
    {
        controlNavThumbs:true,            //图片导航
        manualAdvance:false               //自动播放
    });
});
</script>
</head>
<body>
    <div id="wrapper">
        <div class="slider-wrapper theme-default">
            <div id="slider" class="nivoSlider" style="width:600px;height:500px" >
                <img src="images/01.jpg" data-thumb="images/01.jpg"  alt="" title="微信小程序开发图解案例
教程"/>
                <img src="images/02.jpg" data-thumb="images/02.jpg" alt="" title="Axure RP 网站与App设计
"/>
                <img src="images/03.jpg" data-thumb="images/03.jpg" alt="" title="Axure RP8 原型设计"/>
                <img src="images/04.jpg" data-thumb="images/04.jpg" alt="" title="微信小程序开发全案精讲
"/>
            </div>
        </div>
    </div>
</body>
</html>
```

使用 Chrome 浏览器运行 index.html，效果如图 9-3 所示，程序可以自动实现图片的切换，另外，用户可以将鼠标指针移动到图片上，单击图片上的前、后箭头实现图片的切换，也可以单击下面的图片缩略图进行图片的切换。

图 9-3　Nivo Slider 插件的使用

9.2.4　Pagination 插件（数据分页）

Pagination 插件是一款可以加载数据和进行分页的 jQuery 插件，使用时，一般需要先将要显示的数据载入到页面中，然后根据当前页面的索引号，获取指定页面需要显示的数据，并将这部分数据显示到相应的容器中，从而实现分页显示数据的功能。

 Pagination 插件由于需要一次性加载数据，因此在分页切换时无刷新与延迟，但是，如果数据量较大，不建议使用该插件，因为加载会比较慢。

与一般的 jQuery 插件一样，Pagination 插件使用也很简单。例如，要使用方法 pagination，可以用下面的代码：

```
$("#page").pagination(100);
```

这里的 100 参数是必须的，表示显示项目的总个数，得到的显示效果如图 9-4 所示。

图 9-4　使用 ColorPicker 插件制作颜色选择器

 分页列表需要放在 class 类为 pagination 的标签内，可以使用 text-align 属性控制分页居中显示还是居右显示。

Pagination 插件的常用属性及说明如表 9-9 所示。

表 9-9　Pagination 插件的常用属性及说明

属性	说明
maxentries	总条目数
items_per_page	每页显示的条目数
num_display_entries	连续分页主体部分显示的分页条目数
current_page	当前选中的页面
num_edge_entries	两侧显示的首尾分页的条目数
link_to	分页的链接
prev_text	"前一页"分页按钮上显示的文字
next_text	"下一页"分页按钮上显示的文字
ellipse_text	省略的页数用什么文字表示
prev_show_always	是否显示"前一页"分页按钮
next_show_always	是否显示"下一页"分页按钮
callback	回调函数，一般用来装载对应分页显示的内容

【例 9-4】　本实例使用 Pagination 插件制作一个分页显示数据的网页，其中要分页显示的数据需要通过 Ajax 异步获取（实例位置：源码\第 9 章\9-4）。程序开发步骤如下。

（1）新建一个 index.html 文件，将其放到 9-4 文件夹中。

（2）将 Pagination 插件所用到的 jquery.min.js 脚本文件、jquery.pagination.js 脚本和 pagination.css 样式文件复制到 9-4 文件夹中。

（3）新建一个 load.html 文件，存放在 9-4 文件夹中，该文件主要用来定义要异步获取的数据。代码如下：

```
<!DOCTYPE html PUBLIC "-//W3C//DTD XHTML 1.0 Transitional//EN" "http://www.w3.org/ TR/xhtml1/
DTD/xhtml1-transitional.dtd">
<html xmlns="http://www.w3.org/1999/xhtml">
<head>
<meta http-equiv="Content-Type" content="text/html; charset=utf-8" />
</head>
<body>
<div class="result">异步获取的内容：ASP.NET</div>
<div class="result">异步获取的内容：PHP</div>
<div class="result">异步获取的内容：Java Web</div>
<div class="result">异步获取的内容：jQuery</div>
<div class="result">异步获取的内容：JavaScript</div>
<div class="result">异步获取的内容：Ajax</div>
<div class="result">异步获取的内容：Java</div>
<div class="result">异步获取的内容：C#</div>
<div class="result">异步获取的内容：Android</div>
<div class="result">异步获取的内容：Visual C++</div>
</body>
</html>
```

（4）使用 Dreamweaver 打开 index.html 文件，该文件中使用 Ajax 技术从 load.html 文件中获取要显示的数据，然后通过设置 Pagination 插件的选项对获取的数据进行分页显示。代码如下：

```
<!DOCTYPE html PUBLIC "-//W3C//DTD XHTML 1.0 Transitional//EN" "http://www.w3.org/
TR/xhtml1/DTD/xhtml1-transitional.dtd">
<html xmlns="http://www.w3.org/1999/xhtml">
<head>
<meta http-equiv="Content-Type" content="text/html; charset=utf-8" />
<title>使用Pagination插件实现数据分页显示</title>
<link rel="stylesheet" href="pagination/pagination.css"/>
<script type="text/javascript" src="pagination/jquery-3.3.1.min.js"></script>
<script type="text/javascript" src="pagination/jquery.pagination.js"></script>
<script type="text/javascript">
$(function(){
    // 通过Ajax加载分页元素
    var initPagination = function() {
        var num_entries = $("#hiddenresult div.result").length;
        // 创建分页
        $("#Pagination").pagination(num_entries, {
            num_edge_entries: 1,                    // 边缘页数
            num_display_entries: 4,                 // 连续分页主体部分显示的分页数
            callback: pageselectCallback,
            items_per_page: 1,                      // 每页显示1项
            prev_text: "Prev",
            next_text: "Next"
        });
    };
    function pageselectCallback(page_index, jq){
        var new_content = $("#hiddenresult div.result:eq("+page_index+")").clone();
        $("#Searchresult").empty().append(new_content);      // 加载对应分页的内容
        return false;
    }
    // Ajax异步获取要加载的数据
    $("#hiddenresult").load("load.html", null, initPagination);
});
</script>
</head>

<body style="font-size:84%; color:#00F; line-height:1.4;">
<h1>使用Pagination插件实现数据分页显示</h1>
<div id="Pagination" class="pagination"></div>
<div id="Searchresult" style="width:300px; height:100px; padding:20px; background:#9CF;"> </div>
```

```
<div id="hiddenresult" style="display:none;">
</div>
</body>
</html>
```

使用 IE 浏览器运行 index.html，效果如图 9-5 所示。

图 9-5 Pagination 插件的使用

本程序使用 IE 浏览器或者 Firefox 浏览器进行浏览，因为 Chrome 浏览器针对非服务器端的 Ajax 调用做了严格的限制，而本程序中获取分页显示的数据时，用到了 Ajax 异步获取，所以使用 Chrome 浏览器看不到获取的结果。

9.2.5 jQZoom 插件（图片放大镜）

jQZoom 是一个基于 jQuery 的图片放大镜插件，它功能强大，使用简便，支持标准模式、反转模式、无镜头、无标题的放大，并可以自定义 jQZoom 的窗口位置和渐隐效果。

jQZoom 插件的常用属性及说明如表 9-10 所示。

表 9-10 jQZoom 插件的常用属性及说明

属性	说明
zoomType	默认值："standard"，另一个值是"reverse"，选择是否将原图用半透明图层遮盖
zoomWidth	默认值：200，放大窗口的宽度
zoomHeight	默认值：200，放大窗口的高度
xOffset	默认值：10，放大窗口相对于原图的 x 轴偏移值，可以为负
yOffset	默认值：0，放大窗口相对于原图的 y 轴偏移值，可以为负
position	默认值："right"，放大窗口的位置，值还可以是："right""left""top""bottom"
lens	默认值：true，若为 false，则不在原图上显示镜头
imageOpacity	默认值：0.2，当 zoomType 的值为"reverse"时，这个参数用于指定遮罩的透明度
title	默认值：true，在放大窗口中显示标题，值可以为 a 标记的 title 值，若无，则为原图的 title 值
showEffect	默认值："show"，显示放大窗口时的效果，值可以为："show""fadein"
hideEffect	默认值："hide"，隐藏放大窗口时的效果，值可以为："hide""fadeout"
fadeinSpeed	默认值："fast"，放大窗口的渐显速度（选项："fast""slow""medium"）
fadeoutSpeed	默认值："slow"，放大窗口的渐隐速度（选项："fast""slow""medium"）
showPreload	默认值：true，是否显示加载提示 Loading zoom（选项："true""false"）
preloadText	默认值："Loading zoom"，自定义加载提示文本
preloadPosition	默认值："center"，加载提示的位置，值也可以为"bycss"，以通过 css 指定位置

【例 9-5】 本实例使用 jQZoom 插件制作一个图片放大镜，运行程序，当鼠标指针在图片上移动时，图片的局部会以放大形式显示在网页的右侧空白区域（实例位置：源码\第 9 章\9-5）。程序开发步骤如下。

（1）新建一个 index.html 文件，将其放到 9-5 文件夹中。

（2）将 jQZoom 插件的 css 文件夹、js 文件夹复制到 9-5 文件夹中。

（3）使用 Dreamweaver 打开 index.html 文件，该文件中首先引入 jQuery 文件、jQZoom 插件及其 CSS 样式文件；然后，定义一个 JavaScript 函数，使用 jQZoom 显示放大效果；最后，在<body></body>区域中加入一个 DIV，在该 DIV 中，分别使用<img>标记和<a>标记设置要显示的原图和局部放大效果图。代码如下：

```
<!DOCTYPE html PUBLIC "-//W3C//DTD XHTML 1.0 Transitional//EN" "http://www.w3.org/
TR/xhtml1/DTD/xhtml1-transitional.dtd">
<html xmlns="http://www.w3.org/1999/xhtml">
<head>
<meta http-equiv="Content-Type" content="text/html; charset=utf-8" />
<title>jQZoom插件的使用</title>
<script src="js/jquery-1.6.js" type="text/javascript"></script>
<script src="js/jquery.jqzoom-core.js" type="text/javascript"></script>
<link rel="stylesheet" href="css/jquery.jqzoom.css" type="text/css"/>
<script type="text/javascript">
$(function() {
    $(".jqzoom").jqzoom(
    {
        zoomWidth:200,
        zoomHeight:200
    });
});
</script>
</head>
<body>
<div>
    <a href="test.JPG" class="jqzoom" title="放大效果">
        <img src="test.JPG" style="border: 1px solid #666;"/>
    </a>
</div>
</body>
</html>
```

使用 Chrome 浏览器运行 index.html，效果如图 9-6 所示。

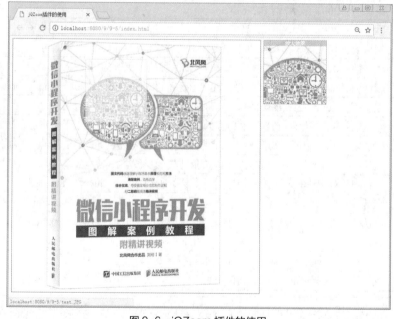

图 9-6　jQZoom 插件的使用

9.3 综合实例：使用 ColorPicker 插件制作颜色选择器

我们在使用 QQ 聊天时，如果想设置字体颜色，可以打开 QQ 聊天对话框中的设置字体颜色对话框，在这个对话框中设置颜色的界面就是颜色拾取器。本实例使用第三方的 ColorPicker 插件制作了一个简单的颜色拾取器，运行效果如图 9-7 所示。

综合实例：使用 ColorPicker 插件制作颜色选择器

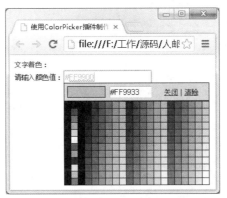

图 9-7 使用 ColorPicker 插件制作颜色选择器

 说明 ColorPicker 是一款简单实用的取色插件，它能准确显示颜色的 HEX 数值。ColorPicker 是以一个小窗口的形式出现的。

程序开发步骤如下。

（1）新建一个 index.html 文件，将其放到"综合案例"文件夹中。

（2）将下载的 Colorpick 插件的文件夹（包括 jquery.colorpicker.js 文件和 jquery.js 文件）复制到"综合案例"文件夹中。

（3）使用 Dreamweaver 打开 index.html 文件，该文件中，首先引入 jQuery 框架、ColorPicker 插件，自定义 body 样式，并自定义 JavaScript 函数来使用 ColorPicker 插件显示颜色选择器；然后在 \<body>\</body>区域中加入一个 DIV，在该 DIV 中放置一个 input 类型为 text 的标签，用来单击时显示颜色选择器。代码如下：

```
<!DOCTYPE html PUBLIC "-//W3C//DTD XHTML 1.0 Transitional//EN" "http://www.w3.org/
TR/xhtml1/DTD/xhtml1-transitional.dtd">
<html xmlns="http://www.w3.org/1999/xhtml">
<head>
<meta http-equiv="Content-Type" content="text/html; charset=utf-8" />
<title>使用ColorPicker插件制作颜色选择器</title>
<style>
    body{margin:10;padding:10;font-size:12px;font-family:"微软雅黑",Verdana,Arial}
</style>
<script type="text/javascript" src="colorpicker/jquery.js"></script>
<script type="text/javascript" src="colorpicker/jquery.colorpicker.js"></script>
<script type="text/javascript">
$(function(){
        $("#colorpicker").colorpicker({
            fillcolor:true,
            success:function(o,color){
                $(o).css("color",color);
            }
        });
```

```
        });
    </script>
    </head>
    <body>
    <div id="container">
        <font color="blue">文字着色：</font><br />
        请输入颜色值：<input type="text" id="colorpicker" />
    </div>
    </body>
    </html>
```

知识点提炼

（1）jQuery 插件是一种用来提高网站开发效率的、已经封装好的 JavaScript 脚本库。

（2）uploadify 插件是一款来自国外的优秀 jQuery 插件，它是基于 JS 里面的 jQuery 库编写的，结合了 Ajax 和 Flash，实现了多线程上传的功能。

（3）zTree 插件是一款基于 jQuery 实现的多功能"树插件"。

（4）Nivo Slider 插件是一款基于 jQuery 的多图片切换插件，它支持多种图片切换时的动画效果，而且支持键盘导航和连接影像功能。

（5）Pagination 插件是一款可以加载数据和进行分页的 jQuery 插件。

（6）jQZoom 插件是一个基于 jQuery 的图片放大镜插件，它功能强大，使用简便，支持标准模式、反转模式、无镜头、无标题的放大，并可以自定义 jQZoom 的窗口位置和渐隐效果。

（7）ColorPicker 插件是一款简单实用的取色插件，它能准确显示颜色的 HEX 数值。

习题

9-1　简述使用 jQuery 插件的优点。

9-2　简述使用 jQuery 插件的主要步骤。

9-3　列举常用的 5 种第三方 jQuery 插件。

9-4　使用 uploadify 插件时，如何限制同时上传的文件个数？

9-5　使用 Nivo Slider 插件时，如何设置缩略图导航？

9-6　如何将 Pagination 插件的 Prev 按钮和 Next 按钮设置为中文显示？

第10章

jQuery性能优化与技巧

本章要点:

常用的jQuery性能优化方法 ■

jQuery的常用技巧 ■

■ 现在,越来越多的网站开始使用 jQuery 来实现一些常见的 Web 功能,但是,jQuery 作为一种 JavaScript 类库,如何有效地使用它来使网站达到最佳性能,是每一个 Web 开发人员都需要面对的问题,本章我们将对 jQuery 使用过程中常用的性能优化及技巧进行讲解。

10.1　jQuery 性能优化

jQuery 性能优化

本节我们将对使用 jQuery 过程中常用的性能优化技术进行讲解。

1. 使用一个 var 来定义变量

如果需要使用多个变量的话，建议使用 var 关键字进行定义。代码如下：

```
var page = 0,
    $loading = $('#loading'),
    $body = $('body');
```

不需要给每一个变量都添加一个 var 关键字。

2. 定义 jQuery 变量时添加$符号

在声明或者定义变量的时候，请记住如果定义的是 jQuery 变量，请添加一个$符号到变量前。代码如下：

```
var $loading = $('#loading');
```

定义成这样的好处在于，可以有效地提示自己或者其他阅读代码的用户，这是一个 jQuery 的变量。

3. 使用 HTML5

新的 HTML5 标准带来的是更轻巧的 DOM 结构，更轻巧的结构意味着使用 jQuery 需要更少的遍历以及更优良的载入性能，所以如果可能的话，请使用 HTML5。

4. 需要的时候使用原生的 JavaScript

使用 jQuery 是件很棒的事情，但是不要忘了它也是 JavaScript 的一个框架，所以可以在必要时在 jQuery 代码中也使用原生的 JavaScript 函数，这样能获得更好的性能。

5. 精简 jQuery 代码

尽量把一些代码都整合到一起，例如下面的代码：

```
$button.click(function(){
    $target.css('width','50%');
    $target.css('border','1px solid #202020');
    $target.css('color','#fff');
});
```

可以精简为下面的写法：

```
$button.click(function(){
    $target.css({'width':'50%','border':'1px solid #202020','color':'#fff'});
});
```

6. 标准化 jQuery 代码

经常标准化 jQuery 代码，可以查询哪个比较慢，然后替换它。可以使用 Firebug 控制台，也可以使用 jQuery 的快捷函数使测试代码工作变得更容易。常用的测试方式如下：

```
// 在Firebug控制台记录数据的快捷方式
$.l($('div'));
// 获取UNIX时间戳
$.time();
// 在Firebug记录执行代码时间
$.lt();
$('div');
$.lt();
// 将代码块放在一个for循环中测试执行时间
$.bm("var divs = $('.testdiv', '#pageBody');");
```

7. 尽量使用.on 方法

如果使用比较新版本的 jQuery 类库，请使用.on，其他任何方法都是最终使用.on 来实现的。

8. 总是从 #id 选择器来继承

在 jQuery 中最快的选择器是 ID 选择器，因为它直接来自于 JavaScript 的 getElementById() 方法。例如，下面的 HTML 代码：

```
<div id="content">
    <form method="post" action="/">
        <ul id="traffic_light">
            <li><input type="radio" class="on" name="light" value="red" /> Red</li>
            <li><input type="radio" class="off" name="light" value="yellow" /> Yellow</li>
            <li><input type="radio" class="off" name="light" value="green" /> Green</li>
        </ul>
        <input class="button" id="traffic_button" type="submit" value="Go" />
    </form>
</div>
```

如果像这样选择按钮是低效的，代码如下：

```
var traffic_button = $("#content .button");
```

用 ID 选择器直接选择按钮效率更高，代码如下：

```
var traffic_button = $("#traffic_button");
```

9. 在 class 前面使用 tag

jQuery 中第二快的选择器就是 tag 选择器（例如 $('head')），因为它直接来自于原生的 JavaScript 方法 getElementsByTagName()，所以最好用 tag 来修饰 class（并且不要忘记就近的 ID）。代码如下：

```
var receiveNewsletter = $('#nslForm input.on');
```

> jQuery 中 class 选择器是最慢的，因为在 IE 浏览器下它会遍历所有的 DOM 节点，所以应尽量避免使用 class 选择器。

另外，不要用 tag 来修饰 ID。例如，下面的示例将会遍历所有的 DIV 元素来查找 id 为'content'的节点，代码如下：

```
var content = $('div#content');          // 非常慢，不要使用
```

10. 优化选择器以适用 Sizzle 的"从右至左"模型

自 jQuery 1.3 版本之后，jQuery 采用了 Sizzle 库，与之前的版本在选择器引擎上的表现形式有很大的不同，它用"从左至右"的模型代替了"从右至左"的模型，确保最右的选择器具体些，而左边的选择器选择范围较宽泛些。代码如下：

```
var linkContacts = $('.contact-links div.side-wrapper');
```

jQuery 1.3 版本之前的写法如下：

```
var linkContacts = $('a.contact-links .side-wrapper');
```

11. 编写适合自己的选择器

如果经常在代码中使用选择器，可以扩展 jQuery 的 $.expr[':'] 对象，编写适合自己的选择器。下面的例子中，创建了一个 abovethefold 选择器，用来选择不可见的元素：

```
$.extend($.expr[':'], {
 abovethefold: function(el) {
  return $(el).offset().top < $(window).scrollTop() + $(window).height();
 }
});
var nonVisibleElements = $('div:abovethefold');                    // 选择元素
```

12. 采用 jQuery 的内部函数 data() 来存储状态

在 jQuery 中，使用内部函数 data() 存储信息性能更好。代码如下：

```
$('#head').data('name', 'value');
// 之后在应用中调用：
$('#head').data('name');
```

13. 为 HTML 块添加 "JS" 的 class

当 jQuery 载入之后，首先给 HTML 添加一个叫 "JS" 的 class。代码如下：

```
$('HTML').addClass('JS');
```

只有当用户启用 JavaScript 的时候，才可以添加 CSS 样式。例如：

```
/* 在css中 */
.JS #myDiv{display:none;}
```

通过为 HTML 添加 "JS" 的 class，可以启用 JavaScript，而只有当 JavaScript 启用时，才可以将整个 HTML 内容隐藏起来，用 jQuery 来实现指定的功能（例如：收起某些面板或当用户单击它们时展开）。而当 JavaScript 没有启用时，浏览器将呈现所有的内容，这时执行效率就会受到影响。

14. 推迟到$(window).load

jQuery 对于开发者来说有一个很诱人的东西，即可以把任何东西挂到$(document).ready 下冒充事件，在大多数实例中都会发现这样的情况。

尽管$(document).ready 确实很有用，它在页面渲染时，其他元素还没下载完成即可执行，如果发现页面一直是载入中的状态，很有可能是$(document).ready 函数引起的。

可以通过将 jQuery 函数绑定到$(window).load 事件的方法来减少页面载入时的 CPU 使用率，它会在所有的 html（包括 iframe）被下载完成后执行。代码如下：

```
$(window).load(function(){
// 页面完全载入后才初始化的jQuery函数
});
```

多余的功能，例如，拖放、视觉特效和动画、预载入隐藏图像等，都适合这种技术的场合。

15. 缓存 jQuery 对象

养成将 jQuery 对象缓存到变量的习惯，永远不要使用下面的代码：

```
$('#traffic_light input.on).bind('click', function(){...});
$('#traffic_light input.on).css('border', '3px dashed yellow');
$('#traffic_light input.on).css('background-color', 'orange');
$('#traffic_light input.on).fadeIn('slow');
```

最好先将对象缓存进一个变量，然后再操作。上面的代码可以优化如下：

```
var $active_light = $('#traffic_light input.on');
$active_light.bind('click', function(){...});
$active_light.css('border', '3px dashed yellow');
$active_light.css('background-color', 'orange');
$active_light.fadeIn('slow');
```

另外，如果打算将 jQuery 结果对象用在程序的其他部分，或者函数会多次执行，那么可以将它们缓存到一个全局变量中。例如，定义一个全局容器来存放 jQuery 结果，接下来就可以在其他函数中引用。代码如下：

```
// 在全局范围定义一个对象 (例如: window对象)
window.$my =
{
    // 初始化所有可能会不止一次要使用的查询
    head : $('head'),
    traffic_light : $('#traffic_light'),
    traffic_button : $('#traffic_button')
};
function do_something()
{
    // 现在可以引用存储的结果并操作它们
    var script = document.createElement('script');
    $my.head.append(script);
    // 当在函数内部操作时，可以继续将查询存入全局对象中
    $my.cool_results = $('#some_ul li');
    $my.other_results = $('#some_table td');
    // 将全局函数作为一个普通的jQuery对象去使用
    $my.other_results.css('border-color', 'red');
    $my.traffic_light.css('border-color', 'green');
}
```

16. 使用子查询

jQuery 允许开发人员对一个已包装的对象使用附加的选择器操作，因为已经在变量里保存一个父级对象，这样可以大大提高对其子元素操作的效率。例如，有下面的 HTML 代码：

```
<div id="content">
    <form method="post" action="/">
        <ul id="traffic_light">
            <li><input type="radio" class="on" name="light" value="red" /> Red</li>
            <li><input type="radio" class="off" name="light" value="yellow" /> Yellow</li>
            <li><input type="radio" class="off" name="light" value="green" /> Green</li>
        </ul>
        <input class="button" id="traffic_button" type="submit" value="Go" />
    </form>
</div>
```

接下来可以用子查询的方法来获取到亮或不亮的灯，并缓存起来以备后续操作。代码如下：

```
var $traffic_light = $('#traffic_light'),
$active_light = $traffic_light.find('input.on'),
$inactive_lights = $traffic_light.find('input.off');
```

 说明 可以用逗号分隔的方法一次声明多个局部变量，以便节省字节数。

17. 对直接的 DOM 操作进行限制

在 jQuery 中应该对直接的 DOM 操作进行限制，遇到这种情况时，可以首先在内存中创建需要的内容，然后更新 DOM，因为直接的 DOM 操作速度很慢。

例如，如果需要动态地创建一组列表元素，一定不要使用下面的代码：

```
var top_100_list = [...], //假设有100个独一无二的字符串
    $mylist = $('#mylist'); //jQuery 选择到 <ul> 元素t
for (var i=0, l=top_100_list.length; i<l; i++)
{
    $mylist.append('<li>' + top_100_list[i] + '</li>');
}
```

而应该将整套元素字符串在插入 DOM 之前全部创建好，代码如下：

```
var top_100_list = [...],
    $mylist = $('#mylist'),
    top_100_li = ""; //存储列表元素
for (var i=0, l=top_100_list.length; i<l; i++)
{
    top_100_li += '<li>' + top_100_list[i] + '</li>';
}
$mylist.html(top_100_li);
```

然后在插入 DOM 之前，将多个元素包裹进一个单独的父级节点，这样执行速度更快，代码如下：

```
var top_100_list = [...],
    $mylist = $('#mylist'),
    top_100_ul = '<ul id="#mylist">';
for (var i=0, l=top_100_list.length; i<l; i++)
{
    top_100_ul += '<li>' + top_100_list[i] + '</li>';
}
top_100_ul += '</ul>';
$mylist.replaceWith(top_100_ul);
```

如果执行完上述步骤后，还是担心性能有问题，那么可以尝试下面的方法。

❏ 试试 jQuery 的 clone() 方法，它会创建一个节点树的副本，它允许以"离线"的方式进行 DOM 操作，当操作完成后再将其放回到节点树里。

❏ 使用 DOM DocumentFragments 的性能要明显优于直接的 DOM 操作。

18. DOM 操作请务必记住缓存

在 jQuery 代码开发中，常常需要操作 DOM。DOM 操作是非常消耗资源的一个过程，而往往很多人都喜欢这样使用 jQuery：

```
$('#loading').html('完毕');
$('#loading').fadeOut();
```

上面代码没有任何问题，但是这里需要注意，每次定义并且调用$('#loading')时，都实际创建了一个新的变量，这样会很浪费资源，因此，如果需要重用，一定要定义到一个变量里，这样可以有效地缓存变量内容。代码如下：

```
var $loading = $('#loading');
$loading.html('完毕');$loading.fadeOut();
```

19. 直接给 DOM 元素添加 style 标签

要给少数的元素添加样式，最好的方法就是使用 jQuey 的 css()函数，然而，如果要为很多的元素添加样式时，直接给 DOM 添加 style 标签会更有效，这样可以避免在代码中使用硬编码。代码如下：

```
$('<style type="text/css"> div.class { color: red; } </style>')
.appendTo('head');
```

20. 使用 Event Delegation

当在一个容器中有许多节点，想对所有的节点都绑定一个事件，Delegation 很适合这样的应用场景。使用 Delegation，仅需要在父级绑定事件，然后查看哪个子节点（目标节点）触发了事件。例如，当有一个很多数据的 table 表格，并且要对 td 节点设置事件时，使用 Delegation 就显得很方便。具体实现时，可以首先获得 table，然后为所有的 td 节点设置 delegation 事件，代码如下：

```
$("table").delegate("td", "hover", function(){
$(this).toggleClass("hover");
});
```

21. 压缩成一个主 JS 文件，将下载次数保持到最少

当已经确定了哪些文件是应该被载入的，那么将它们打包成一个文件。用一些开源的工具可以自动完成，如使用 Minify（和后端代码集成）或者使用 JSCompressor、YUI Compressor 或 Dean Edwards JS packer 等在线工具。

10.2 jQuery 常用技巧

jQuery 的使用越来越广泛，这里我们来介绍一些常用的 jQuery 技巧。

jQuery 常用技巧

1. 验证元素是否在 jQuery 对象集合中

```
$(document).ready(function() {
   if ($('#id').length) {
   }
});
```

2. 获取 jQuery 集合的某一项

```
$("div").eq(2).html();              //调用jQuery对象的方法
$("div").get(2).innerHTML;          //调用DOM的方法属性
```

3. 禁止右键单击

```
$(document).ready(function(){
      $(document).bind("contextmenu",function(e){
          return false;
      });
});
```

4. 隐藏搜索文本框文字

```
$(document).ready(function() {
$("input.text1").val("Enter your search text here");
      textFill($('input.text1'));
});
      function textFill(input){
```

```
            var originalvalue = input.val();
        input.focus( function(){
            if( $.trim(input.val()) == originalvalue ){ input.val(''); }
        });
        input.blur( function(){
            if( $.trim(input.val()) == '' ){ input.val(originalvalue); }
        });
    }
```

5. 在新窗口中打开链接

```
$(document).ready(function() {
    // 所有的超链接都打开一个新窗口
    $('a[href^="http://"]').attr("target", "_blank");
    // 在属性值为external的链接打开一个新窗口
    $('a[@rel$='external']').click(function(){
        this.target = "_blank";
    });
});
// 使用方法
<A href="http://www.opensourcehunter.com" rel=external>open link</A>
```

6. 检测浏览器

在 jQuery 1.9 版本之前，检测浏览器类型使用如下方法：

```
$(document).ready(function() {
//检测火狐浏览器
if ($.browser.mozilla && $.browser.version >= "1.8" ){
}
// 检测Safari浏览器
if( $.browser.safari ){
}
// 检测Chrome浏览器
if( $.browser.chrome){
}
// 检测Opera浏览器
if( $.browser.opera){
}
// 检测IE 6及以下版本浏览器
if ($.browser.msie && $.browser.version <= 6 ){
}
// 检测IE 6以上版本浏览器
if ($.browser.msie && $.browser.version > 6){
}
});
```

但是，在 jQuery1.9 版本之后，$.browser 已被剔除。因此需要使用其他方式来检测浏览器。具体代码如下：

```
$.browser.mozilla = /firefox/.test(navigator.userAgent.toLowerCase());
$.browser.webkit = /webkit/.test(navigator.userAgent.toLowerCase());
$.browser.opera = /opera/.test(navigator.userAgent.toLowerCase());
$.browser.msie = /msie/.test(navigator.userAgent.toLowerCase());
```

等号后面的表达式返回的是 true 或 false，可以直接用来替换原来的$.browser.msie 等。

检测是否为 IE 6：

```
if("undefined" == typeof(document.body.style.maxHeight)){}
```

检测是否为 IE 6 ~ IE 8：

```
if(!$.support.leadingWhitespace){}
```

7. jQuery 延时加载功能

```
$(document).ready(function() {
    window.setTimeout(function() {
    }, 1000);
});
```

8. 预加载图片

```
$(document).ready(function() {
jQuery.preloadImages = function()
{
  for(var i = 0; i<ARGUMENTS.LENGTH; jQuery(?<img { i++)>").attr("src", arguments[i]);
  }
}
// 使用方法
$.preloadImages("image1.jpg");
});
```

9. 设置两列或者多列高度相同

```
$(document).ready(function() {
function equalHeight(group) {
    tallest = 0;
    group.each(function() {
        thisHeight = $(this).height();
        if(thisHeight > tallest) {
            tallest = thisHeight;
        }
    });
    group.height(tallest);
}
// 使用方法
$(document).ready(function() {
    equalHeight($(".left"));
    equalHeight($(".right"));
});
});
```

10. 动态控制页面字体大小

```
$(document).ready(function() {
  // 重新设置页面字体大小
  var originalFontSize = $('html').css('font-size');
    $(".resetFont").click(function(){
    $('html').css('font-size', originalFontSize);
  });
  // 逐级递增字体大小
  $(".increaseFont").click(function(){
    var currentFontSize = $('html').css('font-size');
    var currentFontSizeNum = parseFloat(currentFontSize, 10);
    var newFontSize = currentFontSizeNum*1.2;
    $('html').css('font-size', newFontSize);
    return false;
  });
  // 逐级递减字体大小
  $(".decreaseFont").click(function(){
    var currentFontSize = $('html').css('font-size');
    var currentFontSizeNum = parseFloat(currentFontSize, 10);
    var newFontSize = currentFontSizeNum*0.8;
    $('html').css('font-size', newFontSize);
    return false;
  });
});
```

11. 操作元素的样式

```
$("#msg").css("background");                          // 返回元素的背景颜色
$("#msg").css("background","#ccc")                    // 设定元素背景为灰色
$("#msg").height(300); $("#msg").width("200");        // 设定宽高
$("#msg").css({ color:"red", background: "blue" });   // 以名值对的形式设定样式
$("#msg").addClass("select");                         // 为元素增加名称为select的class
$("#msg").removeClass("select");                      // 删除元素名称为select的class
```

```
// 如果存在（不存在）就删除（添加）名称为select的class
$("#msg").toggleClass("select");
```

12. 页面样式切换

```
$(document).ready(function() {
    $("a.Styleswitcher").click(function() {
        $('link[rel=stylesheet]').attr('href' , $(this).attr('rel'));
    });
});
// 使用方法
// 这行代码放在HTML的<head>区域
<LINK rel=stylesheet type=text/css href="default.css">
// 下面是超链接代码
<A class=Styleswitcher href="#" rel=default.css>Default Theme</A>
<A class=Styleswitcher href="#" rel=red.css>Red Theme</A>
<A class=Styleswitcher href="#" rel=blue.css>Blue Theme</A>
```

13. 返回页面顶部功能

```
$(document).ready(function() {
$('a[href*=#]').click(function() {
if (location.pathname.replace(/^\//,'') == this.pathname.replace(/^\//,'')
&& location.hostname == this.hostname) {
    var $target = $(this.hash);
    $target = $target.length && $target
    || $('[name=' + this.hash.slice(1) +']');
    if ($target.length) {
    var targetOffset = $target.offset().top;
    $('html,body')
    .animate({scrollTop: targetOffset}, 900);
      return false;
    }
    }
    });
});
// 使用方法
<A name=top></A>
<A href="#top">go to top</A>
```

14. 获得鼠标指针坐标值

```
$(document).ready(function() {
    $().mousemove(function(e){
    $('#XY').html("X Axis : " + e.pageX + " | Y Axis " + e.pageY);
    });
});
// 使用方法
<DIV id=XY></DIV>
```

15. 验证元素是否为空

```
$(document).ready(function() {
    if ($('#id').html()) {
    }
});
```

16. 统计元素个数

```
$(document).ready(function() {
    $("p").size();
});
```

17. 替换指定的元素

```
$(document).ready(function() {
    $('#id').replaceWith('
<DIV>I have been replaced</DIV>
');
});
```

18. 移除单词功能

```
$(document).ready(function() {
    var el = $('#id');
    el.html(el.html().replace(/word/ig, ""));
});
```

19. 使整个 DIV 可点击

```
$(document).ready(function() {
    $("div").click(function(){
        window.location=$(this).find("a").attr("href"); return false;
    });
});
// 使用方法
<DIV><A href="index.html">home</A></DIV>
```

20. ID 与 Class 之间转换

```
$(document).ready(function() {
    function checkWindowSize() {
    if ( $(window).width() > 1200 ) {
        $('body').addClass('large');
    }
    else {
        $('body').removeClass('large');
    }
    }
$(window).resize(checkWindowSize);
});
```

21. 克隆对象

```
$(document).ready(function() {
    var cloned = $('#id').clone();
});
// 使用方法
<DIV id=id></DIV>
```

22. 使元素居屏幕中间位置

Center an element in the center of your screen.
```
$(document).ready(function() {
    jQuery.fn.center = function () {
        this.css("position","absolute");
        this.css("top", ( $(window).height() - this.height() ) / 2+$(window).scrollTop() + "px");
        this.css("left", ( $(window).width() - this.width() ) / 2+$(window).scrollLeft() + "px");
        return this;
    }
    $("#id").center();
});
```

23. 方法的连写

```
$("p").click(function(){alert($(this).html())})
.mouseover(function(){alert('mouse over event')})
.each(function(i){this.style.color=['#f00','#0f0','#00f'][ i ]});
```

24. 集合处理功能

```
// 为索引分别为0、1、2的p元素分别设定不同的字体颜色
$("p").each(function(i){this.style.color=['#f00','#0f0','#00f'][ i]})
// 为每个p元素增加lclick事件，单击某个p元素则弹出其内容
$("p").click(function(){alert($(this).html())})
```

25. 同一函数实现 set 和 get

```
$("#msg").html();                 // 返回id为msg的元素节点的html内容
// 将 "<b>新内容</b>" 作为html串写入id为msg的元素节点内容中，页面显示粗体的新内容
$("#msg").html("<b>新内容</b>");

$("#msg").text();                 // 返回id为msg的元素节点的文本内容
// 将"<b>新内容</b>"作为普通文本串写入id为msg的元素节点内容中，页面显示<b>新内容</b>
```

```
$("#msg").text("<b>新内容</b>");

$("#msg").height();              // 返回id为msg的元素的高度
$("#msg").height("300");         // 将id为msg的元素的高度设为300

$("#msg").width();               // 返回id为msg的元素的宽度
$("#msg").width("300");          // 将id为msg的元素的宽度设为300

$("input").val('');              // 返回表单输入框的value值
$("input").val("test");          // 将表单输入框的value值设为test

$("#msg").click();               // 触发id为msg的元素的单击事件
$("#msg").click(fn);             // 为id为msg的元素单击事件添加函数
```

26. 引用 Google 主机上的 jQuery 类库

```
//示例1
<SCRIPT src="http://www.google.com/jsapi"></SCRIPT>
<SCRIPT type=text/javascript>
google.load("jquery", "1.11.1");
google.setOnLoadCallback(function() {
});
</SCRIPT><SCRIPT  type=text/javascript  src="http://ajax.googleapis.com/ajax/libs/jquery/1.11.1/  jquery.
min.js"></SCRIPT>
//示例2
<SCRIPT    type=text/javascript    src="http://ajax.googleapis.com/ajax/libs/jquery/1.11.1/jquery.min.    js">
</SCRIPT>
```

27. 禁用 jQuery（动画）效果

```
$(document).ready(function() {
    jQuery.fx.off = true;
});
```

28. 与其他 JavaScript 类库冲突的解决方案

```
$(document).ready(function() {
    var $jq = jQuery.noConflict();
    $jq('#id').show();
});
```

知识点提炼

（1）定义 jQuery 变量时，应添加一个$符号到变量前。

（2）有必要时可以在 jQuery 代码中使用原生的 JavaScript 函数，这样能获得更好的性能。

（3）经常标准化 jQuery 代码，可以查询哪个比较慢，然后替换它。可以用 Firebug 控制台，也可以使用 jQuery 的快捷函数使测试变得更容易。

（4）如果使用版本比较新的 jQuery 类库，请使用.on，其他任何方法都是最终使用.on 来实现的。

（5）在 jQuery 中最快的选择器是 ID 选择器，因为它直接来自于 JavaScript 的 getElement ById()方法。

（6）jQuery 中第二快的选择器是 tag 选择器（如$('head')），因为它直接来自于原生的 JavaScript 方法 getElementsByTagName()。

（7）可以扩展 jQuery 的$.expr[':']对象，编写适合自己的选择器。

（8）在 jQuery 中，使用内部函数 data()存储信息，性能更好。

（9）通过为 HTML 添加 "JS" 的 class，可以启用 JavaScript，而只有当 JavaScript 启用时，才可以将整个 HTML 内容隐藏起来，用 jQuery 来实现指定的功能（例如：收起某些面板或当用户单击它们时展开）。

（10）通过将 jQuery 函数绑定到$(window).load 事件的方法，可以减少页面载入时的 CPU 使用率，它会在所有的 html（包括 iframe）被下载完成后执行。

（11）养成将 jQuery 对象缓存到变量的习惯。

（12）在 jQuery 中应该对直接的 DOM 操作进行限制，遇到这种情况时，可以首先在内存中创建需要的内容，然后更新 DOM，因为直接的 DOM 操作速度很慢。

习题

10-1　jQuery 中执行效率最高的选择器是哪种？

10-2　简述$(document).ready 和$(window).load 的区别。

10-3　如何缓存 jQuery 对象？

10-4　列举 3 种常用的 JS 压缩工具。

10-5　如何使用 jQuery 实现图片的预加载？

10-6　如何检测浏览器是否为 IE 10 浏览器？

10-7　如何切换 ID 与 class？

10-8　描述 jQuery 版本冲突的解决方案。

第11章

jQuery在HTML5中的应用

■ 随着互联网的不断发展,新的技术不断涌现,HTML5是其中突出的一项,它无疑会成为未来10年最热门的互联网技术之一。jQuery可以很好地支持HTML5的新特性,从而使我们设计出的网页更加美观、新颖。本章我们将介绍 HTML5的基础知识以及如何在网站开发中综合使用 jQuery +HTML5。

11.1 HTML5 基础

HTML5 基础

HTML 的历史可以追溯到很久以前，1993 年 HTML 首次以因特网草案的形式发布。20 世纪 90 年代的人们见证了 HTML 的快速发展，从 2.0 版，到 3.2 版和 4.0 版，再到 1999 年的 4.01 版，一直到现在正逐步普及的 HTML5。随着 HTML 的发展，W3C（万维网联盟）掌握了对 HTML 规范的控制权。

在快速发布了 HTML 的前 4 个版本之后，业界普遍认为 HTML 已经"无路可走"了，对 Web 标准的焦点也开始转移到了 XML 和 XHTML，HTML 被放在次要位置。不过在此期间，HTML 体现了顽强的生命力，主要的网站内容还是基于 HTML 的，但为了能支持新的 Web 应用，同时克服现有的缺点，HTML 迫切需要添加新功能、制定新规范。

致力于将 Web 平台提升到一个新的高度，一组人在 2004 年成立了 WHATWG（Web Hypertext Application Technology Working Group，Web 超文本应用技术工作组），他们创立了 HTML5 规范，同时开始专门针对 Web 应用开发新功能——这被 WHATWG 认为是 HTML 中最薄弱的环节。Web 2.0 这个新词也是在那个时候被发明的。Web 2.0 实至名归，开创了 Web 的第 2 个时代，旧的静态网站逐渐让位于需要更多特性的动态网站和社交网站——这其中的新功能数不胜数。

2006 年，W3C 又重新介入 HTML，并于 2008 年发布了 HTML5 的工作草案。2009 年，XHTML2 工作组停止工作。又过了一年，因为 HTML5 能解决非常实际的问题，所以在规范还没有具体订下来的情况下，各大浏览器厂家就已经按耐不住了，开始对旗下产品进行升级以支持 HTML5 的新功能。这样，得益于浏览器的实验性反馈，HTML5 规范也得到了持续的完善，HTML5 以这种方式迅速融入到了对 Web 平台的实质性改进中。

11.1.1 HTML5 的新特性

HTML5 是基于各种各样的理念进行设计的，这些设计理念体现了对可能性和可行性的新认识。下面我们就对 HTML5 的新特性进行介绍。

1. 兼容性

虽然到了 HTML5 时代，但并不代表现在用 HTML4 创建出来的网站必须要全部重建。HTML5 并不是颠覆性的革新。相反，实际上 HTML5 的一个核心理念就是保持一切新特性平滑过渡。

尽管 HTML5 标准的一些特性非常具有革命性，但是 HTML5 旨在进化而非革命。这一点正是通过兼容性体现出来的。正是因为 HTML5 保障了兼容性才能让人们毫不犹豫地选择它开发网站。

2. 实用性和用户优先

HTML5 规范是基于用户优先准则编写的，其主要宗旨是"用户即上帝"，这意味着在遇到无法解决的冲突时，规范会把用户放到第一位，其次是页面的作者，再次是实现者（或浏览器），接着是规范制定者，最后才考虑理论的纯粹实现。因此，HTML5 的绝大部分是实用的，只是有些情况下它还不够完美。实用性是指要求能够解决实际问题。HTML5 内只封装了切实有用的功能，不封装复杂而没有实际意义的功能。

3. 化繁为简

HTML5 要的就是简单、避免不必要的复杂性。HTML5 的口号是"简单至上，尽可能简化"。因此，HTML5 做了以下改进。

- ❑ 以浏览器原生能力替代复杂的 JavaScript 代码。
- ❑ 新的简化的 DOCTYPE。
- ❑ 新的简化的字符集声明。
- ❑ 简单而强大的 HTML5 API。

11.1.2 浏览器对 HTML5 的支持

目前绝大多数的主流浏览器都支持 HTML5，只是支持的程度不同。要测试浏览器对 HTML5 的支持程度，只需要访问 html5test 网站即可。例如，使用 Google Chrome 68.0.3440.106 版本测试 HTML5 的支持程度，得分为 515 分（满分为 550 分），如图 11-1 所示。

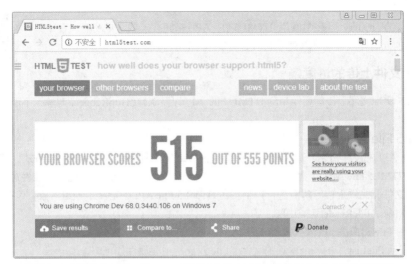

图 11-1　使用 Google Chrome 68.0.3440.106 版本测试 HTML5 的支持程度

目前我们使用国外厂商的主流浏览器进行测试的结果如表 11-1 所示。

表 11-1　国外厂商的主流浏览器对 HTML5 的支持程度

浏览器	版本	得分
Chrome	68	528
Opera（欧朋浏览器）	45	518
Firefox	59	491
Internet Explorer（IE 浏览器）	11	369
Internet Explorer（Edge 浏览器）	18	496
Safari（苹果浏览器）	11.2	477

从表 11-1 中可以看到，目前对 HTML5 支持最好的国外厂商主流浏览器是 Google 公司的 Chrome 浏览器。目前我们使用国内厂商的主流浏览器进行测试的结果如表 11-2 所示。

表 11-2　国内厂商的主流浏览器对 HTML5 的支持程度

浏览器	版本	得分
傲游浏览器	5.2	518
猎豹安全浏览器	6.5	519
360 安全浏览器	9.1	507
百度浏览器	8.7	483
QQ 浏览器	10.2	302
搜狗高速浏览器	8.0	516

说明　表 11-1 和表 11-2 中的测试结果是笔者使用各浏览器的最新版本测试出来的，该测试结果可能会随时变化；而且，随着 HTML5 的普及，相信各浏览器厂商会越来越重视对 HTML5 的支持。

11.2 jQuery 与 HTML5 编程

jQuery 与 HTML5
编程

本节我们介绍在 jQuery 程序中调用 HTML5 的 API 来完成一些常见功能，在学习 jQuery 编程技术的同时，读者也可以直观地感受到 HTML5 的特色。

11.2.1 显示文件上传的进度条

使用 HTML5 实现文件上传需要使用到 HTML File API 以及 XMLHttpRequest 对象，下面我们就来进行详细介绍。

1. HTML5 File API

HTML5 File API 的设计初衷，是改善基于浏览器的 Web 应用程序处理文件的上传方式，使文件直接拖放上传成为可能。HTML5 File API 用于对文件进行操作，使程序员可以对选择文件的表单控件进行操作，更好地通过程序对访问文件和文件上传等功能进行控制。在 HTML5 File API 中定义了一组对象，包括 FileList 对象、File 对象、Blob 对象、FileReader 对象等。

（1）FileList：File 对象的一个类似数组的序列。

（2）File：表示 FileList 中的一个单独的文件，File 对象的主要属性如下。

❑ name：返回文件名，不包含路径信息。

❑ lastModifiedDate：返回文件的最后修改日期。

❑ size：返回 File 对象的大小，单位是字节。

❑ type：返回 File 对象媒体类型的字符串。

在 JavaScript 中，获取 file 类型的 input 元素的 FileList 数组的方法如下：

```
document.getElementById("file类型的input元素id").files;
```

获取 FileList 数组中的 File 对象的方法如下：

```
document.getElementById("file类型的input元素id").files[index];
```

2. 向服务器端发送 FormData 对象

使用 XMLHttpRequest 对象的 send()方法可以使用 FormData 对象模拟表单向服务器发送数据，语法如下：

```
xmlhttp.send(formData);
```

其中创建 FormData 对象有如下两种方法。

（1）使用 new 关键字：

```
var formData = new FormData();
```

（2）调用表单对象的 getFormData()方法获取表单对象中的数据：

```
FormData = formElement.getFormData(document.getElementById("form_id"));
```

向 FormData 对象中添加数据可以使用 append()方法，语法如下：

```
formData.append(key,value);
```

例如：

```
formData.append("username","轻鸿");
formData.append("address","长春市");
```

在发送 FormData 对象之前也需要调用 open()方法设置提交数据的方式以及接收和处理数据的服务端脚本，例如：

```
xmlhttp.open("POST","upfile.php");
```

【例 11-1】 显示文件上传的进度条（实例位置：源码\第 11 章\11-1）。

（1）创建 index.html，构建上传文件的 form 表单以及进度条。主要代码如下：

```
<h3>上传文件</h3>
<form enctype="multipart/form-data" id="form1" name="form1">
<p>请选择您要上传的文件</p>
<input type="file" name="upload_file" id="upload_file"/><br/>
<input type="button" name="btn" id="btn" value="上传" />
```

```
</form>
<progress id="progress" value="0" max="100"></progress>
<div id="pro_div"></div>
```

（2）给按钮添加 click 事件，创建 FormData 对象并将文件数据添加至其中，创建 XMLHttpRequest 对象向服务端发送 FormData 对象，实现无刷新上传，并在<progress>元素中显示上传进度。代码如下：

```
$(document).ready(function(){
        $("#btn").click(function(){
                var formdata = new FormData();                    // 创建FormData对象
// 向FormData中添加数据
        formdata.append("upload_file",document.getElementById("upload_file").files[0]);
                var xmlhttp;
                if(window.XMLHttpRequest){
                        xmlhttp = new XMLHttpRequest();
                }else{
                        xmlhttp = new ActiveXObject("Microsoft.XMLHTTP");
                }
                // 为progress添加监听事件
                xmlhttp.upload.addEventListener("progress",function(event){
                        if(event.lengthComputable){
                            var percentComplete = Math.round(event.loaded * 100 / event.total);
                            document.getElementById("pro_div").innerHTML = percentComplete. toString()+"%";
                                        // 显示上传百分比
                            document.getElementById("progress").value = percentComplete;
                        }
                },false);
                xmlhttp.addEventListener("load",function(event){
                        document.write(event.target.responseText);
                },false);
                xmlhttp.addEventListener("error",function(event){
                        alert("上传出现错误！");
                },false);
                xmlhttp.addEventListener("abort",function(event){
                        alert("取消上传！");
                },false);
                xmlhttp.open("POST","upfile.php");
                xmlhttp.send(formdata);
        })
})
```

（3）处理上传文件的服务端脚本 upfile.php 文件，首先定义文件上传路径，之后进行判断，如果临时文件存在，那么进行上传操作，如果上传成功，返回文件路径、文件名称、文件类型、文件大小以及临时文件组成的字符串。内容如下：

```
<?php
        $dir = getcwd()."\\upload\\";                                     // 定义上传目录
        $path = $dir.$_FILES["upload_file"]["name"];                      // 定义上传文件路径
        if(!is_dir($dir)){                                                // 如果指定目录不存在
                mkdir($dir);                                             // 创建指定目录
        }
        if(file_exists($_FILES["upload_file"]["tmp_name"])){
                move_uploaded_file($_FILES["upload_file"]["tmp_name"],$path);     // 上传文件
                echo "文件为：".$path."<br/>";                           // 文件路径
                echo "文件名称：".$_FILES["upload_file"]["name"]."<br/>";          // 文件名称
                echo "文件类型：".$_FILES["upload_file"]["type"]."<br/>";          // 文件类型
                echo "文件大小：".$_FILES["upload_file"]["size"]."<br/>";          // 文件大小
                echo "临时文件为：".$_FILES["upload_file"]["tmp_name"]."<br/>";   // 临时文件
        }else{
                echo "上传失败！";
        }
?>
```

如图 11-2 所示，选择要上传的文件，之后单击"上传"按钮，可以看到图 11-3 所示的进度条，文件上传

完毕后会出现图 11-4 所示的提示信息。

图 11-2　选择上传文件

图 11-3　显示进度条

图 11-4　显示上传文件信息

（1）上传文件一定要设置 enctype="multipary/form-data"，这是使用表单上传文件的固定编码格式，如果不设置这项，则服务端获取不到文件信息。

（2）如果客户端和服务端网速很快的话，很难看到进度信息。因此为了明显地看到上传过程的进度信息，建议选择一个较大的文件上传。但是在 PHP 中，上传较大文件需要修改 PHP 的配置文件 php.ini 的 upload_max_filesize 项，将其设置为足够大，否则会上传失败。

11.2.2　Canvas 绘图

Canvas 元素是 HTML5 中新增的一个重要元素，专门用来绘制图形。在页面上放置一个 Canvas 元素，就相当于在页面上放了一块"画布"，可以在其中进行图形的描绘。

但是，在 Canvas 元素里进行绘画，并不是指用鼠标来作画。在网页上使用 Canvas 元素时，它会创建一块矩形区域。默认情况下该矩形区域宽为 300 像素，高为 150 像素，用户可以自定义具体的大小或者设置 Canvas 元素的其他特性。在页面中加入了 Canvas 元素后，便可以通过 JavaScript 来自由地控制它。可以在其中添加图片、线条以及文字，也可以在里面进行绘图设置，还可以加入高级动画。可放到 HTML 页面中的最基本的 Canvas 元素代码如下所示：

```
<canvas id="xxx" height="xx" width="xx"></canvas>
```

Canvas 的元素的常用属性如下。

❑　id：Canvas 元素的标识 id。

❑　height：Canvas 画布的高度，单位为像素。

❑　width：Canvas 画布的宽度，单位为像素。

<canvas></canvas>之间的字符串指定当前浏览器不支持 Canvas 时显示的字符。

IE 9 以上的版本、Firefox、Opera、Google Chrome 和 Safari 支持 Canvas 元素。IE 8 及以前的版本不支持 Canvas 元素。

下面我们来介绍 jCanvas 插件的应用，jCanvas 插件封装了 Canvas API，使 Canvas 绘图变得更加简单。jCanvas 插件的脚本文件为 jcanvas.min.js，其中 jCanvas 插件中的主要绘图方法如表 11-3 所示。

表 11-3　jCanvas 插件中的主要绘图方法说明

绘图方法	说明
drawArc({ strokeStyle：边框颜色，strokeWidth：边框宽度，x：圆弧圆心的横坐标，y：圆弧圆心的纵坐标，radius：圆弧半径，start：圆弧的起始角度，end：圆弧的结束角度 })	绘制圆弧
drawEllipse({ fillStyle：填充颜色，x：圆心的横坐标，y：圆心的纵坐标，width：宽度，height：高度 })	绘制椭圆
drawRect({ fillStyle：填充颜色，x：矩形左上角的横坐标，y：矩形左上角的纵坐标，width：宽度，height：高度，fromCenter：是否从中心绘制 })	绘制矩形
drawLine({ fillStyle：填充颜色，x1：端点 1 的横坐标，y1：端点 1 的纵坐标，x2：端点 2 的横坐标，y2：端点 2 的纵坐标，x3：端点 3 的横坐标，y3：端点 3 的纵坐标，x4：端点 4 的横坐标，y4：端点 4 的纵坐标，strokeWidth：边框宽度 })	绘制直线
drawText({ fillStyle：填充颜色，strokeStyle：边框颜色，strokeWidth：边框宽度，x：横坐标，y：纵坐标，font：字体，text：文本字符串 })	绘制文本
drawImage({ source：图片文件名，x：横坐标，y：纵坐标，width：宽度，height：高度，scale：缩放比例，fromCenter：是否从中心绘制 })	绘制图片

Canvas 采用 HTML 颜色表示法，可以使用下面 4 种方式表示。

1. 颜色关键字

可以使用颜色关键字来表示颜色，例如，"red"表示红色，"blue"表示蓝色，"green"表示绿色等。

2. 十六进制字符串

可以使用一个十六进制字符串表示颜色，格式为#RGB。其中，R 表示红色集合，G 表示绿色集合，B 表示蓝色集合。例如：#FFF 表示白色，#000 表示黑色。

3. RGB 颜色值

也可以使用 rgb(r,g,b) 格式表示颜色。其中 r 表示红色集合，g 表示绿色集合，b 表示蓝色集合。其中 r、g、b 都是十进制数，取值范围是 0～255。常用的 RGB 如表 11-4 所示。

表 11-4　常用颜色的 RGB 表示

颜色	红色值	绿色值	蓝色值	RGB 表示
黑色	0	0	0	RGB(0,0,0)
蓝色	0	0	255	RGB(0,0,255)
红色	255	0	0	RGB(255,0,0)
绿色	0	255	0	RGB(0,255,0)
黄色	255	255	0	RGB(255,255,0)
白色	255	255	255	RGB(255,255,255)

4. RGBA 颜色值

指定颜色也可以使用 rgba() 的方法定义透明颜色，格式如下：

```
rgba(r,g,b,a,alpha)
```

其中 r 表示红色集合，g 表示绿色集合，b 表示蓝色集合。r、g、b 都是十进制数，取值范围为 0～255。Alpha 的取值范围为 0～1，用来设置透明度，0 表示完全透明，1 表示不透明。

【例 11-2】　使用 jCanvas 插件绘制一个浅蓝色的正方形（实例位置：源码\第 11 章\11-2）。

（1）创建 index.html，引入 jquery 文件和 jCanvas 插件文件。代码如下：

```
<script type="text/javascript" src="../js/jquery-3.3.1.min.js"></script>
<script type="text/javascript" src="../js/jcanvas.min.js"></script>
```

（2）在页面中添加 <canvas> 元素，具体代码如下：

```
<canvas width="300" height="200"></canvas>
```

（3）编写 jQuery 代码，使用 jCanvas 插件的 drawRect() 方法实现绘制一个浅蓝色的正方形。具体代码如下：

```
$(function(){
    $("canvas").drawRect({
            fillStyle:"lightblue",
            x:150,y:80,
            width:100,
            height:100
    })
})
```

运行本实例，效果如图 11-5 所示。

图 11-5　绘制一个浅蓝色的正方形

11.2.3　jQuery+HTML5 实现图片旋转效果

在 HTML4 中要实现图片的旋转效果需要编写大量的代码，而在 HTML5 中，只需要在页面中创建新增的 <canvas> 元素，通过导入 jQuery 库调用该元素加载图片的方法就可以轻松实现图片的旋转效果了，本节我们将详细讲解这一功能。

【例 11-3】　实现图片旋转效果（实例位置：源码\第 11 章\11-3）。

（1）创建 index.html，引入 jquery 文件和 jquery.rotate.js 文件。代码如下：

```
<script type="text/javascript" src="../js/jquery-3.3.1.min.js"></script>
<script type="text/javascript" src="../js/jquery.rotate.js"></script>
```

（2）在页面中添加待旋转图片的 <img> 元素，并添加一个 <ul> 元素，通过单击该元素下的 <li> 元素实现各种旋转。具体代码如下：

```
<div id="imgdiv">
<div id="rimg">
    <img src="images/1_02.jpg" id="bimg"/>
</div>
<ul>
    <li>顺时针旋转90度</li>
```

```
        <li>逆时针旋转90度</li>
        <li>旋转180度</li>
        <li>旋转270度</li>
    </ul>
</div>
```

（3）编写 CSS 样式，详细请参见源码。

（4）编写 jQuery 代码，分别实现让图片顺时针旋转 90 度、逆时针旋转 90 度、旋转 180 度和 270 度。具体代码如下：

```
$(document).ready(function(){
        $("#imgdiv ul li").each(function(i){        // 遍历ul下的li元素
            $(this).bind("click",function(){         // 绑定单击事件
                switch(i){
                    case 0:                          // 第1个li元素
                    $("#bimg").rotate(90);           // 将id为bimg的元素顺时针旋转90度
                    break;

                    case 1:                          // 第2个li元素
                    $("#bimg").rotate(-90);          // 将id为bimg的元素逆时针旋转90度
                    break;

                    case 2:                          // 第3个li元素
                    $("#bimg").rotate(180);          // 将id为bimg的元素旋转180度
                    break;

                    case 3:                          // 第4个li元素
                    $("#bimg").rotate(270);          // 将id为bimg的元素旋转270度
                    break;
                }
            })
        })
    })
```

（5）其中第（4）步中使用的 rotate() 方法来源于 jquery.rotate.js 文件，它通过接收用户传入的旋转角度值，在页面中动态创建一个 Canvas 元素，并将页面中的图片旋转指定角度，加载至 Canvas 元素中。该文件的具体内容请参见源码。

如图 11-6 所示，单击"逆时针旋转 90 度"，效果如图 11-7 所示，之后再单击"旋转 270 度"，效果如图 11-8 所示。

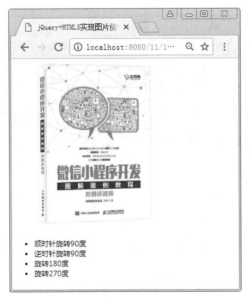

图 11-6　原始图像

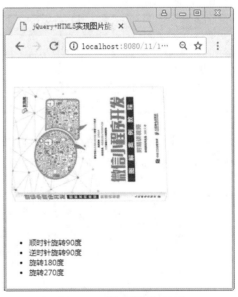

图 11-7　逆时针旋转 90 度

- 顺时针旋转90度
- 逆时针旋转90度
- 旋转180度
- 旋转270度

图 11-8　旋转 270 度

11.2.4　基于 HTML5 播放声音的 jQuery 插件 audioPlay

在 HTML5 出现以前，要在网页中播放多媒体是需要借助 Flash 插件的，因此浏览器需要安装 Flash 插件。HTML5 提供了新的标签<audio>，可以很方便地在网页中播放音频文件，而不需要安装插件。本节介绍一个基于 HTML5 播放声音的 jQuery 插件 audioPlay，使用它可以非常方便地在网页中播放音频。

可以使用 audioPlay 插件的 audioPlay()方法在鼠标指针经过一个 HTML 元素时自动播放指定的音频文件，这个音频文件可以是 mp3 文件或者 ogg 文件，方法的具体参数以及相关说明请参见表 11-5。

表 11-5　audioPlay()方法的参数说明

参数	默认值	说明
Name	"audioPlay"	字符串，用来分组，用在页面上同时播放多组元素时
urlMp3	""	字符串，必选参数，mp3 格式的音频文件地址
urlOgg	""	字符串，必选参数，ogg 格式的音频文件地址
Clone	""	布尔型。同一组元素是否播放同一个声源

【例 11-4】　使用 audioPlay 插件播放菜单的背景音乐（实例位置：源码\第 11 章\ 11-4）。

（1）创建 index.html，引入 jquery 文件和 jquery-audioPlay.js 文件。代码如下：

```
<script type="text/javascript" src="../js/jquery-3.3.1.min.js"></script>
<script type="text/javascript" src="../js/jquery-audioPlay.js"></script>
```
（2）在页面中制作导航菜单，具体代码如下：
```
<div id="top"></div>
<dl>
    <dt>员工管理</dt>
    <dd>
        <div class="item">添加员工信息</div>
        <div class="item">管理员工信息</div>
    </dd>
    <dt>招聘管理</dt>
```

```
        <dd>
            <div class="item">浏览应聘信息</div>
            <div class="item">添加应聘信息</div>
            <div class="item">浏览人才库</div>
        </dd>
        <dt class="title"><a href="#">退出系统</a></dt>
    </dl>
    <div id="bottom"></div>
```

（3）编写 CSS 样式，详细请参见源码。

（4）编写 jQuery 代码，使鼠标指针经过子菜单时播放指定的音频文件。具体代码如下：

```
$(document).ready(function(){
    $("dd").audioPlay({
        name:"playOnce",
        urlMp3:"media/test.mp3",
        urlOgg:"media/test.ogg",
        clone:true
    })
})
```

运行本实例，当鼠标指针经过子菜单时，可以听到音频文件播放声音。页面运行效果如图 11-9 所示。

图 11-9　使用 audioPlay 插件播放菜单的背景音乐

11.2.5　Web Storage 编程

随着 Web 应用的发展，客户端存储的使用也越来越多，而实现客户端存储的方式则是多种多样的。最简单而且兼容性最佳的方案是 Cookies，但是作为真正的客户端存储，Cookies 还是有以下这些不足。

❑ 大小：Cookies 的大小被限制在 4KB。

❑ 带宽：Cookies 是随 HTTP 事物一起发送的，因此会浪费一部分发送 Cookies 时使用的带宽。

❑ 复杂性：Cookies 操作起来比较麻烦，所有的信息要被拼到一个长字符串里面。

❑ 对 Cookies 来说，在相同的站点与多事务处理保持联系不是很容易。

在这种情况下，在 HTML5 中提供了一种在客户端本地保存数据的功能，它就是 Web Storage 功能。

Web Storage 功能，顾名思义，就是在 Web 上存储数据的功能，而这里的存储，是针对客户端本地而言的。它包含两种不同的存储类型：sessionStorage 和 localStorage。不管是 sessionStorage 还是 localStorage，它们都能支持在同域下存储 5MB 数据，这相比 Cookies 有着明显的优势。

1. sessionStorage

将数据保存在 session 对象中。所谓 session，是指用户在浏览某个网站时，从进入网站到浏览器关闭所经过的这段时间，也就是用户浏览这个网站所花费的时间。session 对象可以用来保存在这段时间内所要求保存的任何数据。

2. localStorage

将数据保存在客户端本地的硬件设备中，即使浏览器被关闭了，该数据仍然存在，下次打开浏览器访问网站时仍然可以继续使用。

这两种不同的存储类型区别在于，sessionStorage 为临时保存，而 localStorage 为永久保存。

下面讲解如何使用 WebStorage 的 API。目前 WebStorage 的 API 有以下这些。

❑ length：获得当前 WebStorage 中的数目。

❑ key(n)：返回 WebStorage 中的第 n 个存储条目。

❑ getItem(key)：返回指定 key 的存储内容，如果不存在则返回 null。注意，返回的类型是 String 字符串类型。

❑ setItem(key, value)：设置指定 key 的内容的值为 value。

❑ removeItem(key)：根据指定的 key，删除键值为 key 的内容。

❑ clear：清空 WebStorage 的内容。

可以看到，WebStorage API 的操作机制实际上是对键值对进行的操作。下面是一些相关的应用。

❑ 数据的存储与获取。

在 localStorage 中设置键值对数据可以应用 setItem()，代码如下所示：

```
localStorage.setItem("key", "value");
```

获取数据可以应用 getItem()，代码如下所示：

```
var val = localStorage.getItem("key");
```

当然也可以直接使用 localStorage 的 key 方法，而不使用 setItem 和 getItem 方法，代码如下：

```
localStorage.key = "value";
var val = localStorage.key;
```

HTML5 存储是基于键值对（key/value）的形式存储的，每个键值对称为一个项（item）。

存储和检索数据都是通过指定的键名，键名的类型是字符串类型。值可以是包括字符串、布尔值、整数，或者浮点数在内的任意 JavaScript 支持的类型。但是，最终数据是以字符串类型存储的。

调用结果是将字符串 value 设置到 sessionStorage 中，这些数据随后可以通过键 key 获取。调用 setItem()时，如果指定的键名已经存在，那么新传入的数据会覆盖原先的数据。调用 getItem()时，如果传入的键名不存在，那么会返回 null，而不会抛出异常。

❑ 数据的删除和清空。

removeItem()用于从 Storage 列表删除数据，代码如下：

```
var val = localStorage.removeItem(key);
```

也可以通过传入数据项的 key 从而删除对应的存储数据，代码如下：

```
var val = localStorage.removeItem(1);
```

 数字 1 会被转换为 string，因为 key 的类型就是字符串。

clear()方法用于清空整个列表的所有数据，代码如下：

```
localStorage.clear();
```

 removeItem 可以清除给定的 key 所对应的项，如果 key 不存在则"什么都不做"；clear 会清除所有的项，如果列表本来就是空的就"什么都不做"。

【例 11-5】 使用 localStorage 保存留言内容（实例位置：源码\第 11 章\11-5）。

（1）创建 index.html，引入 jQuery 文件。代码如下：

```
<script type="text/javascript" src="../js/jquery-3.3.1.min.js"></script>
```

（2）使用<table>元素制作留言页面，使表单中包含两个 type=" text"的<input>元素和 1 个<textarea>元素，分别用于录入用户名、标题和留言内容。具体代码如下：

```
table  width="761"  border="0"  align="center"  cellpadding="0"  cellspacing="0"  bordercolor= "#FEFEFE"
bgcolor="#FFFFFF">
    <form action=""  method="post" name="form1" id="form1">
        <tr>
            <td  width="761"  align="center"  bgcolor="#F9F8EF"><table  width="749"  border="0"  align="center"
cellpadding="0"  cellspacing="0"  style="BORDER-COLLAPSE: collapse">
                <tr>
                    <td width="749" height="57" background="images/a_03.jpg">  </td>
                </tr>
                <tr>
                    <td  height="36"  colspan="3"  align="left"  background="images/a_05.jpg"  bgcolor= "#F9F8EF"
scope="col">        用户名：
                    <input  name="username" id="username" value="" maxlength="64" type="text" />
                        </td>
                </tr>
                <tr>
                    <td  height="36"  colspan="3"  align="left"  background="images/a_05.jpg"  bgcolor=
"#F9F8EF">        标　题：
                    <input maxlength="64" size="30" name="title" id="title" type="text"/>
                        </td>
                </tr>
                <tr>
                    <td height="126" colspan="3" align="left" background="images/a_05.jpg" bgcolor="#F9F8EF">  
       内  容：
                    <textarea name="content" cols="60" rows="8" id="content" style="background: url(./images/
mrbccd.gif)"></textarea>

                            <table width="734" border="0" align="center" cellpadding="0" cellspacing ="0">
                <tr>
                    <td width="703" height="40" align="center"><input name="button" type= "button" id="button"
value="填写留言"/>
                </tr>
                </table>
                        </td>
        </tr>
        <tr>
            <td height="35" background="images/a_07.jpg">  </td>
        </tr>
        </table>
            </td>
    </tr>
    </form>
</table>
```

（3）编写 CSS 样式。

（4）编写 jQuery 代码，当文本框和文本域的内容变化时触发 change 事件，将文本框和文本域的值写入 localStorage 中，加载页面时判断，如果 localStorage 存在，则读取 localStorage 中数据并显示在文本框和文本域中。具体代码如下：

```
$(document).ready(function(){
    $("input[type=text], textarea").change(function(){    // 当文本框和文本域内容变化时
// 将当前元素的值写入键值为当前元素name值的localStorage中
        localStorage[$(this).attr("name")] = $(this).val();
    })
```

```
            if(localStorage){                              // 如果存在localStorage
                if(localStorage.username){                  // 如果localStorage中存在username的值
// 将用户名的值设置为localStorage中username的值
                    $("#username").val(localStorage.username);
                }
                if(localStorage.title){                     // 如果localStorage中存在title的值
// 将标题的值设置为localStorage中title的值
                    $("#title").val(localStorage.title);
                }
                if(localStorage.content){                   // 如果localStorage中存在content的值
// 将留言内容设置为localStorage中content的值
                    $("#content").val(localStorage.content);
                }
            }
        })
```

运行本实例，填写用户名、标题和留言内容，之后重新加载页面，可以看到之前填写的内容都被保存起来，页面运行效果如图 11-10 所示。

图 11-10　localStorage 存储

11.3　综合实例：旅游信息网前台页面设计

综合案例：旅游信息
网前台页面设计

旅游信息网是介绍关于长春旅游信息的网站，该网站主要包括主页、自然风光页、人文气息页、美食页、旅游景点页、名校简介页及留下足迹页等页面。

11.3.1　网站预览

旅游信息网由多个网页构成，下面我们来看一下旅游信息网中主要页面的运行效果。

说明　由于每个子页面中的 header 部分和 footer 部分都是相同的，所以在浏览各个子页面时，主要演示其主体部分的运行效果。

首页主要显示旅游信息网的介绍及相关图片，其运行效果如图 11-11 所示。

图 11-11　旅游信息网首页

自然风光页面主要介绍长春的一些自然风光，例如地理位置、气候等，运行效果如图 11-12 所示。

图 11-12　自然风光页面

人文气息页面主要是对长春的体育事业和科学教育事业进行介绍，其运行效果如图 11-13 所示。

美食页面主要介绍长春的一些特色美食，其运行效果如图 11-14 所示。

旅游景点页面主要介绍长春的一些旅游景点，其运行效果如图 11-15 所示。

图 11-13　人文气息页面

图 11-14　美食页面

图 11-15　旅游景点页面

名校简介页面主要介绍长春的知名高等院校，其运行效果如图 11-16 所示。

图 11-16　名校简介页面

留下足迹页面主要是添加了一张 gif 格式的图片，并在其下方载入一段音频文件，当打开本页面时，音频文件会自动播放；另外，在该页的右侧栏添加了一张留言的表单，访客可以在此留言，其运行效果如图 11-17 所示。

图 11-17　留下足迹页面

11.3.2　网站主体结构设计

旅游信息网网页的主体结构如图 11-18 所示。

这些网页中有几个主要的 HTML5 结构，分别是 header 元素、aside 元素、section 元素及 footer 元素。

11.3.3　HTML5 结构元素的使用

在设计旅游信息网前台页面时，主要用到了 HTML5 的一些主体结构

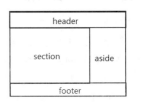

图 11-18　旅游信息网所有页面
主体结构图

元素，分别是 header 结构元素、aside 结构元素、section 结构元素和 footer 结构元素，在大型的网站中，一个网页通常都由这几个结构元素组成，下面我们分别进行介绍。

❑ header 结构元素：通常用来展示网站的标题、企业或公司的 logo 图片、广告（Flash 等格式）、网站导航条等。

❑ aside 结构元素：通常用来展示与当前网页或整个网站相关的一些辅助信息。例如，在博客网站中，可以用来显示博主的文章列表和浏览者的评论信息等；在购物网站中，可以用来显示商品清单、用户信息、用户购买历史等；在企业网站中，可以用来显示产品信息、企业联系方式、友情链接等。Aside 结构元素可以有很多种形式，其中最常见的形式是侧边栏。

❑ section 结构元素：一个网页中要显示的主体内容通常被放置在 section 结构元素中，每个 section 结构元素都应该有一个标题来显示当前展示的主要内容的标题信息。每个 section 结构元素中通常还应该包括一个或多个 section 元素或 article 元素，用来显示网页主体内容中每一个相对独立的部分。

❑ footer 结构元素：通常，每一个网页中都具有 footer 结构元素，用来放置网站的版权声明和备案信息等，也可以放置企业的联系电话和传真等联系信息。

在没有加入任何实际内容之前，这些网页代码的基本结构如下：

```
<!DOCTYPE html>
<head>
  <title>我爱长春</title>
  <meta charset="utf-8">
  <link rel="stylesheet" href="css/reset.css" type="text/css" media="all">
  <link rel="stylesheet" href="css/grid.css" type="text/css" media="all">
  <link rel="stylesheet" href="css/style.css" type="text/css" media="all">
</head>
<body>
    <header></header>
    <section id="content">
    <article></article>
    </section>
    <aside></aside>
    <footer></footer>
</body>
</html>
```

说明 上面的代码中，页面开头使用了 HTML5 中的"<!DOCTYPE html>"语句来声明页面中将使用 HTML5。在 head 标签中，除了 meta 标签中使用了更简洁的编码指定方式之外，其他代码均与 HTML4 中的 head 标签中的代码完全一致。此页面中使用了很多结构元素用来替代 HTML4 中的 DIV 元素，因为 DIV 元素没有任何语义性，而 HTML5 中推荐使用具有语义性的结构元素，这样做的好处就是可以让整个网页结构更加清晰，浏览器、屏幕阅读器以及其他阅读此代码的人也可以直接从这些元素上分析出网页中什么位置放置了什么内容。

11.3.4 网站公共部分设计

在本网站的网页中，有两个公共的部分，分别是 header 元素中的内容和 footer 元素中的内容。这两部分是本站每个网页中都包含的内容，下面具体介绍一下这两个公共部分的主要内容。

1. 设计网站 header

header 元素是一个具有引导和导航作用的结构元素，很多企业网站中都有一个非常重要的 header 元素，一般位于网页的开头，用来显示企业名称、企业 logo 图片、整个网站的导航条以及 Flash 形式的广告条等。

在本网站中，header 元素中的内容包括：网站的 logo 图片、网站的导航以及通过 jQuery 技术来循环显示的特色图片，同时还为这些图片添加了说明性关键字。header 元素中的内容在浏览器中的显示结果如图 11-19 所示。

图 11-19 旅游信息网 header 元素在浏览器中的显示

网站公共部分的 header 元素的结构如图 11-20 所示。

 说明 CSS 样式不是本章讲解的重点，因此省略了 CSS 样式部分的代码，读者可参见源码。

❏ header 元素中显示网站名称的代码分析。

在 div 中存放网站的名称及 logo 图片，它在浏览器中的页面显示如图 11-21 所示。

图 11-20 公共部分 header 元素的结构

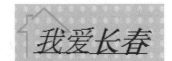

图 11-21 网站名称及 logo 的显示

DIV 元素主要是显示页面左边的 logo 图片，同时通过<h2></h2>显示网站的名称"我爱长春"，并通过<strong>属性对"长春"两个字进行了加粗。其实现的代码如下：

```
<div class="logo">
    <h2>我爱<strong>长春</strong></h2>
</div>
```

❏ header 元素中 nav 元素的代码分析。

nav 元素是一个可以用作页面导航的连接组，其中的导航元素链接到其他页面或当前页面的其他部分。nav 元素可以被放置在 header 元素中，作为整个网站的导航条来使用。nav 元素中可以存放列表或导航地图，或其他任何可以放置一组超链接的元素。在本网站中，网站标题部分的 nav 元素中放置了一个导航地图，如图 11-22 所示。

图 11-22 应用 nav 元素实现的网站导航条

Header 元素中应用到的 nav 元素的代码如下：

```
<nav>
    <ul>
            <li><a href="index.html" class="current">主页</a></li>
            <li><a href="index-1.html">自然风光</a></li>
            <li><a href="index-2.html">人文气息</a></li>
            <li><a href="index-3.html">美食</a></li>
            <li><a href="index-4.html">旅游景点</a></li>
            <li><a href="index-5.html">名校简介</a></li>
            <li><a href="index-6.html">留下足迹</a></li>
    </ul>
</nav>
```

❑　header 元素中显示宣传图片代码分析。

接下来我们来看一下在 header 元素中显示宣传图片，这些宣传图片被放置在 DIV 元素中，该元素中放置 3 张图片，并通过 jQuery 技术循环播放这 3 张图片；同时，在宣传图片的右侧显示对应的说明性文字，这些文字在显示时是以列表形式出现的。宣传图片在浏览器中显示的结果如图 11-23 所示。

图 11-23　通过 jQuery 技术在 header 元素中实现图片的循环播放

实现的主要代码如下：

```
<div class="rap">
    <a href="#"><img src="images/big-img1.jpg" alt="" width="571" height="398"></a>
    <a href="#"><img src="images/big-img2.jpg" alt="" width="571" height="398"></a>
    <a href="#"><img src="images/big-img3.jpg" alt="" width="571" height="398"></a>
</div>
<ul class="pagination">
    <li>
        <a href="#" rel="0">
            <img src="images/f_thumb1.png" alt="">
        <span class="left">
                北国风光<br />
                万里雪飘<br />
        </span>
        <span class="right">
                堆雪人<br />
                溜爬犁<br />
        </span>
        </a>
    </li>
    <li>
        <a href="#" rel="1">
            <img src="images/f_thumb2.png" alt="">
        <span class="left">
                净月潭<br />
                33568平方米<br />
                樟子松
```

```
                    </span>
                        <span class="right">
                            夏避暑<br />
                            秋赏叶<br />
                            冬玩雪
                        </span>
                    </a>
        <li>
        <li>
            <a href="#" rel="2">
                    <img src="images/f_thumb3.png" alt="">
                <span class="left">
                        伪满洲国<br />
                        红色旅游<br />
                        跑马场
                </span>
                    <span class="right">
                        中和门<br />
                        同德殿<br />
                        怀远楼
                    </span>
                </a>
        </li>
    </ul>
```

jQuery 代码如下：

```
$(function(){
    // faded slider
    $("#faded").faded({
        speed: 500,
        autoplay: 5000,
        autorestart: 3000,
        autopagination:false
    });
})
```

本案例中实现图片切换使用的是 jQuery 的 faded 插件，其中 faded()方法中的 speed 是设置从一张图片切换到另一张图片的速度；autoplay 用来设置自动播放，5000 毫秒切换一次图片，如果设置为 false 则只能手动切换图片；autopagination 是用来设置是否自动添加分页标记，本实例中已经书写了分页的样式，因此不需要该插件为本案例自动添加分页图标。插件中的其他参数使用插件 jquery.faded.js 中的默认设置，具体设置为：

```
$.fn.faded.defaults = {
    speed: 300,
    crossfade: false,
    bigtarget: false,
    loading: false,
    autoheight: false,
    pagination: "pagination",
    autopagination: true,
    nextbtn: "next",
    prevbtn: "prev",
    loadingimg: false,
    autoplay: false,
    autorestart: false,
    random: false
};
```

2. 设计网站 footer

footer 元素专门用来显示网站、网页或内容区块的脚注信息，在企业网站中的 footer 结构元素通常用来显示版权声明、备案信息、企业联系电话及网站制作单位等内容。

本实例中，网站页面的 footer 元素在浏览器中的显示结果如图 11-24 所示。

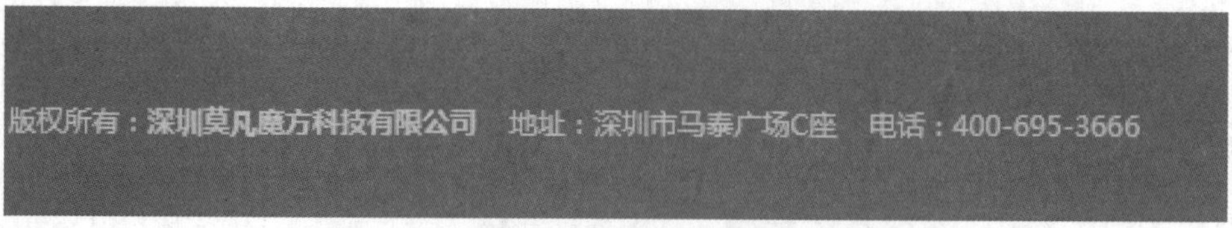

图 11-24　通过 footer 元素实现的网站版权说明

footer 元素中的内容相对来说比较简单，它存放了两个 DIV 元素，其中上面的 DIV 元素仅用来将 footer 样式的类名设置为 container_16，第 2 个 DIV 元素中存放版权信息、公司地址、公司电话等。其实现的主要代码如下：

```
<footer>
    <div class="container_16">
    <div id="main">
            版权所有：<strong>深圳莫凡魔方有限公司</strong>   
        地址：深圳市马泰广场C座2205室   
        电话：400-675-3666
        </div>
    </div>
</footer>
```

11.3.5　网站主页设计

在 11.3.4 节中我们介绍了旅游信息网的公共部分，本节我们将对如何使用 HTML5 结构元素设置网站主页进行详细讲解。

1. 网站介绍及相关图片

在 HTML5 网站中，每个网页所展示的主体内容通常都存放在 section 结构元素中，而且通常带有一个标题元素 header。在主页中，网站介绍及相关图片的显示结果如图 11-25 所示。

图 11-25　网站介绍及相关图片的显示结果

在主页中，页面主体 section 元素中显示了长春的简介以及一些精美的图片，其结构相对来说比较简单，主要是通过 article 元素组成的。主页中的 section 元素内容的代码如下：

```
<section id="mainContent" class="grid_10">
    <article>
        <h2>长春欢迎你</h2>
        <h3>长春，吉林省省会……中国特大城市之一。</h3>
        <h4>长春地处东北平原中央，是东北地区天然地理中心，东北亚几何中心，东北亚十字经济走廊核心。总
面积20 604平方公里。</h4>
        <p>新的长春……都注定了长春必定辉煌！</p>
        <a href="#" class="button">更多</a>
    </article>
    <article class="last">
        <h2>魅力长春</h2>
        <h5>    长春素有"汽车城""电影城""光电之城""科技文化城""大学之城""森林城""雕塑城"
的美誉，是中国汽车、电影、光学、生物制药、轨道客车等行业的发源地。</h5>
        <ul class="img-list clearfix">
            <li><a href="#"><img src="images/thumb1.jpg" alt=""></a></li>
                <li><a href="#"><img src="images/thumb2.jpg" alt=""></a></li>
                <li><a href="#"><img src="images/thumb3.jpg" alt=""></a></li>
                <li><a href="#"><img src="images/thumb4.jpg" alt=""></a></li>
                <li><a href="#"><img src="images/thumb5.jpg" alt=""></a></li>
                <li><a href="#"><img src="images/thumb6.jpg" alt=""></a></li>
                <li><a href="#"><img src="images/thumb7.jpg" alt=""></a></li>
                <li><a href="#"><img src="images/thumb8.jpg" alt=""></a></li>
                <li><a href="#"><img src="images/thumb9.jpg" alt=""></a></li>
        </ul>
        <a href="#" class="button">更多</a>
    </article>
</section>
```

第 1 个<article>显示了关于长春的介绍性文字，主要通过标题文字标记的使用，来达到文字的层次效果。第 2 个<article>显示了关于长春的荣誉称号，并通过列表的形式来展示图片，使页面显示效果更加美观。

2. 左侧导航的实现

aside 元素用来显示当前网页主体内容之外的、与当前网页显示内容相关的一些辅助信息。例如，可以是一些关于网站的宣传语，或者是网站管理者认为比较重要的信息。aside 元素的显示形式可以是多种多样的，其中最常用的形式是侧边栏的形式。在主页中的 aside 元素内应用到两个 article 元素，一个 article 元素用以显示对长春一些特点的概述，当单击这些概述的文字时，将以定义列表的形式对这些概述的文字进行解释；另外一个 article 元素显示一张长春区域的地图，并在图片的下方对各区的名称进行链接。主页左侧导航在浏览器中的效果如图 11-26 所示。

图 11-26 主页左侧导航

主页中的 aside 元素的代码如下：

```
<aside class="grid_6">
    <div class="prefix_1">
        <article>
            <div class="box">
                <h2>长春美誉</h2>
                <dl class="accordion">
                    <dt><img src="images/icon1.gif" alt=""><a href="#">汽车城</a></dt>
                        <dd>中国第一汽车集团公司是中国最大的汽车工业科研生产基地，汽车产量占全国总产量
的五分之一。</dd>
                    <dt><img src="images/icon2.gif" alt=""><a href="#">电影城</a></dt>
                        <dd>长春电影制片厂是新中国电影事业的"摇篮"，为弘扬电影文化，长春市政府自1992年以
来，每两年举办一届长春电影节，邀请国内外电影界知名人士和电影厂商汇聚长春，共创电影辉煌。</dd>
                    <dt><img src="images/icon3.gif" alt=""><a href="#">光电城</a></dt>
                        <dd>在光学电子、激光技术、高分子材料、生物工程等方面的研究居全国领先地位，有的已经
达到国际先进水平。</dd>
                    <dt><img src="images/icon4.gif" alt=""><a href="#">雕塑城</a></dt>
```

```
            <dd>长春雕塑公园</dd>
            <dt><img src="images/icon5.gif" alt=""><a href="#">森林城</a></dt>
            <dd>著名的净月潭森林旅游区总面积为478.7平方千米，有亚洲最大的人工森林。</dd>
        </dl>
    </div>
</article>
<article class="last">
    <h2>长春地图</h2>
    <p><img src="images/map.jpg" alt=""></p>
    <div class="wrapper">
        <ul class="list1 grid_3 alpha">
            <li><a href="#">农安市</a></li>
            <li><a href="#">德惠市</a></li>
            <li><a href="#">九台市</a></li>
        </ul>
        <ul class="list1 grid_2 omega">
            <li><a href="#">长春市区</a></li>
            <li><a href="#">榆树市</a></li>
        </ul>
    </div>
</article>
    </div>
</aside>
```

其中，对目录列表实现的下拉式显示，是通过 javascript 脚本与 jQuery 脚本共同实现的，具体的实现代码如下：

```
<script type="text/javascript">
    $(function(){
        $(".accordion dt").toggle(function(){
            $(this).next().slideDown();
        }, function(){
            $(this).next().slideUp();
        });
    })
</script>
```

11.3.6　留下足迹页面设计

在留下足迹页面中，除了添加了公共部分的 header 和 footer 外，还借助 section 元素和 aside 元素实现了音乐播放和添加留言的功能，下面我们就对如何设计并实现留下足迹页面进行详细讲解。

1. 音乐播放

留下足迹页面的主体内容相对来说比较简单，主要是添加了一张 gif 格式的图片。选择添加 gif 格式的图片，因为它可以"闪动"，从而使整个页面增加一些生机。在该图片的下方，通过 audio 标签加载了一段音频，并将其设置为自动播放，这样当进入这个网页的时候，不但可以看到美丽的画面，还可以听到一首好听的歌曲。当然，这里读者也可以通过设置背景音乐的形式达到以上

图 11-27　留下足迹页面中的播放音乐功能

效果。但是为了显示 HTML5 的强大功能，这里使用了 audio 标签来加载音频。当然更好的办法是直接通过 video 标签加载一段视频，这样整个页面的效果会更加绚丽。留下足迹页面中的播放音乐功能的效果如图 11-27 所示。

播放音乐功能的实现代码如下：

```
<section id="mainContent" class="grid_10">
    <article>
```

```
        <h2>雪景</h2>
        <img src="images/7page-img1.gif" alt="" width=" 600">
        <h2>听一首关于雪的歌曲</h2>
        <audio src="music/xr.mp3" controls="controls" autoplay="autoplay" ></audio>
    </article>
</section>
```

2. 添加留言功能

在留下足迹页面中，使用 aside 元素实现了添加留言的功能，其运行效果如图 11-28 所示。

图 11-28　添加留言功能

使用 aside 元素实现添加留言功能的主要代码如下：

```
<form action="" id="contacts-form">
    <label><span>姓名：</span><input type="text" /></ label>
    <label><span>E-mail：</span><input type="text" /></ label>
    <span>留言：</span><textarea></textarea></div>
    <a href="#" onclick="document.getElementById('contacts-form').submit()" class="button">提交</a>
    <a href="#" onclick="document.getElementById('contacts-form').submit()" class="button">重置</a></div>
</form>
```

 该网站只是一个前台展示页面，故所有的链接都为空链接。读者可以自行开发本站的后台程序，最终实现一个前台与后台交互的完整网站。

知识点提炼

（1）HTML5 的新特性有：兼容性、实用性、用户优先、化繁为简。

（2）可以使用 FormData 对象模拟表单向服务器发送数据。创建一个 FormData 对象的方法如下：

```
formData = new FormData();
```

（3）Canvas 元素专门用来绘制图形。在页面上放置一个 Canvas 元素，就相当于在页面上放置了一块"画布"，可以在其中进行图形的描绘。

（4）HTML5 提供的标签<audio>，可以很方便地在网页中播放音频文件，而不需要安装插件。

（5）Web Storage 可以在 Web 上存储数据，而这里的存储，是针对客户端本地而言的。它包含两种不同的存储类型：sessionStorage 和 localStorage。

习题

11-1　简述 HTML5 的新特性。

11-2　如何使用 jQuery+HTML5 实现显示上传文件的进度？

11-3　简述 HTML5 中 Canvas 元素的主要作用。

11-4　如何使用 localStorage 保留数据内容？

11-5　如何使用 jQuery 实现图片的自动切换功能？

第12章

综合实战——使用jQuery 实现携程网站特效

本章要点：

网页开发前如何拟定系统目标及

功能结构 ■

如何使用jQuery技术实现广告循环播放

的网页特效 ■

如何使用Ajax技术实现信息滚动显示

效果 ■

如何使用JavaScript制作导航菜单、浮

动窗口等 ■

■ 本章我们主要使用 jQuery 技术来实现携程网站上有代表性、通用性的特效，来深入讲解 jQuery 技术在实际项目中的运用。

12.1　网站特效

携程网站是中国领先的一家旅游网站，在这家网站上可以选择酒店、旅游、机票、火车、汽车、用车、门票等服务。该网站上有很多特效，我们选取一些常用的、有代表性的特效，比如注册表单校验、60s 倒计时、登录两种方式切换选择、导航菜单、海报轮播、菜单悬浮、图片放人等，介绍使用 jQuery 来实现这些通用功能的方法，以加深读者对使用 jQuery 的理解。

12.2　特效需求

12.2.1　网站注册表单布局设计

需求：携程网站用户注册表单填写部分需要对填写的表单项进行校验，如图 12-1 所示。

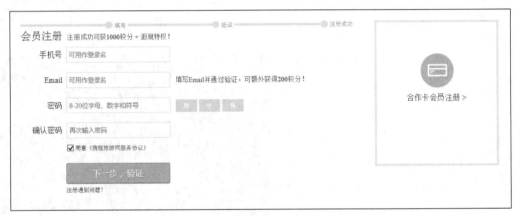

图 12-1　网站注册

12.2.2　倒计时交互设计

需求：倒计时交互设计是使用非常频繁的一个交互设计，获取手机验证码或者邮箱验证码时都会用到这个交互，如图 12-2 所示。

图 12-2　倒计时交互

12.2.3　网站登录布局与交互设计

需求：网站登录提供两种登录方式，一种是手机登录，另一种是手机动态密码登录，实现两种登录方式的切换效果，如图 12-3、图 12-4 所示。

图 12-3　普通登录

图 12-4　手机动态密码登录

12.2.4　导航菜单设计

需求：实现导航一级菜单和二级菜单联动效果，如图 12-5 所示。

图 12-5　导航菜单

12.2.5　海报轮播效果设计

需求：在携程网站首页里，会采用海报轮播效果展现广告信息，可以在有限的区域内展示不同的广告信息，这也是海报轮播的特色，如图 12-6 所示。

图 12-6　轮播效果

12.2.6　页签切换效果设计

需求：在携程网站的搜索区域里可以对国内酒店、海外酒店、酒店团购等进行搜索，实现这些页签的切换效果，如图 12-7、图 12-8 所示。

图 12-7　选中国内酒店

图 12-8　选中海外酒店

12.2.7　左右滑动效果设计

需求：航空公司特惠专区可以实现航空信息左右滑动，如图 12-9、图 12-10 所示。

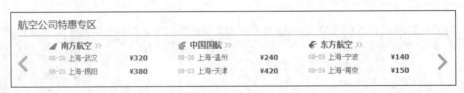

图 12-9　滑动 1

图 12-10　滑动 2

12.2.8　手风琴效果设计

需求：纵向菜单可以实现手风琴效果，这也是很多网站经常会采用的一种设计方式，如图 12-11 所示。

图 12-11　手风琴菜单

12.2.9　图片放大缩小效果制作

需求：在携程网站首页里，有很多旅游广告图片或者酒店广告图片，当鼠标指针移入这些图片的时候，这些图片会放大，移出的时候图片又会缩小。现在很多的电商网站也是采用这样的方式来给商品图片添加交互效果，通过放大缩小交互动作使图片动起来，如图 12-12 所示。

图 12-12　特卖汇图片

12.3　关键知识点

本章主要使用了 jQuery 技术，下面我们就对本章中用到的这几种关键技术点进行简

关键知识点

单介绍。

（1）控制页面元素显示与隐藏

```
$('#div1').show();
$('#div1').hide();
```

（2）页面元素添加样式

```
phone.css('borderColor','#67a1e2');
```

（3）页面显示文本内容

```
prompt1.text("手机号格式不正确");
```

（4）输入框光标聚焦事件

```
phone.focus(function(){})
```

（5）输入框光标离开事件

```
pwd.blur(function(){})
```

（6）设置定时任务

```
setTimeout(function() { settime(obj) } ,1000)
```

（7）元素查找 eq 相等事件

```
$(".tab-box>div").eq(_index).show().siblings().hide();
$("#login1-2 label").eq(_index).addClass("ons").siblings().removeClass("ons");
```

（8）mouseover 鼠标指针悬浮事件

```
$(".xc_d1_1_1 li").mouseover(function(){
            var _index = $(this).index();
            $(".tab-box>div").eq(_index).show().siblings().hide();
        });
```

（9）元素添加样式和移出样式

```
$(this).addClass("l_hover");          //指向li添加样式
$(this).removeClass("l_hover");       //指向li删除样式
```

（10）元素点击事件

```
$li.click(function(){});
```

12.4 模块设计实现

模块设计实现

12.4.1 网站注册表单布局设计

携程旅游网站的注册表单是一个向导型表单，注册分为 3 个步骤：填写、验证、注册
成功。注册表单内容包含手机号、Email、密码、确认密码等表单项，提交表单时要进行表单验证，如图 12-13、
图 12-14 所示。

图 12-13　表单布局设计

【例 12-1】实现携程网站注册表单布局设计和表单校验功能的步骤如下（实例位置：源码\第 12 章\12-1
表单项验证.html）。

图 12-14　表单验证

（1）在文件夹 12 下创建新项目，命名为 12-1 表单项验证.html。表单布局代码如下所示：

```
<!DOCTYPE html>
<html>
    <head>
        <meta charset="UTF-8">
        <title>会员注册</title>
        <link rel="stylesheet" type="text/css" href="css/register.css">
        <script type="text/javascript" src="js/jquery-3.3.1.min.js"></script>
        <script type="text/javascript" src="js/12-1/register.js"></script>
    </head>
    <body>
        <div id="top">

            <div id="top1">
                <a id="login" href="Login.html">登录</a>
                <a>|</a>
                <a id="a1">客服中心</a>
            </div>
        </div>
        <!--填写部分-->
        <div id="center" style="display: block;">
            <div id="center1">
                <div class="center1-1">
                    <span class="span1" id="span1"></span>
                    <span class="span2" id="span2"></span>
                    <font id="font1">填写</font>
                </div>
                <div class="center1-1">
                    <span class="span1" id="span3"></span>
                    <span class="span2" id="span4"></span>
                    <font id="font2">验证</font>
                </div>
                <div class="center1-2">
                    <span class="span1" id="span5"></span>
                    <span class="span2" id="span6"></span>
                    <font id="font3">注册成功</font>
                </div>
            </div>
            <div id="center2">
                <img src="imgs/img/huiyuan.png" /><br />
                <a>合作卡会员注册 ></a>
            </div>
```

```html
<div id="center3">
    <span>会员注册</span>
    <a>注册成功可获<font id="jf">1000</font>积分 + <font id="fx">返现</font>特权！</a>
</div>
<!--手机号文本框-->
<div id="input">
    <span class="name">手机号</span>
    <input type="text" id="phone" class="text" placeholder=" 可用作登录名" />
</div>
<div class="prompt" id="div1" style="display: none;">
    <img src="imgs/img/tip.png" />
    <span id="prompt1"></span>
</div>
<!--Email文本框-->
<div class="input">
    <span class="name">Email</span>
    <input type="text" id="Emails" class="text" placeholder=" 可用作登录名" />
    <span id="email">  填写Email并通过验证，可额外获得<font>200</font>积分！
</span>
</div>
<div class="prompt" id="div2" style="display: none;">
    <img src="imgs/img/tip.png" />
    <span id="prompt2"></span>
</div>
<!--密码文本框-->
<div class="input">
    <span class="name">密码</span>
    <input type="password" id="password" class="text" placeholder=" 8-20位字母、数字和符号"
/>

    <span class="grade" id="grade1">弱</span>
    <span class="grade" id="grade2">中</span>
    <span class="grade" id="grade3">强</span>
</div>
<div class="prompt" id="div3" style="display: none;">
    <img src="imgs/img/tip.png" />
    <span id="prompt3"></span>
</div>
<!--确认密码框-->
<div class="input">
    <span class="name">确认密码</span>
    <input type="password" id="password1" class="text" placeholder=" 再次输入密码" />
</div>
<div class="prompt" id="div4" style="display: none;">
    <img src="imgs/img/tip.png" />
    <span id="prompt4"></span>
</div>
<label id="check"><input type="checkbox" checked="checked"><a>同意<span>《携程旅游网服务
协议》</span></a></label><br />
    <input id="btn" type="button" value="下一步，验证" onclick="xyb()"/><br />
    <span id="next_step">注册遇到问题？</span>
</div>
<!--底部-->
<div id="button">
    <span>
        <a class="aa1">网站导航</a>
        <a class="aa1">宾馆索引</a>
        <a class="aa1">服务说明</a>
        <a class="aa1">关于携程</a>
        <a class="aa1">企业公民</a>
        <a class="aa1">诚聘英才</a>
        <a class="aa1">分销联盟</a>
```

```
                    <a class="aa1" id="a6">企业礼品卡采购</a>
                    <a class="aa1">代理合作</a>
                    <a class="aa1">广告业务</a>
                    <a class="aa1">联系我们</a>
                    <a class="aa1" id="a7">我要提建议</a>
                </span>
                <p>Copyright© 1999-2017, ctrip.com. all rights reserved. </p>
            </div>
        </body>
</html>
```

（2）创建 js/12-1 文件夹，然后创建 register.js 文件，表单校验放置在这个文件夹里。代码如下所示：

```
$(function(){
//手机号验证
var phone=$('#phone');
var prompt1=$('#prompt1');
var rag1=/^[1][358][0-9]{9}$/;
phone.focus(function()
{
    $('#div1').show();
    phone.css('borderColor','#67a1e2');
    prompt1.text('请输入手机号');
});
phone.blur(function()
{
    phone.css('borderColor','#ddd');
    if(this.value=="")
    {
        prompt1.text("手机号不能为空");
    }
    else
    {
        if(rag1.test(this.value)==true)
        {
            $('#div1').hide();
        }
        else
        {
            prompt1.text("手机号格式不正确");
        }
    }
})




//邮箱验证
var email=$('#Emails');
var prompt2=$('#prompt2');
var rag2=/^[a-zA-Z0-9]{1,}@{1}\w+\.{1}\w+$/;
email.focus(function()
{
    $('#div2').show();
    email.css('borderColor','#67a1e2');
    prompt2.text("请输入邮箱");
})
email.blur(function()
{
    email.css('borderColor','#ddd');
    if(this.value==="")
    {
        prompt2.text("邮箱不能为空");
    }
```

```
        else
        {
            if(rag2.test(this.value)==true)
            {
                $('#div2').hide();
            }
            else
            {
                prompt2.text("邮箱格式不正确");
            }
        }
});


// 密码验证
var pwd=$('#password');
var prompt=$('#prompt3');
var rag3=/^\w{8,20}$/;
var rag4=/^\d{8,20}$/;
var rag5=/^[A-z0-9]{8,10}$/;
var rag6=/^[A-z0-9]{10,19}$/;
pwd.focus(function()
{
    $('#div3').show();
    pwd.css('borderColor','#67a1e2');
    $('#div3').css('width',216);
    prompt.text("请设置登录密码");
    $('#grade1').css('backgroundColor','#F1D0B9');
    $('#grade2').css('backgroundColor','#F1D0B9');
    $('#grade3').css('backgroundColor','#F1D0B9');
})
pwd.blur(function()
{
    pwd.css('backgroundColor','#ddd');
    if(this.value=="")
    {
        prompt.text("请设置登录密码");
        $('#div3').css('width',216);
    }
    else
    {
        if(rag3.test(this.value)==true)
        {
            if(rag4.test(this.value)==true)
            {
                prompt.text("密码过于简单，有被盗风险");
                $('#div3').css('width',216);
            }
            if(rag4.test(this.value)==false)
            {
                $('#div3').hide();
            }
            if(rag5.test(this.value)==true)
            {
                if(rag4.test(this.value)==true)
                {
                    $('#grade1').css('backgroundColor','#ff893a');
                }
                else
```

```
                    {
                        $('#grade1').css('backgroundColor', '#ff893a');
                        $('#grade2').css('backgroundColor', '#ff893a');
                    }
                }
                if(rag6.test(this.value)==true)
                {
                    if(rag4.test(this.value)==true)
                    {
                        $('#grade1').css('backgroundColor', '#ff893a');
                    }
                    else
                    {
                        $('#grade1').css('backgroundColor', '#ff893a');
                        $('#grade2').css('backgroundColor', '#ff893a');
                        $('#grade3').css('backgroundColor', '#ff893a');
                    }
                }
            }
            else
            {
                prompt.text("密码需为8～20个字符，由字母、数字和符号组成。");
                $('#div3').css('width', 300);
            }
        }
    })

    // 确认密码验证
    var pwds=$('#password1');
    var prompt4=$('#prompt4');
    pwds.focus(function()
    {
        $('#div4').show();
        prompt4.text("请再次输入密码");
    });
    pwds.blur(function()
    {
        if(this.value=="")
        {
            prompt4.text("确认密码不能为空");
        }
        else
        {
            if(this.value==pwd.val())
            {
                $('#div4').hide();
            }
            else
            {
                prompt4.text("您两次输入的密码不一致");
            }
        }
    })
})
```

（3）12-1 表单项验证.html 的 HTML 代码中首先要引入 jQuery 框架和表单校验 register.js 及 CSS 样式。代码如下：

```
<link rel="stylesheet" type="text/css" href="css/register.css">
<script type="text/javascript" src="js/jquery-3.3.1.min.js"></script>
<script type="text/javascript" src="js/12-1/register.js"></script>
```

实例运行效果如图 12-15 所示。

图 12-15 表单布局设计与校验

12.4.2 倒计时交互设计

在携程旅游网站填写完注册表单后，会进行验证，有两种验证方式，一种是手机号验证，另一种是邮箱验证。如果没有填写手机号会进入邮箱验证页面进行验证，邮箱验证时会有倒计时交互效果，如果在规定时间内没有输入验证码，可以重新获取验证码，如图 12-16 所示。

图 12-16 倒计时交互设计

【例 12-2】 实现携程网站邮箱验证倒计时交互设计功能的步骤如下（实例位置：源码\第 12 章\ 12-2 倒计时交互.html）。

（1）在文件夹 12 下创建新项目，命名为 12-2 倒计时交互.html。表单布局代码如下所示：

```
<!DOCTYPE html>
<html>
<head>
    <meta charset="UTF-8">
    <title>会员注册</title>
    <link rel="stylesheet" type="text/css" href="css/register.css">
    <script type="text/javascript" src="js/jquery-3.3.1.min.js"></script>
    <script type="text/javascript" src="js/12-2/djs.js"></script>
</head>
<style>
    .font1
    {
        color: #acd252!important;
```

```
        }
        .span1, .span2
        {
            background-color: #acd252;
        }

</style>
<body>
<div id="top">
    <a href="index.html"><img src="imgs/img/c_logo2013.png"></a>
    <div id="top1">
        <a id="login" href="Login.html">登录</a>
        <a>|</a>
        <a id="a1">客服中心</a>
    </div>
</div>




<!--验证部分-->
<div id="verification" style="display: block;">
    <div class="center1-3">
        <span class="span3 span1"></span>
        <span class="span4 span2"></span>
        <font class="font1">填写</font>
    </div>
    <div class="center1-3">
        <span class="span3 span1"></span>
        <span class="span4 span2"></span>
        <font class="font1">验证</font>
    </div>
    <div class="center1-4">
        <span class="span3"></span>
        <span class="span4"></span>
        <font>注册成功</font>
    </div>
    <div id="center3">
        <span>会员注册</span>
        <a>注册成功可获<font id="jf">1000</font>积分 + <font id="fx">返现</font>特权！</a>
    </div>
    <div id="towCenter">
        <div id="towCenter1">
            <div id="towCenter1-1">
                <span>验证码已发送至<a id="phonenum"></a>，<br />请在24小时内完成验证。</span>
            </div>
            <input id="code" type="text" placeholder=" 验证码" /><br />
            <input id="btn2" type="button" value="完成注册" onclick="zc()" /><br />
            <span id="next_step1">注册遇到问题？</span>
        </div>
        <div id="towCenter2">
            <p id="towCenter2_p">没有收到验证码？您可以：</p>

                <input style="margin-left: 30px;cursor: pointer" onclick="settime(this)" type="button" value="
免费获取验证码">
            <p id="or">或</p>
            <a id="a8">修改手机号</a>
        </div>
    </div>
</div>

<!--底部-->
```

```
<div id="button">
        <span>
                <a class="aa1">网站导航</a>
                <a class="aa1">宾馆索引</a>
                <a class="aa1">服务说明</a>
                <a class="aa1">关于携程</a>
                <a class="aa1">企业公民</a>
                <a class="aa1">诚聘英才</a>
                <a class="aa1">分销联盟</a>
                <a class="aa1" id="a6">企业礼品卡采购</a>
                <a class="aa1">代理合作</a>
                <a class="aa1">广告业务</a>
                <a class="aa1">联系我们</a>
                <a class="aa1" id="a7">我要提建议</a>
        </span>
    <p>Copyright© 1999-2018, ctrip.com. all rights reserved. </p>
</div>
</body>
</html>
```

（2）创建 **js/12-2** 文件夹，然后创建 **djs.js** 文件，倒计时交互效果放置在这个文件夹里。代码如下所示：

```
    var countdown=3;
function settime(obj) {
        if (countdown == 0) {
            obj.removeAttribute("disabled");
            obj.value="免费获取验证码";
            countdown = 60;
            return;
        } else {
            obj.setAttribute("disabled", true);
            obj.value="重新发送(" + countdown + ")";
            countdown--;
        }
        setTimeout(function() {
                settime(obj) }
            ,1000)
    }
```

（3）在 **12-2 倒计时交互.html** 的 HTML 代码中首先要引入 jQuery 框架和倒计时交互 **djs.js** 及 CSS 样式。代码如下：

```
<link rel="stylesheet" type="text/css" href="css/register.css">
<script type="text/javascript" src="js/jquery-3.3.1.min.js"></script>
<script type="text/javascript" src="js/12-2/djs.js"></script>
```

实例运行效果如图 12-17 所示。

图 12-17　倒计时交互设计效果

12.4.3　网站登录布局与交互设计

携程旅游网站提供了两种登录方式，一种是普通登录，另一种是手机动态密码登录，两种登录方式通过两种不同的按钮控制不同登录表单的显示，如图 12-18、图 12-19 所示。

| 图 12-18 普通登录 | 图 12-19 手机动态密码登录 |

【例 12-3】 实现携程网站两种登录方式的布局设计与交互设计功能的步骤如下（实例位置：源码\第 12 章\ 12-3 登录方式的切换）。

（1）在文件夹 12 下创建新项目，命名为 12-3 登录方式的切换.html。表单布局代码如下所示。

```html
<!DOCTYPE html>
<html>
    <head>
        <meta charset="UTF-8">
        <link rel="stylesheet" type="text/css" href="css/Login.css">
        <script type="text/javascript" src="js/jquery-3.3.1.min.js"></script>
        <script type="text/javascript" src="js/12-3/login.js"></script>
        <title>会员登录 – 携程旅游网</title>
    </head>
    <style>
        .ons{
            background-color: #8FBBE5;
            color: white;
            padding: 5px 10px;
        }
    </style>
    <body>
        <div id="xc_logo">
            <a href="index.html"><img src="imgs/img/c_logo2013.png" /></a>
        </div>
        <div id="center-login">
            <img src="imgs/img/700n0f0000007hzuj62B6_440_499_178.jpg" />
            <div id="login1" style="display: block;">
                <div id="login1-1">
                    <span>会员登录</span>
                    <p><a href="register.html">立即注册</a>，享积分换礼、返现等专属优惠！</p>
                </div>
                <div id="login1-2">
                    <label class="">普通登录</label>  
                    <label>手机动态密码登录</label>
                </div>
```

```
                    <div class="tab-box">
                        <div class="di1" style="display: block">
                        <div class="login1-3">
                            <label>登录名</label>
                            <input type="text" id="txt1" placeholder="用户名/卡号/手机/邮箱" /><br />
                            <label id="type1"></label>
                        </div>
                        <div class="login1-3">
                            <label>密   码</label>
                            <input   type="password"  id="pwd1"  /><label  id="label_pwd"> 忘 记 密 码 ？
</label><br />
                            <label id="type2"></label>
                        </div>
                        <span class="login_span"><input checked="checked" type="checkbox">30天内自动登录
</span>
                        <div class="login_bottom">
                            <input type="button" value="登 录" />
                        </div>
                        <div class="login_mode">
                            <div class="login_mode1-1">
                                <a>合作卡登录</a> 
                                <a>公司客户登录</a> 
                                <a>福利平台登录</a> 
                            </div>
                            <div class="login_mode1-2">
                                <span>您还可以使用以下方式登录：</span><br />
                                <a><img src="imgs/img/支付宝.png"><font>支付宝</font></a>
                                <a><img src="imgs/img/QQ.png"><font>QQ</font></a>
                                <a><img src="imgs/img/百度.png"><font>百度</font></a>
                                <a><img src="imgs/img/微博.png"><font>新浪微博</font></a>
                                <a class="a1"><img src="imgs/img/微信.png"><font>微信</font></a>
                                <a class="a2"><img src="imgs/img/网易.png"><font>网易</font></a>
                                <a class="a3"><img src="imgs/img/人人.png"><font>人人网</font></a>
                            </div>
                        </div>
                    </div>
                    <div class="di2" style="display: none;">
                        <div class="login1-3">
                            <label>手机号</label>
                            <input type="text" id="txt2" placeholder="请输入注册手机号" /><br />
                            <label id="type3"></label>
                        </div>
                        <div class="login1-3">
                            <label id="label1">验证码</label>
                            <input id="txt_YZ" type="text" placeholder="不区分大小写" />
                            <div id="yzm">1234</div><br />
                            <label id="type4"></label>
                        </div>
                        <div class="login1-3">
                            <label id="label2">密   码</label>
                            <input type="password" id="pwd" placeholder="动态密码" />
                            <a id="login1-3_a">发送动态密码</a><br />
                            <label id="type5"></label>
                        </div>
                        <span class="login_span"><input  checked="checked"  type="checkbox">30天内自
动登录</span>
                        <div class="login_bottom">
                            <input type="button" value="登 录" />
                        </div>
```

```
                        <div class="login_mode">
                            <div class="login_mode1-1">
                                <a>合作卡登录</a> 
                                <a>公司客户登录</a> 
                                <a>福利平台登录</a> 
                            </div>
                            <div class="login_mode1-2">
                                <span>您还可以使用以下方式登录：</span> <br />
                                <a><img src="imgs/img/支付宝.png"><font>支付宝</font></a>
                                <a><img src="imgs/img/QQ.png"><font>QQ </font></a>
                                <a><img src="imgs/img/百度.png"><font>百度</font></a>
                                <a><img src="imgs/img/微博.png"><font>新浪微博</font></a>
                                <a id="a1"><img src="imgs/img/微信.png"> <font>微信</font></a>
                                <a id="a2"><img src="imgs/img/网易.png"> <font>网易</font></a>
                                <a id="a3"><img src="imgs/img/人人.png"> <font>人人网</font></a>
                            </div>
                        </div>
                    </div>
                </div>
            </div>
        </div>
        <div id="button">
            <span>
                <a class="aa">免费注册</a>
                <a class="aa">网站导航</a>
                <a class="aa">宾馆索引</a>
                <a class="aa">服务说明</a>
                <a class="aa">关于携程</a>
                <a class="aa">企业公民</a>
                <a class="aa">诚聘英才</a>
                <a class="aa">分销联盟</a>
                <a class="aa" id="a4">企业礼品卡采购</a>
                <a class="aa">代理合作</a>
                <a class="aa">广告业务</a>
                <a class="aa">联系我们</a>
                <a class="aa" id="a5">我要提建议</a>
            </span>
            <p><font>Copyright©</font> 1999-2018, <font>ctrip.com</font>. all rights reserved. </p>
        </div>
    </body>
</html>
```

（2）创建 js/12-3 文件夹，然后创建 login.js 文件，将两种登录方式切换效果放置在这个文件夹里。代码如下所示：

```
$(function(){
    $("#login1-2 label").click(function(){
        var _index = $(this).index();
        $(".tab-box>div").eq(_index).show().siblings().hide();
        $("#login1-2 label").eq(_index).addClass("ons").siblings().removeClass("ons");

    });
})
```

（3）在 12-3 登录方式的切换.html 的 HTML 代码中首先要引入 jQuery 框架和登录表单切换 login.js 及 CSS 样式。代码如下：

```
<link rel="stylesheet" type="text/css" href="css/Login.css">
<script type="text/javascript" src="js/jquery-3.3.1.min.js"></script>
<script type="text/javascript" src="js/12-3/login.js"></script>
```

实例运行效果如图 12-20 所示。

图 12-20　网站登录布局与交互

12.4.4　导航菜单设计

携程旅游网站导航菜单有很多内容，一级导航菜单有首页、酒店、旅游、机票、火车、汽车票等，每个一级导航菜单下面有对应的二级导航菜单，比如一级菜单酒店下面对应的二级菜单有国内酒店、海外酒店、团购等，如图 12-21 所示。

图 12-21　导航菜单

> 【例 12-4】　实现携程网站一级导航菜单和二级导航菜单的联动效果的步骤如下（实例位置：源码\第 12 章\ 12-4 导航菜单）。

（1）在文件夹 12 下创建新项目，命名为 12-4 导航菜单.html。表单布局代码如下所示：

```
<!DOCTYPE html PUBLIC "-//W3C//DTD XHTML 1.0 Transitional//EN" "http://www.w3.org/TR/xhtml1/
DTD/xhtml1-transitional.dtd">
<html xmlns="http://www.w3.org/1999/xhtml">
<head>
<meta http-equiv="Content-Type" content="text/html; charset=utf-8" />
<link rel="stylesheet" type="text/css" href="css/xcwxm.css"/>
<script type="text/javascript" src="js/jquery-3.3.1.min.js"></script>
<script type="text/javascript" src="js/12-4/menu.js"></script>
<title></title>

<style>
    .tab-box div{display:none;
        margin-left: 85px;}



</style>
```

```html
<body>
<br>
    <div class="xc_d1">
        <div class="xc_d1_1">
        <ul class="xc_d1_1_1">
            <li>
                <a href="#" class="xc_d1_1_1_1">首页</a>
            </li>

            <li>
                <a href="#" class="xc_d1_1_1_2">酒店<i class="xc_d1_66"></i><span class="xc_d1_666">
</span></a>

            </li>
            <li>
                <a href="#" class="xc_d1_1_1_2">旅游<i class="xc_d1_66"></i><span class="xc_d1_666">
</span>
                    <span class="xc_d1_88">
                        <em>
                        春游特惠
                        </em>
                        <i class="xc_d1_77"></i>
                    </span>
                </a>

            </li>

            <li>
                <a href="#" class="xc_d1_1_1_2">机票<i class="xc_d1_66"></i><span class="xc_d1_666">
</span></a>

            </li>

            <li>
                <a    href="#"    class="xc_d1_1_1_2"> 火   车 <i    class="xc_d1_66"></i><span
class="xc_d1_666"></span></a>

            </li>

            <li>
                <a    href="#"    class="xc_d1_1_1_2"> 汽 车 票 <i    class="xc_d1_66"></i><span
class="xc_d1_666"></span></a>

            </li>

            <li>
                <a href="#" class="xc_d1_1_1_2">
                    用车
                    <i class="xc_d1_66"></i>
                    <span class="xc_d1_666"></span>
                 </a>

            </li>

            <li>
                <a    href="#"    class="xc_d1_1_1_2"> 门 票 <i    class="xc_d1_66"></i><span
class="xc_d1_666"></span></a>

            </li>

            <li>
```

```
                    <a href="#" class="xc_d1_1_1_2">团购<i class="xc_d1_66"></i><span class="xc_d1_666">
</span></a>
                </li>

                <li>
                    <a href="#" class="xc_d1_1_1_3">攻略</a>
                </li>

                <li>
                    <a href="#" class="xc_d1_1_1_2">全球购<i class="xc_d1_66"></i><span class="xc_d1_666">
</span></a>

                </li>

                <li>
                    <a href="#" class="xc_d1_1_1_2">礼品卡<i class="xc_d1_66"></i><span class="xc_d1_666">
</span></a>

                </li>

                <li>
                    <a    href="#"    class="xc_d1_1_1_2">   商   旅   <i    class="xc_d1_66"></i><span
class="xc_d1_666"></span></a>

                </li>

                <li>
                                        <a href="#" class="xc_d1_1_1_3">邮轮</a>
                </li>

                <li>
                    <a href="#" class="xc_d1_1_1_3">天海邮轮</a>
                </li>
                <li>
                    <a href="#" class="xc_d1_1_1_2">更多<i class="xc_d1_66"></i><span class="xc_d1_666">
</span></a>

                </li>
            </ul>

            <div class="tab-box">
                <div></div>
                <div><img src="imgs\images/e1.jpg" alt=""></div>
                <div><img src="imgs\images/e2.jpg" alt=""></div>
                <div><img src="imgs\images/e3.jpg" alt=""></div>
                <div><img src="imgs\images/e4.jpg" alt=""></div>
                <div><img src="imgs\images/e5.jpg" alt=""></div>
                <div><img src="imgs\images/e6.JPG" alt=""></div>
                <div><img src="imgs\images/e7.jpg" alt=""></div>
            </div>
        </div>
    </div>
</body>
</html>
```

（2）创建 js/12-4 文件夹，然后创建 menu.js 文件，将菜单联动效果放置在这个文件夹里。代码如下所示：

```
$().ready(function(){
    $(".xc_d1_1_1 li").mouseover(function(){
        var _index = $(this).index();
        $(".tab-box>div").eq(_index).show().siblings().hide();
    });
```

```
        });
```

（3）在 12-4 导航菜单.html 的 HTML 代码中首先要引入 jQuery 框架和菜单切换效果 menu.js 及 CSS 样式，代码如下：

```
<link rel="stylesheet" type="text/css" href="css/xcwxm.css"/>
<script type="text/javascript" src="js/jquery-3.3.1.min.js"></script>
<script type="text/javascript" src="js/12-4/menu.js"></script>
```

实例运行效果如图 12-22 所示。

图 12-22　导航菜单

12.4.5　海报轮播效果制作

在网站首页中，我们制作海报轮播的效果来展现广告信息，如图 12-23 所示。

图 12-23　海报轮播区域

【例 12-5】　实现携程网站海报轮播效果功能的步骤如下（实例位置：源码\第 12 章\ 12-5 轮播）。

（1）在文件夹 12 下创建新项目，命名为 12-5 轮播.html。表单布局代码如下所示：

```
<!DOCTYPE html>
<html lang="en">
<head>
    <meta charset="UTF-8">
    <title>图片轮播</title>
    <link rel="stylesheet" href="css/scrollpic.css" type="text/css">
    <script src="js/jquery-3.3.1.min.js" type="text/javascript"></script>
</head>
<body>
<div class="banner">
    <div class="b_main">
        <div class="b_m_pic">
            <ul>
                <li>
                    <a>
                        <img src="imgs\images/1.jpg" width="1300px" height="340px"/>
                    </a>
                </li>
                <li>
```

```
                    <a>
                        <img src="imgs\images/2.jpg" width="1300px" height="340px"/>
                    </a>
                </li>
                <li>
                    <a>
                        <img src="imgs\images/3.jpg" width="1300px" height="340px"/>
                    </a>
                </li>
                <li>
                    <a>
                        <img src="imgs\images/4.jpg" width="1300px" height="340px"/>
                    </a>
                </li>
                <li>
                    <a>
                        <img src="imgs\images/5.jpg" width="1300px" height="340px"/>
                    </a>
                </li>
            </ul>
        </div>
    </div>
    <!--小圆点-->
    <div class="b_list">
        <ul>
            <li class="l_click"></li>
            <li></li>
            <li></li>
            <li></li>
            <li></li>
        </ul>
    </div>
    <div class="b_btn">
        <div class="b_left">&lt</div>
        <div class="b_right">&gt</div>
    </div>
</div>
</body>
    <script src="js/12-5/scrollpic.js" type="text/javascript"></script>
</html>
```

（2）创建 js/12-5 文件夹，然后创建 scrollpic.js 文件，将海报轮播效果放置在这个文件夹里。代码如下所示：

```
var $li = $(".b_list ul li");           // 获取b_list里面的所有li，放到$li这个变量里面
var len = $li.length-1;
var _index = 0;                         // li的索引
var $img = $(".b_main .b_m_pic li");    // 同上
var $btn = $(".b_btn div");

var timer = null;

//  alert(typeof timer); timer是一个对象

$li.hover(function(){
    $(this).addClass("l_hover");        // 指向li添加样式
},function(){
    $(this).removeClass("l_hover");     // 指向li删除样式
});


// 点击事件
$li.click(function(){
    _index = $(this).index();
```

```
        // 获取li的下标，改变样式
        // $li.eq(_index).addClass("l_click").siblings().removeClass("l_click");
        // 获取图片的下标，实现淡入淡出
        // $img.eq(_index).fadeIn().siblings().fadeOut();
        play();
    });

    // 封装函数
    function play(){
        // 获取li的下标，改变样式
        $li.eq(_index).addClass("l_click").siblings().removeClass("l_click");
        // 获取图片的下标，实现淡入淡出
        $img.eq(_index).fadeIn().siblings().fadeOut();
    }

    // 两边箭头的点击事件
    $btn.click(function(){
        var index = $(this).index();
        if(index) {
            _index++;
            if (_index > len) {
                _index = 0;
            }
            play();
        }else {
            _index--;
            if(_index < 0){
                _index = len;
            }
            play();
        }
    });

    // 定时轮播
    function auto(){
        // 把定时器放进timer这个对象里面
        timer = setInterval(function(){
            _index++;
            if(_index > len){
                _index = 0;
            }
            play();
        },1000);
    }
    auto();

    // 当我移上d_main的时候停止轮播
    $(".b_main").hover(function(){
        clearInterval(timer);
    },function(){
        // 移开重新调用播放
        auto();
    });

    $(".banner").hover(function(){
        $('.b_left,.b_right').css('display','block')
    },function(){
        $('.b_left,.b_right').css('display','none')
    });
```

```
// 当鼠标指针移上两边箭头的时候停止轮播
$(".b_btn div").hover(function(){
    clearInterval(timer);
},function(){
    // 移开重新调用播放
    auto();
});
```

（3）在 12-5 轮播.html 的 HTML 代码中首先要引入 jQuery 框架和海报轮播效果 scrollpic.js 及 CSS 样式。代码如下：

```
<link rel="stylesheet" href="css/scrollpic.css" type="text/css">
<script src="js/jquery-3.3.1.min.js" type="text/javascript"></script>
<script src="js/12-5/scrollpic.js" type="text/javascript"></script>
```

实例运行效果如图 12-24 所示。

图 12-24　海报轮播效果

12.4.6　页签切换效果设计

在携程网站搜索区域里可以对国内酒店、海外酒店、酒店团购等进行搜索，如图 12-25 所示。下面我们就来实现这些页签的切换效果。

图 12-25　国内酒店选中

【例 12-6】　实现携程网站搜索区域页签切换效果的步骤如下（实例位置：源码\第 12 章\ 12-6 页签切换）。

（1）在文件夹 12 下创建新项目，命名为 12-6 页签切换.html。表单布局代码如下所示：

```
<!DOCTYPE html>
<html lang="en">
<head>
```

```
<meta charset="UTF-8">
<meta name="viewport" content="width=device-width, initial-scale=1.0">
<meta http-equiv="X-UA-Compatible" content="ie=edge">
<title>Document</title>
<style>
    *{
        margin: 0;
        padding: 0;
    }
    ul{list-style: none;}
    #box{
        position: relative;
        width: 671px;
        height: 326px;
        margin: 50px auto;
    }
    #left{
        float: left;
    }
    #left .left{
        width: 90px;
        height: 30px;
        margin-bottom: 3px;
        line-height: 30px;
        background-color: blue;
        color: aliceblue;
        text-align: center;
        font-size: 12px;
        cursor: pointer;
    }
    #right{
        float: right;
    }
    #right .img{
        display: none;
    }
    #right .img img{
        display: none;
        position: absolute;
        top: 0;
        right: 0;
        width: 540px;
        height:300px;
        margin-top: 26px;
    }
    #right .wrap{
        position: absolute;
        background-color: #999999;
        right: 0;
        width: 580px;
        height: 30px;
        margin: 0;
        padding: 0;
    }
    #right .wrap .list .btn{
        float: left;
        width: 120px;
        height: 30px;
        margin-left: 10px;
        margin-right: 10px;
        line-height: 25px;
```

```
                margin: 0;
                padding: 0;
                color: black;
                font-size: 12px;
                text-align: center;
                cursor: pointer;
            }
        #right .wrap .list .btn.on,#left .left.on{
                background-color:white;
                color: blue;
            }
        #right .img.on,#right .img img.on{
                display: block;
            }
    </style>
</head>
<body>
    <div id="box">
        <ul id="left">
            <li class="left on">酒店</li>
            <li class="left">机票</li>
            <li class="left">自由行</li>
        </ul>
        <ul id="right">
            <li class="img on">
                <img src="imgs/images/d11.jpg" alt="" class="on">
                <img src="imgs/images/d12.jpg" alt="">
                <img src="imgs/images/d13.JPG" alt="">
                <div class="wrap">
                    <ul class="list">
                        <li class="btn on">国内酒店</li>
                        <li class="btn">海外酒店</li>
                        <li class="btn">酒店团购</li>
                    </ul>
                </div>
            </li>
            <li class="img">
                <img src="imgs/images/j11.jpg" alt="" class="on">
                <img src="imgs/images/j12.jpg" alt="">
                <img src="imgs/images/j13.jpg" alt="">
                <img src="imgs/images/d13.jpg" alt="">
                <div class="wrap">
                    <ul class="list">
                        <li class="btn on">国内机票</li>
                        <li class="btn">国际机票</li>
                        <li class="btn">发现低价</li>
                        <li class="btn">酒店</li>
                    </ul>
                </div>
            </li>
            <li class="img">
                <img src="imgs/images/z11.jpg" alt="" class="on">
                <img src="imgs/images/z12.jpg" alt="">
                <img src="imgs/images/z13.jpg" alt="">
                <div class="wrap">
                    <ul class="list">
                        <li class="btn on">机票+酒店</li>
                        <li class="btn">机票+X</li>
                        <li class="btn">酒店+X</li>
                    </ul>
                </div>
```

```
                </li>
            </ul>

        </div>
    </body>
</html>
```

（2）创建 js/12-6 文件夹，然后创建 switch.js 文件，将页签切换效果放置在这个文件夹里。代码如下所示：

```
$(function(){
    var oBox = document.getElementById('box'),
                left = oBox.getElementsByClassName('left'),
                right = oBox.getElementsByClassName('img'),
                index1 = 0,
                btn = oBox.getElementsByClassName('btn'),
                arrimg = [],
                arrbtn = [];

                // 鼠标指针滑过左侧li，让对应的右侧i显示
                for(var i = 0, len = left.length; i < len; i++){
                    left[i].index = i;
                    left[i].onclick = function(){
                        left[index1].classList.remove('on')
                        right[index1].classList.remove('on')

                        index1 = this.index;

                        left[index1].classList.add('on')
                        right[index1].classList.add('on')
                    }
                }

                // 鼠标指针滑过右侧btn，让对应图片显示
                var list = oBox.getElementsByClassName('list')
                    length = right.length;
                for( i = 0 ; i < length; i++){
                    arrimg[i] = right[i].getElementsByTagName('img');
                    arrbtn[i] = list[i].getElementsByTagName('li');
                    arrbtn[i].show = 0;
                    for(var j = 0,len = arrbtn[i].length; j < len; j++){
                        arrbtn[i][j].indexI = i;
                        arrbtn[i][j].indexJ = j;
                        arrbtn[i][j].onclick = function(){
                            var i = this.indexI,
                                j = arrbtn[i].show;

                            arrimg[i][j].classList.remove('on');
                            arrbtn[i][j].classList.remove('on');

                            arrbtn[i].show = j = this.indexJ;

                            arrimg[i][j].classList.add('on');
                            arrbtn[i][j].classList.add('on');
                        }
                    }
                }
})
```

（3）在 12-6 页签切换.html 的 HTML 代码中首先要引入 jQuery 框架和页签切换 switch.js。代码如下：

```
<script src="js/jquery-3.3.1.min.js" type="text/javascript"></script>
<script type="text/javascript" src="js/12-6/switch.js"></script>
```

实例运行效果如图 12-26 所示。

图 12-26　页签切换效果

12.4.7　左右滑动切换效果设计

携程网站里有用来展示航空公司特惠的专区内容，由于特价航空有很多，在一个区域里无法显示所有内容，这时可以采用左右滑动切换效果来动态展示特价航空信息，如图 12-27、图 12-28 所示。

图 12-27　特价航空 1

图 12-28　特价航空 2

【例 12-7】 实现携程网站航空公司特惠专区左右滑动切换效果展示特价航班航空信息（实例位置：源码\第 12 章\ 12-7 左右滑动效果）。其步骤如下。

（1）在文件夹 12 下创建新项目，命名为 12-7 左右滑动效果.html。表单布局代码如下所示：

```
<!DOCTYPE    html    PUBLIC    "-//W3C//DTD    XHTML    1.0    Transitional//EN"
"http://www.w3.org/TR/xhtml1/DTD/xhtml1-transitional.dtd">
    <html xmlns="http://www.w3.org/1999/xhtml">
    <head>
        <meta http-equiv="Content-Type" content="text/html; charset=utf-8" />
        <title></title>
        <link href="css/zzsc.css" rel="stylesheet" type="text/css">
        <script src="js/jquery-3.3.1.min.js" type="text/javascript"></script>
        <script src="js/12-7/scroll.js" type="text/javascript"></script>
    </head>
    <body>
    <div class="scrollpic">
        <div id="mybtns" style="position: absolute;z-index: 999;margin-left: -40px;margin-top: 30px;">
            <a href="javascript:;" id="right" style="float: right"></a>
            <a href="javascript:;" id="left"　style="float: left"></a>
        </div>
```

```html
<div id="myscroll">
    <div id="myscrollbox">
        <ul>
            <li>
                <a href="#">
                    <img src="imgs/images/1.PNG" width="180" height="100">
                </a>
            </li>
            <li>
                <a href="#">
                    <img src="imgs/images/2.PNG" width="180" height="100">
                </a>
            </li>
            <li>
                <a href="#">
                    <img src="imgs/images/3.PNG" width="180" height="100">

                </a>
            </li>
            <li>
                <a href="#">
                    <img src="imgs/images/4.PNG" width="180" height="100">

                </a>
            </li>
            <li>
                <a href="#">
                    <img src="imgs/images/5.PNG" width="180" height="100">

                </a>
            </li>
            <li>
                <a href="#">
                    <img src="imgs/images/6.PNG" width="180" height="100">

                </a>
            </li>
            <li>
                <a href="#">
                    <img src="imgs/images/7.PNG" width="180" height="100">

                </a>
            </li>
            <li>
                <a href="#">
                    <img src="imgs/images/8.PNG" width="180" height="100">

                </a>
            </li>
            <li>
                <a href="#">
                    <img src="imgs/images/9.PNG" width="180" height="100">

                </a>
            </li>
        </ul>
    </div>
</div>
</div>
```

```
        </body>
    </html>
```

（2）创建 js/12-7 文件夹，然后创建 scroll.js 文件，将左右滑动切换效果放置在这个文件夹里。代码如下所示：

```
$(document).ready(function() {
            var blw=$("#myscrollbox li").width();

            var liArr = $("#myscrollbox ul").children("li");

            var mysw = $("#myscroll").width();

            var mus = parseInt(mysw/blw);

            var length = liArr.length−mus;

            var i=0;
            $("#right").click(function(){
                i++

                if(i<length){
                    $("#myscrollbox").css("left",−(blw*i));

                }else{
                    i=length;
                    $("#myscrollbox").css("left",−(blw*length));

                }
            });
            $("#left").click(function(){
                i−−

                if(i>=0){
                    $("#myscrollbox").css("left",−(blw*i));

                }else{
                    i=0;
                    $("#myscrollbox").css("left",0);

                }
            });
        })
```

（3）在 12-7 左右滑动效果.html 的 HTML 代码中首先要引入 jQuery 框架和左右滑动切换效果 scroll.js 及 CSS 样式。代码如下：

```
<link href="css/zzsc.css" rel="stylesheet" type="text/css">
<script src="js/jquery-3.3.1.min.js" type="text/javascript"></script>
<script src="js/12-7/scroll.js" type="text/javascript"></script>
```

实例运行效果如图 12-29 所示。

图 12-29 特价航空左右滑动

12.4.8 手风琴效果菜单设计

手风琴效果菜单是很多电商网站会采用的一种布局方式，如果产品类目众多，又想让用户很直观地看到想要的产品，这时选用手风琴效果菜单是一种不错的选择，进行纵向菜单设计时可以考虑手风琴效果菜单，如图 12-30 所示。

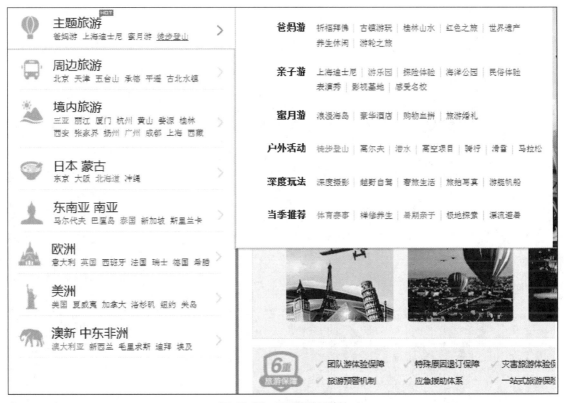

图 12-30　手风琴效果菜单

【例 12-8】　实现携程网站手风琴效果菜单来选择相应的商品类目（实例位置：源码\第 12 章\ 12-8 手风琴效果菜单）。其步骤如下。

（1）在文件夹 12 下创建新项目，命名为 12-8 手风琴效果菜单.html。表单布局代码如下所示：

```
<!DOCTYPE html>
<html>
<head>
    <meta charset="UTF-8">
    <title></title>
    <script type="text/javascript" src="js/jquery-3.3.1.min.js" ></script>
    <script type="text/javascript" src="js/12-8/sfq.js" ></script>
    <style>
        .ul {
            width: 327px;
            border: 4px solid #3983e5;
            border-radius: 5px;
            background-color: white;
            margin: 0;
            padding: 0;
            float: left;
        }
        .ul>li{
            width: 327px;
            overflow: hidden;
```

```
            }
            .count {
                display: none;
            }
            .min {
                float: right;
                position: absolute;
                margin-left: 336px;
            }
            .ons{
                background-color: white;
                width: 79px;
                height: 37px;
                margin-left: -40px;
                margin-top: 9px;
            }
            .count img{

            }
        </style>
    </head>
    <body>
    <div class="max">
        <ul class="ul">
            <li><img src="imgs/img/j1.PNG" alt=""></li>
            <li><img src="imgs/img/j2.PNG" alt=""></li>
            <li><img src="imgs/img/j3.PNG" alt=""></li>
            <li><img src="imgs/img/j4.PNG" alt=""></li>
            <li><img src="imgs/img/j5.PNG" alt=""></li>
            <li><img src="imgs/img/j6.PNG" alt=""></li>
            <li><img src="imgs/img/j7.PNG" alt=""></li>
            <li><img src="imgs/img/j8.PNG" alt=""></li>
        </ul>
        <div class="min">
            <div class="count "><div class="ons"></div><img src="imgs/img/j11.PNG" alt=""></div>
            <div class="count"><div class="ons"></div><img src="imgs/img/j12.PNG" alt=""></div>
            <div class="count"><div class="ons"></div><img src="imgs/img/j13.PNG" alt=""></div>
            <div class="count"><div class="ons"></div><img src="imgs/img/j14.PNG" alt=""></div>
            <div class="count"><div class="ons"></div><img src="imgs/img/j11.PNG" alt=""></div>
            <div class="count"><div class="ons"></div><img src="imgs/img/j13.PNG" alt=""></div>
        </div>
    </div>
    </body>
    </html>
```

（2）创建 js/12-8 文件夹，然后创建 **sfq.js** 文件，将手风琴效果菜单切换放置在这个文件夹里。代码如下所示：

```
$(function(){
    $(".ul li").mouseover(function(){
        var _index = $(this).index();
        $('.min').children().eq($(this).index()).show().siblings().hide();
        $('.min').children().eq(_index).css("margin-top",76*_index);
    })
})
```

（3）在 12-8 手风琴效果菜单.html 的 HTML 代码中首先要引入 jQuery 框架和手风琴效果菜单切换 **sfq.js**。代码如下：

```
<script type="text/javascript" src="js/jquery-3.3.1.min.js" ></script>
```

```
<script type="text/javascript" src="js/12-8/sfq.js "></script>
```

实例运行效果如图 12-31 所示。

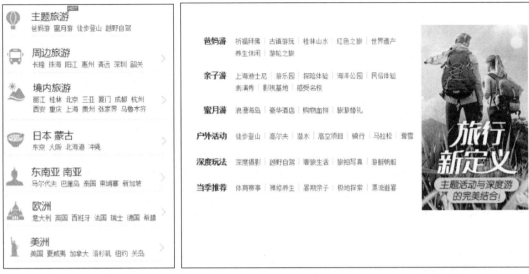

图 12-31　手风琴效果切换菜单

12.4.9　图片放大缩小效果制作

本节我们制作图片的放大缩小效果，让图片动起来，产生交互效果，如图 12-32 所示。

图 12-32　特卖汇图片

【例 12-9】　实现携程网站特卖会图片鼠标指针悬浮时变大效果设计的步骤如下（实例位置：源码\第 12 章\ 12-9 放大缩小）。

（1）在文件夹 12 下创建新项目，命名为 12-9 放大缩小.html。表单布局代码如下所示：

```
<!DOCTYPE html PUBLIC "-//W3C//DTD XHTML 1.0 Transitional//EN" "http://www.w3.org/TR/xhtml1/
DTD/xhtml1-transitional.dtd">
<html xmlns="http://www.w3.org/1999/xhtml">
<head>
<meta http-equiv="Content-Type" content="text/html; charset=utf-8" />
<link rel="stylesheet" type="text/css" href="css/xcwxm.css"/>
<script type="text/javascript" src="js/jquery-3.3.1.min.js"></script>
<script type="text/javascript" src="js/12-9/index.js"></script>
```

```
        <title>图片放大缩小</title>
        </head>

        <body>
        <div class="fanda">

        <div class="boxrm">

        <div class="boxrm1">
        <div   class="boxrm1-o" >
        <img   src="imgs/img/111.jpg" alt="">
        <p style="position:absolute; background-color:#000;
        background-color:rgba(0, 0, 0, 0.5);color:#FFF; width:100%; top:111px;">携程三亚5日自由行（5钻）·暑"价"
狂欢 盛夏礼遇</p>
        </div>
        <p style="margin:5px 0px 0px 0px;">三亚5日自由行（5钻）·暑"价"狂欢</p>
        <P style="margin:5px 0px 0px 0px;"><span>席位充足</span>  <span style="margin-left:110px; color:#666";
>$<span style="font-size:24px;color:#F00;">1369</span>起</span></P>
        </div>


        <div class="boxrm1">
        <div   class="boxrm1-o" >
        <img   src="imgs/img/111.jpg" alt="">
        <p style="position:absolute; background-color:#000;
        background-color:rgba(0, 0, 0, 0.5);color:#FFF; width:100%; top:111px;">携程三亚5日自由行（5钻）·暑"价"
狂欢 盛夏礼遇</p>
        </div>
        <p style="margin:5px 0px 0px 0px;">三亚5日自由行（5钻）·暑"价"狂欢</p>
        <P style="margin:5px 0px 0px 0px;"><span>席位充足</span>  <span style="margin-left:110px; color:#666";
>$<span style="font-size:24px;color:#F00;">1369</span>起</span></P>
        </div>


        <div class="boxrm1">
        <div   class="boxrm1-o" >
        <img   src="imgs/img/111.jpg" alt="">
        <p style="position:absolute; background-color:#000;
        background-color:rgba(0, 0, 0, 0.5);color:#FFF; width:100%; top:111px;">携程三亚5日自由行（5钻）·暑"价"
狂欢 盛夏礼遇</p>
        </div>
        <p style="margin:5px 0px 0px 0px;">三亚5日自由行（5钻）·暑"价"狂欢</p>
        <P style="margin:5px 0px 0px 0px;"><span>席位充足</span>  <span style="margin-left:110px; color:#666";
>$<span style="font-size:24px;color:#F00;">1369</span>起</span></P>
        </div>


        <div class="boxrm1">
        <div   class="boxrm1-o" >
        <img   src="imgs/img/111.jpg" alt="">
        <p style="position:absolute; background-color:#000;
        background-color:rgba(0, 0, 0, 0.5);color:#FFF; width:100%; top:111px;">携程三亚5日自由行（5钻）·暑"价"
狂欢 盛夏礼遇</p>
        </div>
        <p style="margin:5px 0px 0px 0px;">三亚5日自由行（5钻）·暑"价"狂欢</p>
        <P style="margin:5px 0px 0px 0px;"><span>席位充足</span>  <span style="margin-left:110px; color:#666";
>$<span style="font-size:24px;color:#F00;">1369</span>起</span></P>
```

```
        </div>

        </div>

        </div>
        </body>
        </html>
```

（2）创建 js/12-9 文件夹，然后创建 index.js 文件，将图片放大缩小效果放置在这个文件夹里，代码如下所示：

```
$(document).ready(function(){
    $(".boxrm1").mousemove(function(){

            var _index = $(this).index();
            $(".boxrm1-o>img").eq(_index).css({
                "transition":"2s",
                'transform':'scale(1.2,1.2)'
                });
            });


    $(".boxrm1").mouseout(function(){
            var _index = $(this).index();
            $(".boxrm1-o>img").eq(_index).css({
                "transition":"2s",
                'transform':'scale(1,1)'
                });
            });


});

$(document).ready(function(){
    $(".boxrm2").mousemove(function(){

            var _index = $(this).index();
            $(".boxrm1-o>img").eq(_index).css({
                "transition":"2s",
                'transform':'scale(1.2,1.2)'
                });
            });


    $(".boxrm2").mouseout(function(){
            var _index = $(this).index();
            $(".boxrm1-o>img").eq(_index).css({
                "transition":"2s",
                'transform':'scale(1,1)'
                });
            });


})
```

（3）在 12-9 放大缩小.html 的 HTML 代码中首先要引入 jQuery 框架和图片放大缩小效果 index.js 及 CSS 样式。代码如下：

```
<link rel="stylesheet" type="text/css" href="css/xcwxm.css"/>
<script type="text/javascript" src="js/jquery-3.3.1.min.js"></script>
<script type="text/javascript" src="js/12-9/index.js"></script>
```

实例运行效果如图 12-33 所示。

图 12-33　图片放大缩小

12.5　本章总结

本章我们主要使用了 jQuery 技术来实现携程网站上的一些常用的有代表性的特效，包括网站注册表单布局设计、倒计时交互设计、网站登录布局与交互设计、导航菜单设计、海报轮播效果设计、页签切换效果设计、左右滑动切换效果设计、手风琴效果菜单设计、图片放大缩小效果。通过本章的学习，希望读者能加强对 jQuery 的使用，同时掌握实际项目中经常会用到的一些特效。